U0221701

涡轮机械与推进系统出版项目
航天推进前沿丛书

绿色液体空间推进进展

姚兆普　陈　君　刘旭辉　李国岫　李洪萌　著

Advances in Green Space
Liquid Propulsion

ZHEJIANG UNIVERSITY PRESS
浙江大学出版社
·杭州·

图书在版编目(CIP)数据

绿色液体空间推进进展 / 姚兆普等著. —杭州：
浙江大学出版社,2023.5
ISBN 978-7-308-23724-6

Ⅰ.①绿… Ⅱ.①姚… Ⅲ.①航天器－液体燃料
Ⅳ.①V511

中国国家版本馆 CIP 数据核字(2023)第 076173 号

绿色液体空间推进进展

姚兆普　陈　君　刘旭辉　李国岫　李洪萌　著

策　　划	许佳颖	
责任编辑	金佩雯	
责任校对	陈　宇	
封面设计	续设计	
出版发行	浙江大学出版社	
	(杭州市天目山路 148 号　邮政编码 310007)	
	(网址：http://www.zjupress.com)	
排　　版	杭州星云光电图文制作有限公司	
印　　刷	浙江全能工艺美术印刷有限公司	
开　　本	710mm×1000mm　1/16	
印　　张	18	
字　　数	332 千	
版 印 次	2023 年 5 月第 1 版　2023 年 5 月第 1 次印刷	
书　　号	ISBN 978-7-308-23724-6	
定　　价	168.00 元	

涡轮机械与推进系统出版项目

顾问委员会

主任委员

张彦仲

- -

委　员

（以姓氏笔画为序）

尹泽勇　乐嘉陵　朱　荻　刘大响　杜善义
李应红　张　泽　张立同　张彦仲　陈十一
陈懋章　闻雪友　宣益民　徐建中

涡轮机械与推进系统出版项目:航天推进前沿丛书
编委会

涡轮机械与推进系统出版项目
序

涡轮机械与推进系统涉及航空发动机、航天推进系统、燃气轮机等高端装备。其中每一种装备技术的突破都令国人激动、振奋，但是由于技术上存在鸿沟，国人一直为之魂牵梦绕。对于所有从事该领域的工作者，如何跨越技术鸿沟，这是历史赋予的使命和挑战。

动力系统作为航空、航天、舰船和能源工业的"心脏"，是一个国家科技、工业和国防实力的重要标志。我国已从最初的跟随仿制，向着独立设计制造发展。其中有些技术已与国外先进水平相当，但由于受到基础研究水平和研究条件等种种限制，我国在某些领域与世界先进水平仍有一定的差距。为此，国家决策实施"航空发动机及燃气轮机"重大专项。在此背景下，出版一套反映国际先进水平、体现国内最新研究成果的丛书，既切合国家发展战略，又有益于我国涡轮机械与推进系统基础研究和学术水平的提升。"涡轮机械与推进系统出版项目"主要涉及航空发动机、航天推进系统、燃气轮机以及相应的基础研究。图书种类分为专著、译著、教材和工具书等，内容包括领域内专家目前所应用的理论方法和技术成果，也包括一线设计人员的实践成果。

"涡轮机械与推进系统出版项目"分为四个方向：航空发动机技术、航天推进技术、燃气轮机技术和基础研究。出版项目分别由科学出版社和浙江大学出版社出版。

出版项目凝结了国内外该领域科研与教学人员的智慧和成果，具有较强的系统性、实用性、前沿性，既可作为实际工作的指导用书，也可作为相关专业人员的参考用书。希望出版项目能够促进该领域的人才培养和技术发展，特别是为航空发动机及燃气轮机的研究提供借鉴。

张彦仲

2019 年 3 月

涡轮机械与推进系统出版项目：航天推进前沿丛书

序

中国航天事业在载人航天、卫星通信、运载火箭、深空探测等多个领域取得了一系列举世瞩目的伟大成就，极大地增强了我国国防、经济、科技实力和民族自信心。习近平总书记在 2016 年 4 月 24 日首个"中国航天日"做出的重要指示"探索浩瀚宇宙，发展航天事业，建设航天强国，是我们不懈追求的航天梦"，鼓舞着中华儿女为发展我国航天事业不懈地奋斗。

航天推进系统是航天领域国之重器的"心脏"。我国未来航天推进技术的突破，必将支撑我国航天事业的发展，也必将为我国建设成为航天强国保驾护航。然而，我国航天推进技术中仍然有许多"拦路虎"，研究的原创性还不足，基础和应用研究还不够，整体技术水平与国际先进水平还有一定的差距。

在空间进入、空间利用和空间控制方面持续提出的一系列重大战略需求，牵引着航天推进技术的战略方向。同时，航天推进技术在总体、气动、燃烧、传热、结构、强度、材料、控制、数值模拟、试验、制造等研究领域的创新，不断推动着航天技术的发展。航天推进技术就这样在"需求牵引，技术推动"的循环迭代中不断演进。

在张彦仲院士的带领和推动下，浙江大学出版社启动了涡轮机械与推进系统出版项目。该项目共设四个方向，"航天推进前沿丛书"为其中之一。

"航天推进前沿丛书"聚焦技术前沿与前瞻性研究，涵盖国内外固体火箭推进、液体火箭推进、核火箭推进、等离子体推进等多种推进系统的前沿研究进展，以及与航天推进相关的总体、燃烧、控制等基础科学问题和共性技术问题最新研究成果。丛书包含全球尖端科研机构的一线研究人员撰写的中英文原创著作，以及部分国外前沿技术的译著，其中英文原创著作由浙江大学出版社和施普林格·自然出版集团（Springer Nature）合作出版。丛书编委会专家主要来自国内几大重要研究机构，他们邀约了大部分选题，也欢迎相关领域研究人员投稿。

国家的需要,就是出版的需要。航天强国建设的迫切需要,就是出版航天推进前沿丛书的迫切需要。航天报国,正是该丛书的核心价值所在。航天强军,正是该丛书的重要社会价值所在。

长江后浪推前浪。人类对航天推进的前沿探索与创新永无止境。期待着"航天推进前沿丛书"成为学术交流的平台、人才培养的园地、创新智慧的源泉!

2020 年 9 月 23 日

前　言

　　空间推进系统是保障航天器在轨可靠运行的关键系统。推进剂的类别决定了空间推进系统的基本工作模式和工作特点。目前,空间推进系统及空间发动机中使用的液体推进剂主要是肼类物质(肼、一甲基肼)以及四氧化二氮等。这些已经发展得相对成熟的推进剂具有较高的性能指标以及易发生化学反应的优点。但同时,肼类推进剂具有很高的毒性,对人体健康和环境保护都具有明显的风险,这使得发射的准备工作更复杂,发射的准备时间更长。新型绿色无毒液体推进剂具有高性能、绿色无毒、常温可贮存等技术优点,有助于实现航天器推进系统的预包装,显著提高航天器的应急响应能力,对国民经济发展和国家安全保障都具有重要意义。高性能绿色液体空间推进技术代表了空间化学推进技术新的研究方向和发展趋势。

　　为了让更多宇航相关领域的研究人员了解高性能绿色液体空间推进技术及进展情况,我们对相关技术与成果进行了总结和梳理,并调研和梳理了国内外这一领域内的研究文献。本书首先介绍了高性能绿色液体空间推进技术的发展背景和技术发展历程;然后从推进剂入手,介绍了二硝酰胺铵基液体推进剂和硝酸羟胺基液体推进剂这两种发展最为成熟的绿色液体推进剂的技术特点、工作性能、相关基础研究和工程应用情况;接着,从研究成果和最新进展角度,分别介绍了二硝酰胺铵基液体推进技术、硝酸羟胺基液体推进技术、电-化学双模式离子液体推进技术、绿色化学微推进技术等四种不同技术路线的高性能绿色液体空间推进技术;最后,从关键技术角度,论述了绿色液体空间发动机的主动点火技术和数值仿真技术。本书在内容选择上兼顾了新颖性和实用性,融入了国内外专业研究人员的最新研究成果和相关技术的工程应用情况,可以为从事航天器专业技术研究的科研人员提供有价值的参考。

　　参加本书编写的有姚兆普(第 1、3、5 章)、陈君(第 4 章)、刘旭辉(第 6 章)、李国岫和李洪萌(共同完成第 2、7、8 章),全书由姚兆普统稿。

　　本书在编写过程中得到了清华大学能源与动力工程系朱民教授、李水清教授、游小清教授，以及中国科学院力学所余西龙研究员、李飞研究员的全力支持和帮助。北京航空航天大学能源与动力工程学院郑日恒教授对本书提出了宝贵的意见和建议。在此表示深深的感谢。

　　感谢中国科学院大连化学物理研究所航天催化与新材料研究室长期以来在绿色化学推进领域的合作研究和诚挚帮助。感谢哈尔滨工业大学特种陶瓷研究所在陶瓷材料领域的支持和合作。

　　本书在编写过程中，参考了大量图书和文献资料，在此谨向相关作者表示衷心的感谢。

　　由于作者水平有限，书中难免存在疏漏之处，敬请读者不吝指正。

2023 年 2 月于北京

目　录

第1章 绪 论

1.1 液体空间推进的功能

空间推进系统是卫星、飞船、探测器等各种航天器的重要分系统之一。其主要功能是提供航天器轨道变换、位置保持与姿态调整所需的力和力矩,具体可以表述为:在深空探测领域,空间推进系统为航天器远距离航行提供动力;为在轨航天器克服月球和太阳引力引起的轨道倾角变化、克服地球摄动和太阳光压造成的航天器经度漂移与偏心率摄动、完成航天器位置保持提供控制力;对于低轨道航天器,为航天器轨道提升提供控制力;在航天器长期运行过程中,为姿态控制(姿控)、动量轮卸载等需求提供控制力。

航天器空间推进技术是在火箭推进技术的基础上发展而来的,因此,其早期发展史与火箭推进技术发展史保持一致。航天器在轨功能需求不断提升,对空间推进技术提出了新的技术挑战,也让空间推进具备鲜明的技术特点。与火箭运载推进相比,空间推进具有如下特点。

①推力量级范围宽:推力范围一般为 10^{-6}N~10kN。

②工作寿命长:用于卫星或者深空探测航天器的推进系统需要在轨工作 15 年以上,发动机最长连续工作可达数十小时,而运载火箭推进所用大推力发动机的工作时间通常以秒计算。

③可多次重复工作:根据航天器的控制指令,推进系统要多次工作,姿态控制和轨道控制(轨控)(两者合称姿轨控)发动机的累积脉冲工作次数可达数十万次。

④工作环境恶劣:受空间环境、辐照等因素的影响,空间推进工作难度较大。

⑤地面验证有局限性:由于地面大气环境的存在,空间发动机在试验过程中

需要通过真空舱内点火,进行高空模拟热试车试验,以完成产品考核。考核试验条件与真实太空环境有所差距。

就推进剂种类而言,空间推进可以使用固体推进剂、液体推进剂和气体推进剂。其中,液体推进剂和气体推进剂由于多次启动技术简单易实现,在空间推进技术领域使用较为广泛。液体推进剂主要应用于化学推进技术,推进剂发生化学反应、燃烧放热,产生的高温高压燃气喷出后产生推力。液体空间推进技术产生的推力量级一般较大,可以实现航天器的快速机动,但其缺点是推进剂产生的比冲相对有限,且受到理论最大比冲值的限制,推进剂消耗较大。气体推进剂主要应用于冷气推进技术及电推进技术,采用的具体工质包括氮气、氩气、氙气等。通过高精度流体控制,实现冷气推进的极小精确推力,可以应用于引力波探测、重力场测量等特殊应用场景。

电推进技术依靠电场、磁场使带电气体粒子加速产生射流,从而产生推力。电推进技术由于其高比冲、推力精确的特点,近年来在国内外均得到广泛应用,与采用液体推进剂的化学推进技术形成有效互补,共同促进航天器总体性能的不断提升。典型化学空间发动机与电推力器的工作过程如图 1-1 所示。

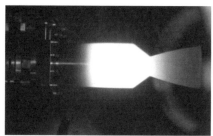

(a) 双组元、单组元液体空间发动机

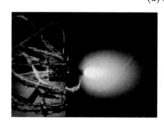
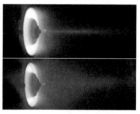

(b) 电弧推力器、霍尔推力器、离子推力器

图 1-1　典型化学空间发动机与电推力器的工作过程

总体而言,液体推进剂由于密度高、易长期贮存、理化性能优、技术成熟度高,在航天器空间推进技术的几乎所有应用需求场景中均得到广泛应用。

1.2 液体空间推进的工作原理与分类

液体空间发动机作为航天器推进系统最终的执行部件,通过产生推力,以供航天器转移轨道及调整姿态。为了使空间发动机正常工作,航天器推进系统还包括其他功能组件部分,如图 1-2 所示。采用气体推进剂的空间推进系统功能组成也与之类似。

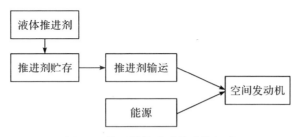

图 1-2 航天器推进系统功能组成

在进入空间发动机工作之前,液体推进剂会经过贮存和输运两个特征环节。贮存环节通过推进剂贮箱实现。在推进系统工作时,高压气体驱动并产生隔膜挤压或表面张力作用,将推进剂从贮箱内排出,进入推进剂输运环节。推进剂输运功能通过单向阀、自锁阀、减压器等各类流体控制部件的组合实现。同时可以通过超声波流量计、压力传感器等测量部件,监测推进系统的整体工作情况。推进系统的正常工作也需要外部能源供应。例如,通过电能实现各类电动阀门的通断控制及传感器监测;通过电加热器实现单组元液体空间发动机催化床的预热;在一些混合推进工作模式下,电能还可以直接与高温燃气发生作用,提升发动机的比冲性能。

从液体推进剂在空间发动机中的工作过程来看,液体空间发动机可以分为单组元(液体)空间发动机和双组元(液体)空间发动机两大类(图 1-3)。单组元空间发动机利用推进剂自身分解产生高温高压气体,再经过收缩扩张喷管喷出以产生推力。最常用的单组元液体推进剂是无水肼。单组元空间发动机具有结构简单、工作可靠性高的特点,在中低轨卫星中得到广泛应用。其工作过程可以概述为:无水肼推进剂输运至预热后的催化床内,发生催化分解反应,产生的高温高压燃气排出喷管并产生推力。双组元空间发动机采用相互独立供给的氧化剂和燃料,在燃烧室内将液体推进剂雾化、掺混并燃烧,产生高温高压燃气喷出以产生推力。双组元空间发动机工作时的氧化剂流率与燃料流率之比称为混合比。混合比会影响推进剂的燃烧温度,进而对发动机比冲性能、航天器寿命产生影响。双组元空间发动机可以产生的推力量级范围广,比冲性能一般高于单组元空间发动机,因此在高轨卫星、空间站、深空探测等领域得到广泛应用。双组元空间发动机目前采用的绝大部分氧化剂是基于四氧化二氮的,燃料可以选择甲基肼或无水肼。四氧化二氮和肼类燃料具有优异的常温自燃性能,因此在双组元空间发动机中可以省略点火装置,简化了发动机结构,提高了点火可靠性,对于脉冲工况的适应性也更好。

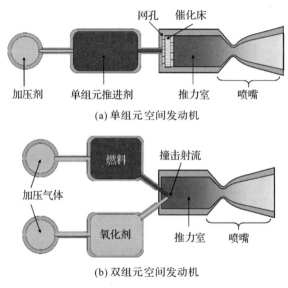

(a) 单组元空间发动机

(b) 双组元空间发动机

图 1-3　液体空间发动机工作原理分类

1.3　液体空间推进的发展历程

液体空间推进技术的发展始于单组元空间推进技术。推进剂的选择是推进技术发展的前提[1]。在单组元空间推进技术研制初期,使用的推进剂主要包括过氧化氢和无水肼。

过氧化氢在 1940—1960 年被广泛应用于各种飞行器(导弹、火箭、航天器)。

1961 年 5 月，美国研制第一艘水星载人飞船，当时采用的就是基于过氧化氢推进剂的单组元空间发动机系统[2]，该系统包括 12 台各自独立工作的单组元空间发动机。然而，过氧化氢的化学稳定性相对较差，贮存期间会缓慢分解，导致贮箱内压力不断上升，分解产生的水则会不断稀释推进剂，这对推进系统的工作性能和安全性都造成显著影响。随着无水肼的应用和推广，过氧化氢逐步退出了推进剂的历史舞台。

无水肼是目前应用最为广泛的单组元推进剂，它的里程碑式的技术突破，是由美国壳牌(Shell)公司创造的。催化剂的性能与寿命是决定单组元空间发动机工作性能、寿命的主要技术瓶颈。从 1962 年开始，壳牌公司根据喷气推进实验室(Jet Propulsion Laboratory，JPL)提出的技术要求，研制了一种分解肼的催化剂产品，并将其定名为 Shell-405。这种催化剂在适当的工作条件下可以启动几千次，可持续工作几个小时。壳牌公司针对 Shell-405 催化剂不断进行技术改进和优化，使得单组元空间发动机的性能和寿命不断提升，从而满足导航卫星等长寿命卫星的使用需求。

Shell-405 催化剂的成功研制是单组元空间推进技术发展历史上最重要的成果。1968 年 12 月 19 日到 1970 年 7 月 23 日，美国相继发射了 8 颗国际通信卫星(Intelsat)Ⅲ系列卫星(均采用单组元肼推进系统)，从此打开了单组元空间推进技术应用于长寿命卫星的大门。我国北斗导航系统的中低轨道卫星采用了我国自行研制的长寿命单组元空间发动机产品，满足了导航卫星长寿命在轨的使用需求。

双组元空间推进技术的研究工作早期也聚焦于推进剂组合的选择与确定。以甲基肼、偏二甲基肼、无水肼等为代表的肼类物质作为燃料，体现出良好的工作性能；氧化剂的选择主要围绕发烟硝酸以及四氧化二氮等。最终确定了以甲基肼、无水肼为燃料，四氧化二氮为氧化剂的推进剂组合。世界上首次双组元空间推进技术的在轨实施由德国和法国完成，它们联合研制了"交响乐"(Symphonie)地球同步轨道试验通信卫星的双组元空间推进系统。这种卫星单颗重 1402kg，工作寿命为 5 年。两国于 1974 年和 1975 年相继发射了两颗这种卫星。该卫星采用的轨控发动机推力为 400N，使用的推进剂为混肼(AZ-50)和(N_2O_4＋0.3％NO)；姿控采用 10N 空间发动机，使用的推进剂为甲基肼和四氧化二氮。严格来讲，"交响乐"卫星采用的双组元推进系统是分离式的，轨控发动机和姿控发动机采用了不同的推进剂组合。此后，400N 轨控发动机通过技术改进，改用甲基肼和四氧化二氮，从而实现了轨控发动机和姿控发动机推进剂的统一。世界上第一个真正意义上的双组元空间推进系统是美国研制并出售给印度的"INSAT-1A"通信广播和气象卫星的推进系统,该系统由马夸特公司研制。其 490N 轨控发动机和 22N 姿控发动机采用甲基肼和四氧化二氮的推进剂组合。轨控发动机点火后,剩余的推进剂可全部用于之后的卫星在轨机动控制和姿态控制,相比于早期德法两国研制的"交响乐"卫星,推进剂使用效率大大提升,从而有效延长了卫星的使用寿命。目前,国际上采用双组元空间推进系统的卫星使用寿命最长可达 16 年以上。我国的东方红三号、四号、五号卫星平台均采用我国自行研制的双组元空间推进系统及相关产品。

1.4　高性能绿色液体空间推进技术

航天器空间姿轨控发动机中目前使用的液体推进剂主要是肼类物质(无水肼、甲基肼)以及四氧化二氮等。这些传统液体推进剂具有良好的理化及工作性能,在空间推进技术领域获得了巨大成功。但是,其缺点也比较明显,例如,肼类推进剂具有很高的毒性,对人体健康和环境保护都具有明显的风险,进而对航天器的应急响应能力和快速发射能力造成影响。同时,这些传统推进剂的理论比冲性能有限,成为进一步提高航天器动力系统性能指标的技术短板。

因此,寻求高可靠性、高性能和绿色无毒的液体推进剂一直是业界的奋斗目标。相比于尚处于实验室研究阶段的绿色无毒双组元液体推进剂及空间推进技术,绿色单组元液体空间推进技术近年来发展迅速,部分技术及产品已进入工程应用阶段。下文重点对绿色单组元液体空间推进技术的发展情况进行概述。

21 世纪初,西方国家提出高性能绿色推进(high performance green propulsion,HPGP)的概念,其具有以下特点。

①高性能:对比上一代推进剂(肼),比冲和密度比冲都应有所提高。

②低毒性:原料和产品毒性应尽量小且不致癌,以在搬运和储存时降低危险系数。

③低污染:降低对地面环境(生产设备、实验台、发射场)的污染,降低对大气的污染(臭氧消耗、温室效应),降低对太空的污染。

④低成本:降低生产、运输、储存的成本。

⑤常温可贮存:常温下推进剂为稳定的液体状态,避免需低温贮存等在航天器上不易实现的长期贮存条件。

以二硝酰胺铵（ammonium dinitramide，ADN）基液体推进技术和硝酸羟胺（hydroxylamine nitrate，HAN）基液体推进技术为代表的高性能绿色液体空间推进技术代表了先进空间化学推进技术新的研究方向和发展趋势。

1.4.1 二硝酰胺铵(ADN)基液体推进技术概述

ADN 的研究始于美苏冷战时期。1971 年，苏联的泽连斯基有机化学研究所首次合成出 ADN 这种物质，它被认为是在含能材料中最重要的发现之一。ADN 是一种高能无机盐，化学式为 $NH_4N(NO_2)_2$，在固体火箭推进剂中作为氧化剂。1991 年，苏联科学家公开发表相关文章，其中提到 ADN 基推进剂已经应用于洲际导弹，这表明苏联在 ADN 的合成和应用方面早已取得世界领先的成就。之后许多国家开始对 ADN 进行研究。由于苏联对相关技术严格保密，其他国家研究的开展都相对较晚。20 世纪 80 年代末，美国也开始研究 ADN 的合成，并申请了相关专利，于 90 年代末开展并实施了制造计划。瑞典国防研究所（FOI）直到 20 世纪 90 年代初才开始研究 ADN，他们发现 ADN 具有高度溶解性，于是意识到 ADN 可以用作液态推进剂的氧化剂。这是首次提出 ADN 基液态推进剂的相关概念。

2000 年，瑞典宇航公司成立的子公司 ECAPS 将 ADN 基液体推进剂作为重要研究对象开展研究，并致力于该类推进剂的空间应用。该公司先后申请了多项关于推进剂制备、发动机设计的发明专利。在 FOI 的支持下，ECAPS 公司研制了基于 1N 空间发动机的高性能绿色推进系统，并开展了后续型号的研究。他们系统地开展了三轮样机研制，如图 1-4 所示。2010 年 6 月 15 日，瑞典发射了"棱镜"（Prisma）技术实验卫星（实验任务包括卫星的控制、导航以及自主编队飞行策略），并对 1N ADN 基液体空间发动机推进系统在轨运行进行了技术验证。同年 8 月中旬，单组元 ADN 基液体空间发动机实现了在轨验证。ADN 基液体空间推进技术实现了世界上首次在轨飞行验证。

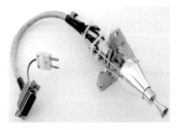

(a) 第一轮样机　　　　　　　(b) 第二轮样机　　　　　　　(c) 第三轮样机

图 1-4　ECAPS 公司开发的 1N ADN 基液体空间发动机产品

2016 年,北京控制工程研究所在实践十七号卫星上搭载自研 1N ADN 基液体空间发动机,完成在轨验证。截至目前,已有多颗在轨卫星采用 ADN 基液体空间推进技术及相关产品。

1.4.2 硝酸羟胺(HAN)基液体推进技术概述

与 ADN 类似,HAN 属于羟胺的硝酸盐,化学式为 $NH_2OH \cdot HNO_3$,最早也是作为固体推进剂,应用于鱼雷。HAN 同样具有较强的氧化性,添加一定燃料后,HAN 的性能会获得大幅提升。基于这种特性,世界各国的研究机构研发了基于 HAN 的多种型号的推进剂,包括 LP1845、LP1846、AF-315E 和 SHP163 等。其中,美国针对 HAN 基液体推进技术做了大量系统性研究工作。

LP 系列推进剂主要由 HAN、溶剂水,并添加燃料和稳定剂配制而成,这一系列推进剂包含多个配方,相关学者对其进行了大量研究测试工作。其中,代号为 XM45(LP1845)和 XM46(LP1846)的推进剂是当前美国军方大力发展的两种 HAN 基液体推进剂,它们都由 HAN、TEAN(三乙醇胺硝酸盐)和水(H_2O)组成,主要组分质量分数如表 1-1 所示。

表 1-1 典型 LP 系列推进剂组分质量分数

推进剂	HAN	TEAN	水
XM45	63.2%	20.0%	16.8%
XM46	60.8%	19.2%	20.0%

美国空军研究实验室(Air Force Research Laboratory,AFRL)自 2001 年起就开始了 AF-315E 推进剂的研究,到 2011 年,与之匹配研发的空间发动机产品技术成熟度达到 TRL5 级,进入样机研制阶段,并实现了 11.5 小时的点火试验验证。其推进剂主要配方由 44.5% HAN+44.5% HEHN(硝酸羟乙基肼)+11% H_2O 组成,其比冲比肼提高了 12%,并具有低冰点特性。基于这种推进剂配方以及相应的空间发动机产品,美国军方主导的绿色推进剂飞行演示任务(Green Propellant Infusion Mission,GPIM)配置了 4 台 1N 和 1 台 22N HAN 基发动机分别作为姿控和轨控发动机,并完成了产品级发动机的高空模拟热试车试验。关键性能参数如表 1-2 所示。

鉴于 AF-315E 型液体推进剂表现出的优良性能(表 1-3),美国军方正在讨论将其应用于多种型号任务的可能性。采用 AF-315E 推进系统替代传统推进系统可以有效降低系统复杂度、体积和质量,同时可以提高安全性和系统性能。

表 1-2　1N 和 22N HAN 基发动机性能参数

参数	GR-1	GR-22
喷嘴扩张比	100	100
贮箱压力/bar[①]	37.9～6.9	37.9～6.9
推力/N	1.42～0.26	26.9～5.7
最大稳态比冲/s	231	248
脉冲次数	11107	94

①　1bar＝0.1MPa。下同。

表 1-3　AF-315E 推进系统的优势

目标	原系统	采用 AF-315E 推进系统的优势
小行星捕获变轨计划	双组元推进系统（NTO/MMH）	系统复杂性降低 60％;降低推进系统的体积;成本降低且安全性高
WFIRST 深空探测望远镜	肼推进系统	推进剂质量降低 10％;系统干重减少 30％以上
火星登陆器	肼推进系统	提供更高的比冲;同等重量,多使用 1 年
火星运输车	冷气推进系统	良好的密度比冲和低温存储能力

日本宇宙航空研究开发机构(Japan Aerospace Exploration Agency,JAXA)也开展了 HAN 基推进技术的相关研究,并将目前开发的 HAN 基推进剂之一称为 SHP 系列推进剂。SHP163(163 是指包含质量分数为 16.3％的甲醇)是目前研究的重点,其理论比冲为 276s,密度为 $1.4g/cm^3$。同时,日本同步开发了不同推力量级的空间发动机产品。

1.5　内容框架

本书主要阐述了近年来发展迅速、技术成熟度相对较高的高性能绿色液体空间推进技术。在充分调研国内外相关研究进展的基础上,主要总结了作者近年来在绿色液体空间推进技术领域的研究成果。除绪论外,全书主要内容分为七章。

推进剂是发展推进技术和开发相关产品的基础。第 2 章从推进剂的研制发展历程入手,介绍了目前应用较为广泛的两大类高性能绿色液体推进剂:二硝酰胺铵(ADN)基液体推进剂和硝酸羟胺(HAN)基液体推进剂。第 3 章较为系统地介绍了 ADN 基液体推进技术的基础研究情况,包括流动与蒸发特性、燃烧性能等,并给出了工程应用实例。第 4 章介绍了 HAN 基液体推进技术的发展情况,叙述了其常温启动特性及在轻质化部件研制方面的进展。第 5 章介绍了一种新的绿色液体空间推进技术——基于离子液体推进剂的电-化学双模式空间推进技术,主要从推进剂的燃烧特性和电喷雾特性两个方面介绍了研究进展。第 6 章介绍了空间微推进技术与绿色液体推进技术相结合的发展情况,包括微小空间推进系统的新型研制工艺和空间发动机微小型化的进展情况。第 7 章介绍了绿色液体空间发动机的主动点火技术研究进展,这是更大推力量级空间发动机研发过程中的关键技术攻关与重要尝试。作为实验研究的重要补充,第 8 章介绍了绿色液体空间发动机的计算流体仿真模型构建和相关计算结果。

参考文献

[1] Clark J D. Ignition, An Informal History of Liquid Rocket Propellants[M]. New Jersey: Rutgers University Press, 1972.

[2] 潘海林,丁凤林,李永,等. 空间推进[M]. 西安:西北工业大学出版社,2016.

第 2 章 高性能绿色液体推进剂

2.1 引 言

推进剂是实现各类推进技术的物质基础,高性能、绿色无毒已成为推进剂研究领域的主要研究目标。在火箭运载领域,液氢、液氧、液态甲烷等低温推进剂的应用,实现了推进技术的无毒化。但由于低温推进剂的贮存要求高、有效贮存时间短,航天器空间运行等长期在轨任务还有较多技术瓶颈有待突破。目前航天器使用的各类液体推进剂均是常温贮存的。从推进剂燃烧的组织方式而言,液体推进剂可以分为单组元液体推进剂和双组元液体推进剂。在双组元液体推进剂的应用中,空间发动机工作时所需的氧化剂和燃料需要分开贮存。发动机工作时,氧化剂和燃料在燃烧室内发生掺混燃烧,产生推力。空间发动机所用的典型双组元推进剂都是基于肼类物质和四氧化二氮的。

单组元液体推进剂,是指通过自身分解或自身燃烧提供能量和工质的液体推进剂。单组元液体推进剂的化学活性比较强,在热或催化剂的作用下,通过自身分解或燃烧能迅速产生高温高压的气体,高温高压气体经过喷管膨胀后产生推力[1]。目前,在液体空间推进领域,最常用的单组元液体推进剂是无水肼,其催化分解产生包含氨气、氮气和氢气的高温混合气体,经喷管膨胀产生推力,在姿轨控发动机中应用广泛。但是,肼是一种强还原剂,对生物组织具有高毒性;肼在室温下的蒸气压相对较高,容易被人吸入,对人体造成伤害。同时,肼是一种在扰动下易分解甚至易爆的物质,在实际操作中,人员必须穿着自给式大气防护服(self contained atmospheric protective ensemble suit,SCAPE suit),这就导致肼推进剂在地面的储存、运输和操作成本较高[2]。因此,世界各国都在寻找新型的无毒、无污染单组元推进剂来替代肼。其中,ADN 基液体推进剂、HAN 基液体推进剂等离子溶液类型常温液体推进剂因其良好的特性得到了众多学者的关注。

ADN 基液体推进剂是由 ADN 作为氧化剂溶解到燃料和水的混合溶液中所制成的。在常温常压下，ADN 是一种白色的络合物盐，由氨基阳离子（NH_4^+）和二硝酰基阴离子 $[N(NO_2)_2^-]$ 组成[3]。ADN 的熔点为 93℃，在大约 150℃ 时发生热分解。由于 ADN 水溶性好，可以将其配成水溶液，再添加适当的燃料（如甲醇、乙醇、丙酮等），形成 ADN 基液体推进剂。ADN 基液体推进剂通常由 ADN、燃料组分（如甲醇、乙醇等）和水组成[4]。最早的 ADN 基液体推进剂于 1997 年由瑞典推出，代号为 LMP-10，由质量分数为 61% ADN、26% 水和 13% 丙三醇组成[5]。之后瑞典又相继开发了不同配比的推进剂型号，其中以 LMP-103S（ADN、甲醇和水的质量分数分别为 63%、26% 和 11%）为代表，相比于肼类推进剂，其比冲性能提高了 5%，密度比冲提高了 30%。

HAN 基液体推进剂是由 HAN、水和燃料组成的液体混合物。HAN 是一种固体燃料，化学式为 $NH_2OH \cdot HNO_3$，分子量为 96，属于羟胺的硝酸盐[6]。研究人员发现其具有较高的吸湿性和溶解性，在添加一定燃料后，性能获得大幅提升[7]。与 ADN 类似，HAN 基液体推进剂具有冰点低、密度高、安全、无毒（蒸气无毒）等特点，比冲比无水肼更高，且常压下不敏感，贮存安全。但是，在某些方面，HAN 基液体推进剂也体现出与 ADN 基液体推进剂不同的特性。从目前研究情况来看，HAN 基液体推进剂的低温启动特性较好，即发动机工作前对催化剂预热要求相对较低，而 ADN 基液体推进剂化学安定性有一定优势，空间任务的适应性更广。

总体来说，作为新型绿色无毒单组元液体推进剂，ADN 基液体推进剂和 HAN 基液体推进剂因具有优良的综合性能，在航天器空间推进技术领域表现出巨大的潜能。

2.2　ADN 基液体推进剂

ADN 具有极好的水溶性，因此可以将其溶于水，配制成液体推进剂。ADN 应用于液体推进技术领域的基本思路是将 ADN 作为氧化剂溶解到燃料与水的混合溶液中，形成 ADN 基液体推进剂。这类液体推进剂含能高且毒性小，被认为有潜力逐步替代无水肼等毒性较高的传统液体推进剂。另外，对于这类混合组分液体推进剂，可以通过调整配方而获得不同的推进剂性能，针对不同航天器任务的任务适应性比传统肼类推进剂更好。从 21 世纪初开始，针对 ADN 基液体推进剂的研究越来越受到学者们的关注，美国、中国、欧盟、日本等具备较强航天技术科研实力的国家纷纷投入精力到相关研发工作中。

2.2.1　ADN 概述

ADN 是一种能量高且不含卤素的新型氧化剂,用其取代固体推进中广泛使用的高氯酸铵或者硝酸铵,能大幅提高推进剂的能量,降低特征信号,减少环境污染。ADN 为白色络合物盐类物质,由阳离子 NH_4^+ 和阴离子 $N(NO_2)_2^-$ 组成,分子式为 $NH_4N(NO_2)_2$[8]。

1971 年,苏联的泽连斯基有机化学研究所首先合成出 ADN、KDN 等百余种二硝酰胺盐。此后十几年,苏联对 ADN 的合成及其在固体推进剂中的应用进行了广泛、深入的研究。美国 SRI 国际公司在 20 世纪 80 年代末才开始 ADN 的合成工作。经过大量研究,美国已将 ADN 作为下一代推进剂高能氧化剂的候选材料之一[9]。

我国研究单位对 ADN 固体推进剂也进行了研究,其制作过程安全,药浆满足使用要求,获得了致密无气孔的固化药,并进行了燃速及压力指数的测定。

值得注意的是,ADN 具有强吸湿性,ADN 基液体推进剂因此应运而生。美国专利 USP 6238499 介绍了一种使用 ADN 的液体推进剂,它是由 ADN 和燃料组成的,具有毒性低、理论比冲和密度高、易燃性好、储存性好、敏感性低的特性,十分适合太空应用。

(1)ADN 的物理性质

ADN 的化学式为 $NH_4N(NO_2)_2$,其主要的物理性质如表 2-1 所示[10]。ADN 外观呈现为无色片状或针状晶体。ADN 分子中不含氯和碳,氧和氮的质量分数较高,并具有正的氧平衡,这些特征具有许多优点。美国航空航天局(National Aeronautics and Space Administration,NASA)经计算后认为:以 ADN 代替推进剂配方中的高氯酸铵(AP)后,航天飞机助推器的推力可增加 14%,每次发射载荷可增加 4 吨。关于 ADN 的熔点,Bottaro 等[10]测得 ADN 的熔点为 92℃,波多野日出男等[11]测得的 ADN 的熔点也为 92℃,而法国和德国报道的 ADN 的熔点分别为 92.71℃ 和 92.9℃。

表 2-1　ADN 的物理性质

相对分子质量	氧平衡/%	熔点/℃	密度/$(g \cdot cm^{-3})$	ADN 在有机溶剂中的溶解度/$(10^{-2}g \cdot g^{-1})$				
				苯	醋酸乙酯	乙醇	甲醇	2-丙醇
124.07	25	92~94	1.82~1.84	0.00	0.12	28.55	90.53	21.24

ADN 的吸湿性试验结果如图 2-1 所示。ADN 的吸湿性比硝酸铵稍强,这说明 ADN 具有较强的吸湿性,ADN 基液体推进剂充分利用了这一特点[11]。

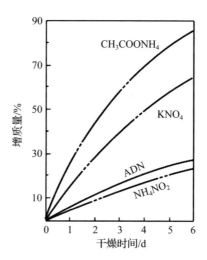

图 2-1　ADN 的吸湿性试验结果

(2)ADN 的毒性

ADN 无急性和慢性毒性,但是对现场工作人员的检查表明,该化学品易被皮肤吸收而导致手指麻木[12]。

(3)ADN 的分解

ADN 的分子结构及性质决定了它的分解路径。ADN 属于人工合成物,最早合成时以固态出现,有着特殊的晶体结构。此后,人们对 ADN 的气相、液相、凝聚相及其性质开展了研究。

Mebel 等[13]利用理论方法研究了 $NH_4N(NO_2)_2$ 的气相结构、热力学性质以及分解机理。他们认为,气相中 $NH_4N(NO_2)_2$ 的结构为[NH_3][HX],离子结构[NH_4^+][X^-]不是势能面上的极小点,且蒸发后不稳定。对于气态 ADN 而言,[NH_3][$HN(NO_2)_2$]是最稳定的结构。

Russell 等[14]利用傅里叶转换红外光谱法、激光拉曼光谱以及能量色散 X 射线衍射技术,研究了 ADN 温度-压力反应相图。结果表明,相图的压力范围为环境压力到 10.0GPa,温度范围为 −75℃到分解温度(即 120℃)。相图表明,α-ADN 和 β-ADN 可以相互转换。

Velardez 等[15]使用分子动力学计算了在不同温度和压力条件下 ADN 的熔点

与流体性质,准确地预测了 ADN 固相转液相的温度。他们计算得到 ADN 熔融温度为 474～476K,而实验值为 365～368K,经过分析,两者的误差可能是晶体结构过热造成的。

Kappenstein 等[16]通过实验测量了二元系统与三元系统的 HAN 和 ADN 的物理化学性质,包括密度、溶解度、黏度以及组分配比对蒸发压力、蒸发温度和表面张力的影响。他们对 ADN 的水溶液进行了热分解和催化分解的实验性研究。实验表明,无论是热分解还是催化分解,ADN 水溶液都是在水全部蒸发以后开始 ADN 分解,即刚开始溶液经历吸热过程,紧接着出现一个放热高峰。

Wingborg[17]通过实验研究了 ADN 与水的相互作用和性质。通过测量 25℃ 条件下的临界湿度来研究 ADN-H_2O 系统的固-液相图,测量了温度范围 5～85℃ 内不同组分的 ADN 水溶液密度。与硝酸铵(AN)相比,ADN 有更强的吸湿性。

固体 ADN 在分解和燃烧过程中会经历复杂的相变,主要包括凝聚相和气相。凝聚相反应的过程十分复杂,无论是理论研究还是实验都无法给出精确的反应和相关动力学参数,故早期对 ADN 热分解和燃烧的研究都集中于对气相 ADN 反应机理的研究。

Stefan 等[18]利用热分析仪 TM①、MDSC②、TGA③ 来研究 ADN 的热行为,利用 EGA④ 和 FTIR⑤ 来研究 ADN 分解的气体产物。实验结果表明,ADN 热分解开始于 127℃,在 200℃时完成分解,主要分解产物为 NH_4NO_3、N_2O 和 H_2O,进一步分解产物为 NO_2、NO、NH_3、N_2 和 O_2。ADN 最初分解为 NH_3 和 $HN(NO_2)_2$,$HN(NO_2)_2$ 立即通过酸催化机制形成 NH_4NO_3 和 N_2O,NH_4NO_3 在高温下分解形成 N_2O 和 H_2O。

Park 等[19]通过 ab initio MO/cVRRKM 方法,针对低压下气态 ADN 热分解产物的形成进行了动力学模拟,在低压下使用 Saalfeld 反应器,利用质谱仪研究了 373～920K 时 ADN 的热分解。主要是固体 ADN 升华成 NH_3 和 $HN(NO_2)_2$,紧接着是 $HN(NO_2)_2$ 分解成 $HNNO_2$ 和 NO_2,$HNNO_2$ 又继续分解成 N_2O 和 OH。

Korobeinichev 等[20]采用包含 31 种组分和 172 步基元反应的化学反应机理,模拟了固体 ADN 的化学反应,得到了在 0.3MPa 和 0.6MPa 条件下组分浓度和

①TM:热显微镜法(thermomicroscopy)。
②MDSC:调幅式差示扫描量热法(modulated differential scanning calorimetry)。
③TGA:热重分析仪(thermogravimetric analyzer)。
④EGA:逸出气分析(evolved gas analysis)。
⑤FTIR:傅里叶变换红外光谱仪(Fourier transform infrared spectrometer)。

温度的曲线。此外还研究了火焰结构。靠近燃烧表面的是冷区,主要组分是ADN和二硝胺酸(DA),由ADN分解和蒸发产生;而距离燃烧表面8～12mm的是热区,主要组分是硝酸氧化生成的氨的氧化物。

Yang等[21]做了一个关于ADN热分解及燃烧的概述,总结了目前关于ADN研究的结论性成果。固相、液相、凝聚相和气相ADN的分解路径都存在差异。在固相中,ADN通过多分子重排生成NH_4NO_3和N_2O。在液相中,则有两个竞争的分解路径,除了有一个与固相相同的路径以外,还有ADN分解成$NH_3+HNO_3+N_2O$。在气相中,两条竞争反应路径是ADN分解成NH_3+HDN和$NH_3+HNO_3+N_2O$。

Gross等[22]利用详细的化学动力学模拟了ADN多相燃烧,提出了一个燃烧模型,能够在2～20atm压力范围内准确验证ADN燃烧的第一个反应区域内的实验性数据。数据包括温度、组分、燃烧速率和温度敏感性。但是此模型只使用了单步总包凝聚相反应,并且假设ADN蒸发形成了ADN蒸气分子复合物。

Thakre等[23]耦合凝聚相和气相动力学模拟了ADN单组元推进剂的燃烧过程。数值仿真模型采用了包含34种组分和165步基元反应的气相反应机理,研究了ADN的详细燃烧波结构和燃烧速率特性。优化的气相机理能预测多阶段火焰结构。在不同压力下,预测结果与测量的温度、组分摩尔浓度曲线较好吻合。在宽范围的压力(0.7～350atm)下,计算和测量的推进剂燃烧速率与表面温度值较为吻合。

Farhat等[24]使用在线质谱产物分析方法研究了AN、ADN、硝仿肼(HNF)基离子化推进剂的热分解及催化分解。ADN-H_2O溶液热分解的主要产物是N_2,其次是N_2O,有少量的NO和NO_2,而并未检测到O_2。在残留的溶液中有HNO_3和NH_4NO_3存在。ADN在Pt催化下的产物几乎与热分解相同,但并未有NO,且在残留溶液中未有NH_4NO_3。

Amrousse等[25]研究了ADN在CuO基催化剂条件下的催化分解。对于ADN基液体推进剂,热分解只是在水完全蒸发后达到一定温度时才会发生。催化剂使得推进剂可以在较低温度(即水未完全蒸发时)发生催化分解反应,且反应速率远大于热分解的速率。

2.2.2 ADN基液体推进剂

ADN基液体推进剂主要由ADN、燃料和水组成。目前ADN基液体推进剂配方的研究众多。ADN具有较强的吸湿性,因此可以在其中加入水和一种特定的燃料,使其成为单组元液体推进剂。ADN的溶解度与温度有关:在室温下,

ADN 在水中的溶解度为 80g；当温度为 0℃时，其溶解度降为 70g。瑞典空间公司（Swedish Space Corporation，SSC）的研究人员选择了 8 种燃料，与 ADN 和水按不同比例配制成推进剂，进行相关的实验，最终确定燃料为甘油，并把推进剂配方命名为 LMP-101[26]。他们测试获得的推进剂的配方和性能如表 2-2 所示。

表 2-2　ADN 基液体推进剂的配方和性能

燃料	ADN/%	燃料/%	水/%	密度/(g·cm⁻³)	比冲/(N·s·kg⁻¹)	密度比冲/(N·s·dm⁻³)	燃烧温度/K
丙酮	67.18	8.20	24.62	1.349	2541	3428	2157
氨	77.27	9.09	13.64	1.372	2515	3449	2109
乙醇	60.64	8.25	27.36	1.332	2468	3287	2002
甲醇	64.30	11.42	24.28	1.324	2518	3333	2077
甘油	61.00	12.87	26.13	1.420	2425	3444	1972
乙二醇	62.00	21.54	25.46	1.391	2457	3418	2009
1,4-丁二醇	63.62	8.73	27.65	1.390	2460	3418	2005
三羟甲基丙烷	64.08	8.98	26.94	1.402	2470	3463	2029

SSC 研究人员在 LMP-101 的热试车中发现，LMP-101 燃烧不稳定，会造成燃烧室压力的波动，从而对发动机系统造成巨大的磨损。通过向推进剂中加入质量分数 0.5%～5.0%的氨，改善了其燃烧性能，燃烧室压力明显平稳。随后又开发了几种 ADN 基推进剂的候选配方，包括 LMP-101X、LMP-102、LMP-103X，并与肼和 HAN 基液体推进剂的性能进行了比较[27]，如表 2-3 所示。

表 2-3　推进剂的性能对比

推进剂	比冲/s	密度/(g·cm⁻³)	密度比冲/(N·s·dm⁻³)	燃烧温度/K
LMP-101X	247	1.38	3340	1973
LMP-102	218	1.39	2970	1553
LMP-103X	257	1.30	3280	2073
ADN/甲醇/水	253	1.30	3230	2003
HAN/甲醇/水	239	1.32	3090	1773
HAN/甘氨酸/水	204	1.33	2660	1373
肼	238	1.00	2330	1173

LMP-103S 是以甲醇为燃料,并加入水和稳定剂氨复配而成的。此配方用于 HPGP 系统,在 2010 年 6 月 15 日成功应用于"棱镜"技术实验卫星,基于 ADN 基液体推进剂的 1N 空间发动机系统在卫星系统中进行了技术演示验证。这也是 ADN 基液体推进技术在世界上的首次在轨飞行验证。LMP-103S 的配方组成和性能如表 2-4 所示[28]。

表 2-4　LMP-103S 的配方组成和性能

推进剂	ADN /%	甲醇 /%	水 /%	稳定剂 /%	冰点 /℃	稳定工作温度 /℃	密度 /(g·cm⁻³)	比冲 /s	密度比冲 /(s·g·dm⁻³)
LMP-103S	63.0	18.4	14.0	4.6	−7	10~50	1.24	234	321

瑞典国防研究所(FOI)开发了 ADN 基液体推进剂 FLP-106,它由质量分数 64.6% 的 ADN、23.9% 的水和 11.5% 的低挥发性碳氢燃料组成。肼、FLP-106 和 LMP-103S 的理论比冲、密度以及密度比冲如表 2-5 所示[29]。由表 2-5 可看出,FLP-106 的理论比冲和密度比冲超过肼和 LMP-103S。

表 2-5　肼、FLP-106 和 LMP-103S 的理论比冲、密度以及密度比冲[29]

推进剂	理论比冲/s	密度/(g·cm⁻³)	密度比冲/(s·g·dm⁻³)
肼	230	1.0037	231
FLP-106	260	1.3570	353
LMP-103S	252	1.2380	321

2.2.3　ADN 基液体推进剂的制备

根据原料性质,ADN 的合成可分成有机法和无机法两大类[10]。

有机法是指利用有机原料合成 ADN 的方法,产率为 60%~70%。适用的原材料有 N,N-二硝胺丙腈,具有类似结构的醛、酮和酯类的二硝胺衍生物,以及含烷基和金属的二硝基胺盐、H_2NNO_2 等。主要的硝化剂有 NO_2BF_4、$(NO^+)_2(S_2O_7)^{-2}$、$NO_2AlCl_4^-$ 等。使用丙酮、异丙醇、叔丁醇、乙酸乙酯和四氢呋喃,或上述溶剂的混合物及氨的氯烃溶液萃取反应液,然后在萃取液中加入沉淀剂沉淀,即可获得 ADN。

无机法是指用氨或氨的简单衍生物直接硝化合成 ADN,采用的硝化物主要为 NO_2BF_4。反应时,硝化物和惰性溶剂混合成溶液或分散体,以促进氨和硝化物的反应。该反应在无水状态和 $-80\sim-40\,℃$ 的环境中进行。氨由惰性气体带入溶液并在搅拌条件下反应。

2.2.4　ADN 基液体推进剂的应用

苏联最早将 ADN 基固体推进剂应用在苏联 SS-24 战略导弹第二级推力器中[30]。瑞典研究人员利用 ADN 在水中的高溶解度，将 ADN 基固体推进剂溶于水并添加燃料，合成 ADN 基液体混合推进剂。瑞典在 1997 年最早公布了代号为 LMP-101 的 ADN 基液体混合推进剂（61％ADN、26％水和 13％丙三醇），并最早研制出 1N ADN 基液体空间发动机。

2000 年，欧洲航天局（European Space Agency，ESA）提出建立 HPGP 系统的方案，并开发了不同的 ADN 基空间发动机型号，如图 2-2 所示（主要针对推力量级 $0.5\sim220\mathrm{N}$）[31-32]。ADN 基空间发动机结构主要包括预热组件、催化床、燃烧室和喷管四大部分（图 2-3）。催化床进行 ADN 的分解反应。预热组件主要是对催化剂进行预热，提高反应活性，降低反应压力波动对催化床的损伤，燃烧室内进行催化分解产物进一步的高温燃烧反应[33]。之后应用配方为 LMP-103S 的推进剂进行 1N 发动机的点火测试，如图 2-4 所示。发动机产品及推进剂顺利完成全部高空模拟热试车试验，ADN 基空间推进技术具备了在轨飞行验证的条件[27]。

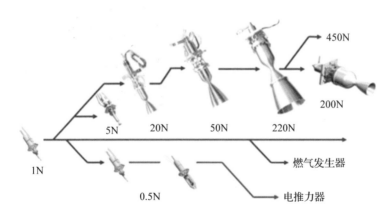

图 2-2　HPGP 发动机型号发展历程

2010 年 6 月 15 日，瑞典发射"棱镜"技术实验卫星，在三周的初始调试（包括卫星的制导、导航以及对先进的自主编队飞行控制策略进行测试）后，对 1N 级 ADN 基发动机进行了技术演示验证。发动机工作良好，ADN 基空间推进技术在卫星上取得了巨大成功[34]。

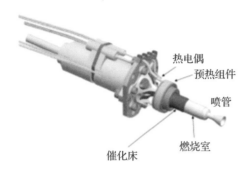

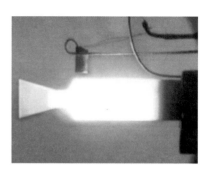

图 2-3 ADN 基空间发动机结构   图 2-4 稳态点火测试

图 2-5 和图 2-6 分别展示了"棱镜"卫星推进系统和"棱镜"卫星的组成。"棱镜"卫星中主航天器由 8 个空间发动机(6 个肼基发动机和 2 个 1N ADN 基发动机)来实现控制。经过两年的技术验证,ADN 基发动机总体性能要比肼基发动机提高 8% 左右。细分来看,对于连续稳态点火,ADN 基发动机比肼提高 6%;对于连续脉冲点火,ADN 基发动机一般提高 10% 左右。

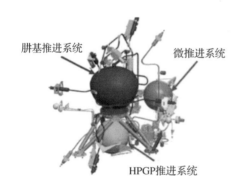

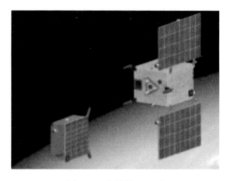

图 2-5 "棱镜"卫星推进系统   图 2-6 "棱镜"卫星

美国、瑞典、德国、日本等国家后续分别针对 1N、5N、22N、50N、200N、220N 等型号的发动机进行研究,取得了重要技术进展。ADN 基空间推进技术已成为先进空间化学推进技术的重要发展趋势[35-37]。ESA 的多颗卫星已采用 ADN 基空间推进技术完成卫星的姿态控制和位置保持。北京控制工程研究所与中国科学院大连化学物理研究所一起,在国内率先开展了 ADN 基空间推进技术的研究工作,于 2016 年 11 月进行了我国首次 ADN 基空间推进技术的在轨飞行验证。卫星搭载两台 1N ADN 基液体空间发动机,在两天的时间里共进行了 5 组不同工况的在轨点火试验,发动机满足性能指标要求。目前,ADN 基空间推进技术已服务于我国多颗在轨卫星。

2.3　HAN 基液体推进剂

与 ADN 基液体推进剂的组成思路类似,HAN 基液体推进剂一般由 HAN、燃料和水组成。相比于肼,HAN 基推进剂无毒、失火危险性低、冰点低、沸点高、不致癌。同时,HAN 基液体推进剂的性能、安全性以及使用维护性相比于肼也有所提高。

2.3.1　HAN 概述

作为一类特殊的高能氧化剂,硝酸羟胺(HAN)在航天推进领域具有独特的优势。然而,HAN 并非源于航天推进领域。美国印第安海德海军机械站(Naval Ordnance Station,NOS)在研究溶于水而航迹少的鱼雷燃料时,偶然发现了硝酸羟胺,并与燃料配方组成 NOS-365 单元发射药进行射击,发现其具有巨大的应用潜力[6]。后来美国陆军弹道研究实验室(Ballistic Research Laboratory,BRL)针对 HAN 及其水溶液开展了详细研究,并选择不同的燃料及配比组成不同的配方,曾经对 LP1776、LP1781、LP1812、LP1814、LP1835、LP1845、LP1846、LP1848 等配方进行了多方面论证和实验研究,发现 HAN 和 TEAN 组成的水溶性液体推进剂具有优良的性能[38]。由此,HAN 基推进剂逐渐出现在大家的视野中,并被用于液体发射药火炮实验。在 32 届 AIAA/ASME/SAE/ASEE 联合推进会议上,Jankovsky[39] 以 LP1846、LP1845 和 LP1898 三种 LP 系列推进剂为例,讲述了 HAN 基液体推进剂的优点和用于航天器的可能性,并表示一旦 HAN 基单组元推进系统可用,卫星推进系统的成本和复杂性将大大降低,航天器推进系统的综合能力将得到提升。由此,HAN 在航天领域的应用受到了广泛关注。

(1)物理性质

HAN 是一种既可作为氧化剂又可作为还原剂的化合物。作为快速、高效的还原剂,HAN 已广泛应用于铀等放射性元素的提取、核原料的处理以及核废料的再生。作为富氧的化合物,它又是一种高能氧化剂,添加一定燃料后,可被制成绿色高能的推进剂。在航天推进领域,HAN 主要以高能氧化剂的角色出现。

HAN 是一种单斜晶空间结构晶体,熔点为 48℃,分子式为 $NH_2OH \cdot HNO_3$,分子量为 96[40]。其固体吸湿性极强,在空气中能迅速吸湿而潮解成液体,这限制了固体 HAN 的应用。HAN 溶于水形成纯净的酸性水溶液,无味,不产生有毒蒸气。在室温条件下,HAN 水溶液的最大浓度可达到 95%。不同 HAN 浓度水溶液的密度与黏度列于表 2-6 和表 2-7[40]。

表 2-6　20℃ 时 HAN 水溶液的密度

摩尔浓度/(mol·L⁻¹)	0.50	2.78	5.23	6.86	8.84	12.62	16.34	17.50	结晶
密度/(g·cm⁻³)	1.02	1.13	1.23	1.30	1.38	1.52	1.66	1.68	1.84

表 2-7　20℃ 时 HAN 水溶液的黏度

摩尔浓度/(mol·L⁻¹)	0.5	1.0	3.0	5.0	7.0	9.0	11.0	13.0
黏度/(MPa·s⁻¹)	1.02	1.06	1.23	1.52	2.14	3.05	4.80	7.11

根据 HAN 浓度(M)和密度(ρ)试验数据,BRL 提出了如下经验式:

$$\rho = 0.9935 + 0.0463M - 0.0004007M^2$$

由于 HAN 基推进剂具有电点火的潜力,有必要明确 HAN 水溶液在不同温度下的电导率。$-60 \sim 35℃$ 温度条件下 11mol/L HAN 水溶液的电导率如表 2-8 所示[40]。

表 2-8　不同温度条件下 HAN 水溶液的电导率

温度/℃	-59.9	-51.0	-14.6	-10.0	-0.6	20.5	24.7	30.7	35.2
电导率/(s·m⁻¹)	0.090	0.291	4.38	5.26	7.56	14.0	15.5	17.5	18.9

(2)毒性

为了确定 HAN 的毒性,BRL 将大白鼠、家兔置于密闭空间实验室,进行吸入作用试验及皮肤接触的影响试验。研究结果表明,HAN 对大白鼠呈中等毒性,其口服半致死量为 882mg/kg;而对家兔则有较高的毒性,其口服致死量为 100mg/kg,家兔涂皮半致死量为 70mg/kg。因此,操作人员在接触 HAN 时应尽量避免 HAN 直接溅及皮肤,在操作期间必须穿戴橡皮手套、化学防溅眼镜及工作服[40]。

(3)分解

HAN 在 100℃ 下开始分解产生 N_2O 等氧化性产物,展现出 HAN 的氧化性,同时在分解过程中会释放大量的热量。因此,HAN 可以作为单组元推进剂中的高能氧化剂应用于航天发动机。HAN 的分解反应是 HAN 可应用于航天发动机的前提,众多学者对 HAN 分解机理开展了相关研究。

Lee 等[41]在常压下氮气氛围中,通过傅里叶红外检测手段,对不同浓度的 HAN 水溶液和固体 HAN 热分解产物进行了检测。结果表明,HAN 水溶液热分解主要产物是 H_2O、N_2O、NO、NO_2 和 HNO_3(图 2-7)。HAN 水溶液热分解过程包括三个阶段:①水分的蒸发;②N_2O 和 NO 大量产生,同时 HNO_3 发生质子转移;③NO_2 的产生。检测结果表明,NO_2 主要来自 HNO_3 的分解。这与固体 HAN 的主要分解产物完全相同。

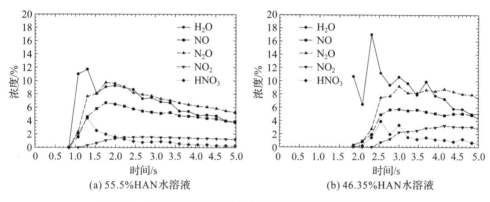

图 2-7　不同浓度的 HAN 水溶液在 180℃下的热分解产物

Rafeev 等[42]对 HAN 水溶液的热分解机理进行了研究。试验的温度范围为 84.8～120.9℃。结果表明,HAN 水溶液的热分解是自催化过程,起始分解速率与硝酸浓度的平方成比例关系。他们据此提出了其热分解的动力学路线,其中 N_2O_5 被认为是初始分解阶段比较重要的中间产物。HAN 的自催化是 HAN 分解过程中十分重要的一部分,HAN 的催化分解研究逐渐成为 HAN 分解机理中的关键点。

Katsumi 等[43]研究了 HAN 水溶液催化分解的反应机理,以了解其催化分解过程。为了阐明催化分解和热分解的反应机理,他们对 HAN 水溶液的催化分解和热分解过程进行了差热分析和热重分析,并对产物进行了气体分析。结果表明,铱基催化剂能有效降低 HAN 分解的起始温度,催化分解与热分解的产物气体种类差异不明显,催化分解与热分解的反应过程基本相同。此外,催化分解可以在较低的温度下生成硝酸(HNO_3),而热分解无法生成。因此,铱基催化剂不能改变反应机理,但能激活硝酸生成的反应路径,反应路径如图 2-8 所示[43]。

Charles Kappenstein 研究小组对 HAN 催化分解进行了深入的研究[44-45]。

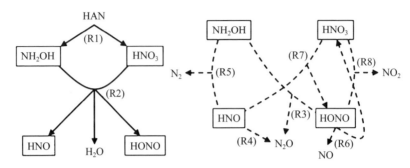

R1：HAN + H₂O ⟶ NH₂OH + HNO₃ + H₂O
R2：NH₂OH + HNO₃ ⟶ HONO + HNO + H₂O
R3：NH₂OH + HONO ⟶ N₂O + H₂O
R4：2HNO ⟶ N₂O + H₂O
R5：NH₂OH + HNO ⟶ N₂ + H₂O
R6：3HONO ⟶ 2NO + HNO₃ + H₂O
R7：HNO + HNO₃ ⟶ 2HONO
R8：HONO + HNO₃ ⟶ 2NO₂ + H₂O

图 2-8　HAN 的分解反应路径

该小组的 Courtheoux 等[46]以硅掺杂氧化铝为载体,制备了 5％ Pt/Al₂O₃-Si 催化剂,研究了该催化剂在 45℃时对 79％ HAN 水溶液的催化分解,发现多次点火成功后催化剂仍具有一定的活性。在此基础上,该小组又研究了 10％ Pt/Al₂O₃-Si 催化剂对 79％ HAN 水溶液的催化分解,催化剂预热温度为 40℃,每次进样 100μL,每 4min 进样一次。结果显示,浸渍法制备的催化剂能够实现 HAN 水溶液在低于 40℃温度下催化分解。在 15 次反复点火过程中,反应中期活性金属颗粒 Pt 会发生团聚,但催化活性反而会提高。随后,Courtheoux 等[46]又研究了 Pt/Al₂O₃-Si 催化剂对 40％HAN 水溶液的分解。他们制备了不同浓度的 HAN 水溶液并利用 TGA 装置研究了 Pt/Al₂O₃-Si 催化剂对 40％的 HAN 水溶液的催化分解和热分解。研究表明,在催化剂的作用下,HAN 可以在更低的温度下分解。

日本 JAXA 的 Amrousse 等[47]首先利用溶胶-凝胶法制备了 10％ Ir/Al₂O₃-La₂O₃,然后利用热重-热差分析(thermogravimetry and differential thermal analysis,TG-DTA)技术对比研究了 95％HAN 水溶液的催化分解和热分解,如图 2-9 所示。95％HAN 水溶液的热分解曲线在 100℃有一个吸热峰,对应于 5％H₂O 的挥发;从 155℃开始出现放热峰,对应于 HAN 开始分解为气相产物,这表明 HAN 分解发生在水分蒸发后。催化分解曲线在 46℃有一个小的吸热峰,在 92℃出现一个尖锐的放热峰,这表明加入催化剂后,HAN 的热分解提前了 109℃,并且催化分解速率明显高于热分解速率。

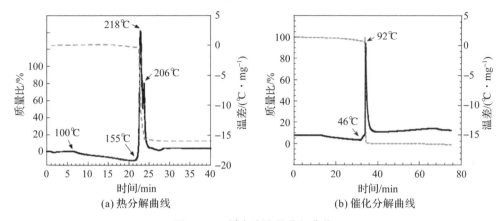

图 2-9 95％水溶液的分解曲线

随后，Amrousse 等[48] 又研究了铱基催化剂对 HAN 基液体推进剂的催化分解，催化分解装置如图 2-10(a) 所示。其中催化床装载 4.5g 铱基催化剂，测试前催化剂预热到 210℃，电磁阀每次打开 5s，所用的配方中 HAN 含量为 95％，AN、甲醇和水的含量合计为 5％。电磁阀第一次打开后，催化床室压和催化床温度随时间的变化如图 2-10(b) 所示。在不到 1s 的时间内，反应室压达到稳定状态，催化床最高温度达到 1300K，这表明该铱基催化剂能够催化分解 HAN。

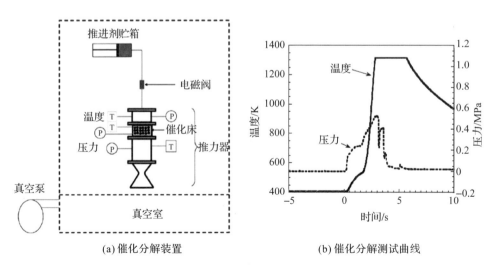

图 2-10 铱基催化剂对 HAN 基高能离子液体推进剂的催化分解

在此基础上，Amrousse 等[49] 利用 TG-DTA-MS① 联用技术，对比研究了 HAN 基推进剂的热分解和催化分解。所用的配方中 HAN 含量为 73%，AN 为 3.9%，H_2O 为 6.2%，MeOH 为 16.3%，其分解曲线如图 2-11 所示。HAN 基推进剂的热分解曲线在 154℃有一个大的吸热峰，对应于其中的甲醇和水蒸气的挥发；在 191℃和 201℃分别有一个大的放热峰和一个小的放热峰，对应于 HAN/AN 分解放热。HAN 基推进剂的催化分解曲线仅在 65℃有一个尖锐的放热峰。我们通过在线质谱方法对反应产物进行了检测，如图 2-11(c)所示，认为 N_2O 和 NO 产生机理是 NH_2OH 或 NH_3OH^+ 与中间产物 HONO 或 HNO 反应，NO_2 源于 HNO_3 的热分解。

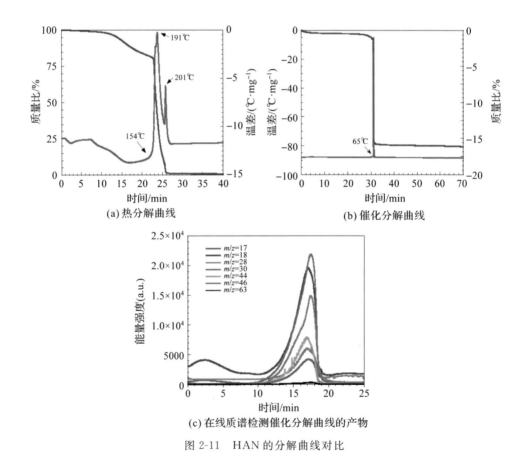

(a) 热分解曲线

(b) 催化分解曲线

(c) 在线质谱检测催化分解曲线的产物

图 2-11　HAN 的分解曲线对比

---

①MS:质谱法（mass spectrometry）。

由上述研究可以知道,在催化剂的作用下,HAN 能够在较低温度下分解,这为 HAN 基单元液体推进剂在常温条件下应用于空间发动机提供了理论依据。

2.3.2　HAN 基液体推进剂

从上一小节可知,HAN 具有较高的吸湿性和溶解性,在添加一定量的燃料和水后,性能大幅提升。由此,各国对 HAN 基液体推进剂开展了深入研究。目前,HAN 基液体推进剂主要分为 LP 系列推进剂、AF-315 系列推进剂和 SHP 系列推进剂三种[50]。

(1)LP 系列推进剂

LP 系列推进剂是最早开始被研究的 HAN 基液体推进剂。LP 系列推进剂主要由硝酸羟胺及其水溶液,添加燃料和稳定剂配制而成。这一系列推进剂包含多个配方。其中,代号 XM45(LP1845)和 XM46(LP1846)是当前美国军方大力发展的两种推进剂,都由 HAN、TEAN 和水组成,主要组分配比如表 1-1 所示[51]。研究表明,随着压力的增加,XM46 的单位体积燃烧速率有所降低。XM46 的燃烧过程主要分为两步:首先 HAN 开始分解产生氧化性产物,为燃烧提供氧化剂;随后,推进剂内的 TEAN 分解,与氧化性产物发生燃烧反应。因此,推进剂内 HAN 的分解反应决定了推进剂的燃烧速率。经过多年的研究,LP 系列推进剂也存在一定技术问题。Meinhardt 等[52]研究发现,LP 系列推进剂在反应后会出现积碳现象,这对燃烧稳定性有不利的影响。

另外,许多学者对 LP 系列推进剂液滴进行了燃烧实验。Beyer[53]在实验中采用落滴装置,研究了初始直径为 $100\sim205\mu m$ 的 LP1845 单滴在常压下、$700\sim950℃$ 温度范围内的燃烧性能。研究发现,液滴在微爆之前,直径大小发生振荡式的变化,而在微爆时的直径最大可膨胀到初径的 4 倍左右。Beyer 认为,微爆是由过热的水组分造成的。为了在更高的环境压力下研究单滴燃烧特性,Beyer[54]改用挂滴装置研究了直径为 $80\sim280\mu m$ 的 LP1846 单滴在 $1MPa\sim8.5MPa$ 下的燃烧特性。结果显示,与一般燃料液滴的燃烧特征不同,LP1846 液滴内部存在剧烈的液相化学反应,而不是像一般液滴先蒸发,然后在气相中分解、燃烧。Zhu 等[55]针对 LP1845 液滴在大气压下的蒸发、微爆和燃烧特性开展了详细研究,发现 LP1845 液滴的燃烧过程存在一个稳态加热期,此时液滴的形状和大小不发生改变,之后液滴直径以稳定的速度减小。

美国陆军将 LP 系列推进剂用于液体火炮发射药,其中 LP1845、LP1846 和 LP1898 的性能如表 2-9 所示[39]。研究结果表明,LP 系列推进剂的密度为

1.4g/cm³左右,理论比冲在2500m/s以上,并且液态范围宽,凝固点低,具有广阔的发展前景。

表2-9　LP1845、LP1846和LP1898的性能

推进剂	密度(25℃)/(g·cm⁻³)	燃气平均分子量/(g·mol⁻¹)	理论比冲/(m·s⁻¹)	燃气温度/℃
LP1845	1.45	23.07	2594	1852
LP1846	1.43	22.85	2529	1749
LP1898	1.39	22.64	2626	1862

(2)AF-315系列推进剂

美国空军在高性能硝酸羟胺液体推进剂研究的基础上,主导开发了AF-315系列推进剂。该系列推进剂与比冲相近的其他HAN基液体推进剂相比,具有更低的点火温度和绝热燃烧温度,推进剂综合性能得到进一步提升[56]。AF-315系列推进剂的主要成分为HAN、HEHN和水,各组分的质量分数不同,所制成的AF-315系列推进剂表现的性能也不同,典型组成及性能如表2-10所示[57]。在HAN-燃料-水组成的HAN基系列推进剂中,AF-315是一类综合性能较优的单元推进剂,主要表现在以下方面:①在比冲一定的情况下,燃烧温度和点火温度比HAN-醇-水、HAN-硝酸酯-水系列推进剂低;②稳定性比HAN-硝酸酯-水系列推进剂好;③密度比HAN-醇-水系列推进剂高。

表2-10　AF-315单组元推进剂典型组成及性能

质量分数/%			火焰温度/℃	比冲/s
HAN	HEHN	水		
63	26	11	1780.6	—
58	31	11	1959.9	—
56	33	11	2021.8	—
54	35	11	2062.2	272
49	40	11	1993.6	—
45	44	11	1884.0	263
40	49	11	1772.7	—
35	54	11	1649.7	—
30	59	11	1528.1	—

催化分解是 HAN 基推进剂点火的关键过程,催化剂就成为其应用过程中不可或缺的一部分。铱、铂等贵金属催化剂广泛适用于传统的无水肼、H_2O_2 单组元推进剂等。Shell-405 为 Al_2O_3 负载的高分散金属铱催化剂,并且成功应用于 LP 系列推进剂的点火。而 AF-315 系列推进剂由于含有 HEHN 成分,在 Shell-405 催化剂作用下,点火温度无明显降低[58]。Shamshina 等[59]在对 HEHN 进行的催化点火试验中,使用 Shell-405 催化剂在 50℃、100℃、200℃下对 HEHN 液体的循环催化点火进行研究。研究结果表明,Shell-405 催化剂用于 AF-315 点火时,随着 Shell-405 催化剂热处理温度从常温提高到 1650℃,其点火温度从 90℃升高至 196℃,而同时测得催化剂比表面积从 $100m^2/g$ 下降到 $0.1m^2/g$。点火温度升高,是因为高温下载体 Al_2O_3 晶型转变,引起催化剂烧结。Fortini 等[57]发现,在使用 Shell-405 催化剂对 AF-315I 的试验中,5~10s 后,催化剂已经不能再使用。为此,他们针对载体 Al_2O_3 进行改性,制备出热稳定性好的六铝酸钡(BHA)载体,在 1650℃高温下表面积仍有 $4m^2/g$,用于 AF-M315E 点火的预热温度为 123℃。

在高压环境下,AF-315 系列推进剂燃速与压力呈指数关系。对于 29.4MPa~55.0MPa 压力范围内的表观线燃速,燃速与压力之间满足指数关系,但燃速系数及燃速指数在 29.4MPa~43.1MPa 和 43.1MPa~55.0MPa 内具有不同的值。在 29.4MPa~43.1MPa 范围内,表观线燃速与环境压力的关系式为 $u=53.9469p^{0.2097}$;在 43.1MPa~55.0MPa 范围内,关系式为 $u=7.7105\times10^{-3}p^{2.5586}$。经过计算与对比可以发现,AF-315 液体推进剂的燃速约为 LP1846 的 4~5 倍[6]。

AF-315 液体推进剂拥有更为出色的性能,是肼类单组元推进剂的重要替代品,在空间飞行器、战略导弹、弹道导弹、液体火炮及战机应急动力装置中具有广泛的应用前景。

(3)SHP 系列推进剂

日本 JAXA 也开展了 HAN 基推进剂的相关研究。新型 HAN 基推进剂主要包括两种,一种由 HAN、AN、甲醇和 H_2O 组成,另外一种由 HAN、HN(二硝酸肼)、TEAN 和 H_2O 组成。其中 SHP163 是目前研究的重点,理论比冲为 276s,密度为 $1.4g/cm^3$[60]。

2.3.3 HAN 基液体推进剂的制备

HAN 基液体推进剂的制备,主要是将 HAN、燃料和水按照一定配比进行混合,关键在于 HAN 和燃料的制备。

(1)HAN 的制备

HAN 的制备有许多方法。最早采用硫酸羟胺和硝酸钡进行复分解制备,但钡盐价格昂贵,故出现了更多的制备方法,如还原法、电渗析法、离子交换法等[61-64]。

1)还原法

还原法主要有电解还原法和催化还原法。

电解还原法以硝酸为原料,经电解还原硝酸,制取硝酸羟胺。在电解槽中,金属铂网作阳极,汞作阴极。阴极室中为浓硝酸,阳极室中为稀硝酸,在阴、阳极室间用阳离子交换膜隔开。此膜只允许 H^+ 通过。电解过程中,阳极发生水的氧化反应,生成 H^+ 并放出 O_2;阴极发生的反应则是硝酸被还原成羟胺,生成的羟胺与游离的硝酸反应,进一步生成硝酸羟胺。电解反应在恒电流条件下进行。在反应过程中,需定时向阴极室补加浓硝酸,以维持阴极室硝酸浓度稳定;同时向阳极室中补加稀硝酸,以补充水的损耗。操作过程中,阴极电位控制在 0.9V 左右,以避免副反应发生;阴极室温度保持在 20℃ 左右,以利于硝酸羟胺生成。

催化还原法以硝酸为原料,通过催化加氢制备硝酸羟胺。在特定的钯催化剂作用下,对硝酸进行氢化还原,可制得硝酸羟胺。该工艺流程包括羟胺合成塔、肟合成塔和混合器部分。硝酸与来自肟合成塔的硝酸铵在混合器中混合,随后导入羟胺合成塔,通入氢气,在催化剂作用下生成含羟胺的溶液。将此含羟胺的溶液导入肟合成塔,通入氨气,使溶液呈中性,加入环己酮与羟胺,反应生成酮肟沉淀。过滤后,将硝酸铵滤液返回混合器,将滤出的酮肟投入硝酸中,分解生成硝酸羟胺产品和酮,酮可返回肟合成塔继续使用。

2)电渗析法

电渗析法以羟胺盐及硝酸为原料,利用阴、阳离子交换膜和复分解反应生产硝酸羟胺。电渗析池被阴离子交换膜和阳离子交换膜交替隔开,硝酸羟胺产品从其中一个渗析室中导出。此生产工艺需给每个渗析室配置流体循环管,使用直流电源以及其他一些附属设备,这些都使得该生产工艺较为复杂。此外,可供使用的离子交换膜面积有限,因此生产率较低。所用的原料为羟胺盐,导致生产成本较高。基于上述原因,该生产工艺在经济性方面缺乏吸引力。尽管如此,电渗析法工艺仍具有产品纯度高、可连续操作等优点。

3)离子交换法

离子交换法是较早采用的生产硝酸羟胺的工艺方法之一。通过溶液与离子交换剂之间进行离子交换,将目标离子吸附在离子交换剂中,再用另一溶液将目标离子洗脱,得到产品。使用阳离子溶剂作为离子交换剂,与硫酸羟胺或盐酸羟胺溶液进行逆流液相萃取,再用硝酸洗提,可制得硝酸羟胺。使用强酸性阳离子交换树脂作为离子交换剂,硫酸羟胺或盐酸羟胺溶液流经阳离子交换柱后,羟胺阳离子被吸附在阳离子交换柱上,随后用硝酸溶液将羟胺阳离子洗脱,得到硝酸羟胺溶液。此工艺方法较为成熟,但操作复杂,同时,硝酸与阳离子树脂之间存在反应爆炸的潜在危险。用此法生产的硝酸羟胺溶液为稀溶液。

4) 复分解法

复分解法用硝酸钡与羟胺盐反应,制取硝酸羟胺溶液。将沸腾饱和的硝酸溶液与硫酸羟胺溶液混合,二者发生复分解反应,除去生成的硫酸钡沉淀,即可得到硝酸羟胺溶液。用此法制得的硝酸羟胺溶液的最大质量分数为 20%。但为了保证产品的稳定性,反应通常在较低温度下进行,因此,产品质量分数一般为 15%。

5) 中和法

中和法主要有醇溶液中和法和水溶液中和法。

醇溶液中和法是指在醇溶液中以羟胺和硝酸进行中和反应,制取硝酸羟胺。在冰水浴中,将甲醇钠与硫酸羟胺溶于甲醇,同时搅拌此溶液,反应后,得到浆液。过滤此浆液,在滤得的清液中加入浓硫酸,直至 pH 值为 8.0,有白色固体析出。将白色固体滤除,在搅拌和冷却条件下,向滤液中加入浓硝酸,即可制得硝酸羟胺的甲醇溶液。醇溶液中和法操作较复杂,且所得产品为硝酸羟胺的醇溶液,而通常所用的都是硝酸羟胺的水溶液,因此,用此法所得产品还需进一步处理,方可使用。由于使用羟胺盐作为原料,此法的成本较高。

水溶液中和法是指在水溶液中进行羟胺和硝酸的中和反应,制取硝酸羟胺。在低于 65℃ 的温度下,对无醇羟胺水溶液进行减压蒸馏,在不高于 30℃ 的温度下,用蒸馏后的羟胺溶液中和硝酸,由此可得无杂质、无醇的硝酸羟胺水溶液。

(2) HEHN 的制备

HEHN 的分子式为 $[HOCH_2CH_2NHNH_3^+][NO_3^-]$,其合成主要由 2-羟乙基肼(HEH)与硝酸溶液反应获得[65]。

$$HOCH_2CH_2NHNH_2 + HNO_3 \longrightarrow [HOCH_2CH_2NHNH_3^+][NO_3^-]$$

具体的制备方法:在氮气保护下,一个装有特氟隆搅拌棒的干燥烧瓶中加入一定量的 HEH,经短暂的真空处理;继续处于氮气保护下,加入由金属钠干燥过的甲醇作为溶剂,搅拌并使其变为均相液体;使用具有特氟隆针头的塑料注射器把质量分数 70% 的 HNO_3 滴加到这个 HEH/甲醇溶液中,此反应为明显的放热反应,反应过程中应采取相应的降温措施,室温下反应搅拌 1h;反应结束后,取出搅拌棒,在室温下抽真空 18h,然后使用装有 P_2O_5 的真空干燥器继续干燥,得到黏稠的油状液体,产出率达 97.4%。需注意的是,在反应中应控制物料的配比,以防止产生 HEH 的二硝酸盐,虽然它也能作为高能材料来使用,但其在室温(25℃)下为固体。

2.3.4 HAN 基液体推进剂的应用

HAN 基液体推进剂经过近 50 年的发展,在应用上已逐步成熟[66]。根据 HAN 基液体推进剂的配方体系,应用潜力较大的有 LP 系列、AF-315E 系列和 SHP 系列,其主要用于航天器的变轨、姿态控制、导弹武器及航空应急动力等。在空间推进技术领域,美国 GPIM 项目研究团队将基于 AF-315E 型推进剂的空间推进系统应用于卫星飞行验证,对其进行了 1N 和 22N 发动机的地面点火试验,发动机可实现连续 11h 燃烧工作,稳定状态下比冲达到 230s 以上,有望取代肼推进系统[67]。日本三菱重工以 SHP163 推进剂取代肼并应用于 3N 空间发动机,降低了推进系统的质量和能耗,在铱基催化剂作用下,发动机工作寿命为 2002s,最长单次连续工作时间可达 200s。在导弹武器方面,LP 型推进剂及相应发动机产品被用于液体火炮的发射,有效提高了射程与射速,可延长发射系统的使用寿命[68]。另外,AF-315E 型推进剂被美国雷声公司用于中程空空导弹的推进系统,目前已成功进行了飞行实验,该推进系统在 25s 以上的工作时间内可提供约 680N 的推力。

参考文献

[1] 刘佩进,唐金兰.航天推进理论基础[M].西安:西北工业大学出版社,2016.

[2] 王生学.面向绿色单元推进剂的锆酸镧催化剂载体制备及性能研究[D].长沙:国防科学技术大学,2016.

[3] Nagamachi M Y, Oliveira J I S, Kawamoto A M, et al. ADN:The new oxidizer around the corner for an environmentally friendly smokeless propellant[J]. Journal of Aerospace Technology and Management,2009,1:153-160.

[4] 陈君.二硝酰胺铵(ADN)基液体推进剂催化分解及高压燃烧反应的试验与计算研究[D].北京:北京交通大学,2018.

[5] Bombelli V, Simon D, Moerel J L, et al. Economic benefits of the use of non-toxic mono-propellants for spacecraft applications[C]//39th AIAA/ASME/SAE/ASEE Joint Propulsion Conference and Exhibit,Huntsville, AL,U. S. ,2003.

[6] 潘玉竹.HAN 基液体推进剂高压燃烧特性的实验研究与数值模拟[D].南京:南京理工大学,2013.

[7] Wada A, Watanabe H, Takegahara H. Combustion characteristics of a hydroxylammonium nitrate-based monopropellant thruster with discharge plasma system[J]. Journal of Propulsion and Power,2018,34(4):1-9.

[8] 曹明宝,曹端林.新型氧化剂 ADN 的合成研究进展[J].安徽化工,2003,29(5):18-19.

[9] 周集义.新型氧化剂二硝酰胺盐[J].化学推进剂与高分子材料,1999(6):5.

［10］杨卓,邹汝平.高能材料与高效毁伤技术［M］.北京:化学工业出版社,2012.

［11］波多野日出男,恩田敏男,椎野和夫.Ammonium dinitramide の新合成法とその物理化学的特性［J］.火薬学会誌(Journal of the Japan Explosives Society),1996,57(4):160-165.

［12］Kinkead E R, Salins S A, Wolfe R E, et al. Acute and subacute toxicity evaluation of ammonium dinitramide［R］. ManTech Environmental Technology Inc. , Dayton, OH, U. S. ,1994.

［13］Mebel A M, Lin M C, Morokuma K, et al. Theoretical study of the gas-phase structure, thermochemistry, and decomposition mechanisms of NH_4NO_2 and $NH_4N(NO_2)_2$［J］. Journal of Physical Chemistry,1995,99(18):6842-6848.

［14］Russell T P, Piermarini G J, Block S, et al. Pressure, temperature reaction phase diagram for ammonium dinitramide［J］. Journal of Physical Chemistry,1996,100(8):3248-3251.

［15］Velardez G F, Alavi S, Thompson D L. Molecular dynamics studies of melting and liquid properties of ammonium dinitramide［J］. Journal of Chemical Physics, 2003, 119 (13): 6698-6708.

［16］Kappenstein C, Batonneau Y, Perianu E A, et al. Non toxic ionic liquids as hydrazine substitutes: Comparison of physico-chemical properties and evaluation of ADN and HAN［C］// 2nd International Conference on Green Propellants for Space Propulsion, Caglisri, Italy,2004.

［17］Wingborg N. Ammonium dinitramide-water: Interaction and properties［J］. Journal of Chemical and Engineering Data,2006,51(5):1582-1586.

［18］Stefan L, Krause H H, Achim P. Thermal analysis of ammonium dinitramide decomposition ［J］. Propellants, Explosives, Pyrotechnics,2010,22(3):184-188.

［19］Park J, Chakraborty D, Lin M C. Thermal decomposition of gaseous ammonium dinitramide at low pressure: Kinetic modeling of product formation with ab initio, MO/cVRRKM calculations ［J］. Symposium (International) on Combustion,1998,27(2):2351-2357.

［20］Korobeinichev O P, Bolshova T A, Paletsky A A. Modeling the chemical reactions of ammonium dinitramide (ADN) in a flame［J］. Combustion and Flame, 2001, 126 (1-2): 1516-1523.

［21］Yang R, Thakre P, Yang V. Thermal decomposition and combustion of ammonium dinitramide (review)［J］. Combustion, Explosion and Shock Waves,2005,41(6):657-679.

［22］Gross M, Beckstead M, Puduppakkam K, et al. Multi-phase combustion modeling of ammonium dinitramide using detailed chemical kinetics［C］//42nd AIAA/ASME/SAE/ASEE Joint Propulsion Conference and Exhibit, Sacramento, CA, U. S. ,2006.

［23］Thakre P, Duan Y, Yang V. Modeling of ammonium dinitramide (ADN) monopropellant combustion with coupled condensed andgas phase kinetics［J］. Combustion and Flame,2014, 161(1):347-362.

［24］Farhat K, Kappenstein C, Batonneau Y. Thermal and catalytic decomposition of AN-, ADN and HNF-based ionic monopropellants［C］//44th AIAA/ASME/SAE/ASEE Joint Propulsion Conference and Exhibit, Hartford, CT, U. S. ,2008.

［25］ Amrousse R，Fujisato K，Habu H，et al. Catalytic decomposition of ammonium dinitramide (ADN) as high energetic material over CuO-based catalysts［J］. Catalysis Science and Technology，2013，3(10)：2614-2619.

［26］ Anflo K，Gronland T，Wingborg N. Development and testing of ADN-based monopropellants in small rocket engines［C］//36th AIAA/ASME/SAE/ASEE Joint Propulsion Conference and Exhibit，Las Vegas，NV，U. S.，2000.

［27］ Anflo K，Grönland T A. Towards green propulsion for spacecraft with ADN-based monopropellants［C］//38th AIAA/ASME/SAE/ASEE Joint Propulsion Conference and Exhibit，Indianapolis，IN，U. S.，2002.

［28］ Anflo K，Persson S，Thormahlen P，et al. Flight demonstration of an ADN-based propulsion system on the PRISMA satellite［C］//42nd AIAA/ASME/SAE/ASEE Joint Propulsion Conference and Exhibit，Sacramento，CA，U. S.，2006.

［29］ Wurdak M，Strauss F，Werling L，et al. Determination of fluid properties of the green propellant FLP-106 and related material and component testing with regard to applications in space missions［C］//Space Propulsion Conference，Bordeaux，France，2012.

［30］ 任晓雪，赵凤起，郑斌. ADN 推进剂的研究发展［J］. 飞航导弹，2008(12)：53-55.

［31］ Dinardi A，Persson M. High performance green propulsion (HPGP)：A flight-proven capability and cost game-changer for small and secondary satellites［C］//26th Annual AIAA/USU Conference on Small Satellites，AIAA，2012.

［32］ Anflo K，Crowe B. In-space demonstration of high performance green propulsion and its impact on small satellites［C］//25th Annual AIAA/USU Conference on Small Satellites，AIAA，2011.

［33］ Anflo K，Crowe B，Persson M. The first in-space demonstration of a green propulsion system［C］//24th Annual AIAA/USU Conference on Small Satellites，AIAA，2010.

［34］ Bodin P，Larsson R，Nilsson F，et al. PRISMA：An in-orbit test bed for guidance，navigation，and control experiments［J］. Journal of Spacecraft and Rockets，2009，46(3)：615-623.

［35］ Neff K，King P，Anflo K，et al. High performance green propellant for satellite applications［C］//45th AIAA/ASME/SAE/ASEE Joint Propulsion Conference and Exhibit，Denver，CO，U. S.，2009.

［36］ Persson M，Anflo K，Dinardi A，et al. A family of thrusters for ADN-based monopropellant LMP-103S［C］//48th AIAA/ASME/SAE/ASEE Joint Propulsion Conference and Exhibit，Atlanta，GA，U. S.，2012.

［37］ Dinardi A，Beckel S，Dyer J. Implementation and continued development of high performance green propulsion (HPGP) in the U. S.［C］//AIAA Space 2013 Conference and Exposition，San Diego，CA，U. S.，2013.

［38］ 张续柱，肖忠良. 液体发射药［M］. 北京：中国科学技术出版社，1993.

［39］ Jankovsky R S. HAN-based monopropellant assessment for spacecraft［C］//32nd Joint

Propulsion Conference and Exhibit，Lake Buena Vista，FL，U. S.，1996.

［40］夏成，周劲松. 硝酸羟胺的制备及其应用［J］. 黎明化工，1991(1)：3-7.

［41］Lee H S，Litzinger T A. Thermal decomposition of HAN-based liquid propellants［J］. Combustion and Flame，2001，127(4)：2205-2222.

［42］Rafeev V A，Rubtsov Y I. Kinetics and mechanism of thermal decomposition of hydroxylammonium nitrate［J］. Russian Chemical Bulletin，1993，42(11)：1811-1815.

［43］Katsumi T，Amrousse R，Niboshi Y，et al. A study on the combustion mechanism of hydroxylammonium nitrate［J］. International Journal of Energetic Materials and Chemical Propulsion，2015，14(4)：307-319.

［44］Courtheoux L，Amariei D，Rossignol S，et al. Facile catalytic decomposition at low temperature of energetic ionic liquid as hydrazine substitute［J］. European Journal of Inorganic Chemistry，2005(12)：2293-2295.

［45］Courtheoux L，Gautron E，Rossignol S，et al. Transformation of platinum supported on silicon-doped aliumina during the catalytic decomposition of energetic ionic liquid［J］. Journal of Catalysis，2005，232(1)：10-18.

［46］Courtheoux L，Amariei D，Rossignol S，et al. Thermal and catalytic decomposition of HNF and HAN liquid ionic as propellants［J］. Applied Catalysis B：Environmental，2006，62(3-4)：217-225.

［47］Amrousse R，Hori K，Fetimi W，et al. HAN and ADN as liquid ionic monopropellants：Thermal and catalytic decomposition processes［J］. Applied Catalysis B：Environmental，2012(127)：121-128.

［48］Amrousse R，Katsumi T，Niboshi Y，et al. Performance and deactivation of Ir-based catalyst during hydroxylammonium nitrate catalytic decomposition［J］. Applied Catalysis A：General，2013(452)：64-68.

［49］Amrousse R，Katsumi T，Itouyama N，et al. New HAN-based mixtures for reaction control system and low toxic spacecraft propulsion subsystem：Thermal decomposition and possible thruster applications［J］. Combustion and Flame，2015，162(6)：2686-2692.

［50］Hisatsune K，Izumi J，Tsutaya H，et al. Development of HAN-based liquid propellant thruster［C］//2nd International Conference on Green Propellants for Space Propulsion，Caglisri，Italy，2004.

［51］Lee H，Thynell S，Lee H，et al. Confined rapid thermolysis/FTIR spectroscopy of hydroxylammonium nitrate［C］//33rd Joint Propulsion Conference and Exhibit，Seattle，WA，U. S.，1997.

［52］Meinhardt D S，Wucherer E J，Jankovsky R S，et al. Selection of alternate fuels for HAN-based monopropellants［C］//JANNAF Propellant Development & Characterization Subcommittee and Safety an Environmental Protection Subcommittee Joint Meeting，1998.

［53］Beyer R A. Atmospheric pressure studies of liquid propellant drops in hot flows［R］. Army

Ballistic Research Lab Aberdeen Proving Ground MD,1986.

[54] Beyer R A. Single droplet studies in a hot, high pressure environment[R]. Army Ballistic Research Lab Aberdeen Proving Ground MD,1988.

[55] Zhu D L, Law C K. Aerothermochemical studies of energetic liquid materials：1. Combustion of HAN-based liquid gun propellants under atmospheric pressure[J]. Combustion and Flame,1987,70(3)：333-342.

[56] 王宏伟,王建伟. AF-315 液体单元推进剂研究进展[J]. 化学推进剂与高分子材料,2010,8(5)：6-9.

[57] Fortini A J, Babcock J R, Wright M J. Self-adjusting catalyst for propellant decomposition：US20080064913A1[P]. 2008.

[58] Fokema M D, Torkelson J E. Thermally stable catalysts and process for the decomposition liquid propellants：US20080064914[P]. 2008.

[59] Shamshina J L, Smiglak M, Drab D M, et al. Catalytic ignition of ionic liquids for propellant applications[J]. Chemical Communications,2010,46(47)：8965-8967.

[60] Katsumi T, Kodama H, Matsuo T, et al. Erratum to：Combustion characteristics of a hydroxylammonium nitrate based liquid propellant. Combustion mechanism and application to thrusters[J]. Combustion, Explosion and Shock Waves,2009,45(5)：634-634.

[61] 桂林,周劲松. 硝酸羟胺的制备[J]. 化学推进剂与高分子材料,2001(4)：13-14,28.

[62] 陆明,白淑芳,魏运洋. 复分解法制备硝酸羟胺的工艺研究[J]. 南京理工大学学报(自然科学版),1993(3)：93-96.

[63] 米向超,胡双启,胡立双,等. HAN 合成工艺研究进展[J]. 化工中间体,2013,10(11)：1-4.

[64] 程永钢. 硝酸羟胺的合成[J]. 火炸药,1990(3)：32-34.

[65] 张志勇,滕奕刚,陈兴强,等. 含 HEHN 的 HAN 基单元推进剂[J]. 化学推进剂与高分子材料,2011,9(5)：28-31.

[66] 鲍立荣,汪辉,陈永义,等. 硝酸羟胺基绿色推进剂研究进展[J]. 含能材料,2020,28(12)：1200-1210.

[67] Hawkins T W, Brand A J, McKay M B, et al. Reduced toxicity, high performance monopropellant at the U. S. Air Force Research Laboratory[R]. Air Force Research Lab Edwards AFB CA Propulsion Directorate,2010.

[68] Tanaka N, Matsuo T, Furukawa K, et al. The "greening" of spacecraft reaction control systems[J]. Mitsubishi Heavy Industries Technical Review,2011, 48(4)：44-50.

第 3 章　二硝酰胺铵(ADN)基液体推进技术

3.1　引　言

截至目前,ADN 基液体空间推进技术可以说是世界上应用最广的高性能绿色液体空间推进技术,在中国航天局、ESA 以及 NASA 的宇航任务中均得到了实际工程应用。相比于传统肼类推进剂,ADN 基液体推进技术较好地展示了先进绿色化学推进技术的优势:首先,它是一种混合物推进剂,可以通过调节配方得到不同理论比冲性能的推进剂,从而突破了传统肼类化合物推进剂的理论比冲上限;其次,推进剂毒性的显著降低使得航天器的推进剂加注过程、发射前准备工作得到简化,提高了任务整体效率,降低了任务成本。ADN 基液体空间推进技术的成功在轨应用开创了化学空间推进技术一个新的发展时期。

但是,相比于传统肼类推进剂,ADN 基液体推进剂在彰显出技术优势的同时,也体现出不同的工作特性,进而引出了新的科学和工程技术问题。例如:作为一种多组分液体推进剂,其流动、蒸发特性更为复杂;ADN 基液体推进剂的分子量更大,催化燃烧分解反应特征也需深入研究;ADN 基液体推进剂燃烧温度更高,对空间发动机燃烧室的材质、发动机整体热流设计也提出了更高要求。

本章主要总结了作者近年来在 ADN 基液体推进技术领域的研究工作。首先,从推进剂的雾化、蒸发、流动特性和燃烧反应动力学方面介绍了相关基础研究工作。然后,介绍了相关工程产品研制及产品工程试验情况。最后,介绍了国外研制单位的实际研制案例。

3.2 液态 ADN 的蒸发机理研究

本节通过研究 ADN 基液体推进剂在受热平板和受热自由空间内的瞬态蒸发过程,模拟了推进剂液滴在发动机燃烧室壁面、催化剂颗粒表面以及燃烧室内雾化过程的真实蒸发情况,获得了液滴蒸发速率、瞬态蒸发形貌等蒸发过程关键物理信息。这些测量结果对于理解 ADN 基三元液体混合推进剂的理化性质、封闭计算流体力学分析模型中的未知项,均有重要意义。

3.2.1 ADN 基推进剂液滴在受热平板上的蒸发过程

获得 ADN 基推进剂液滴的宏观蒸发速率,可以帮助理解推进剂在发动机内部的生存特征时间。部分 ADN 基推进剂液滴会在发动机腔体内自由蒸发,而其他部分则会撞击到热的多孔介质表面并发生沸腾汽化,其蒸发速率与自由空间中的自由液滴蒸发速率不同[1]。目前主流计算流体力学模型中,默认的蒸发速率为自由液滴的蒸发速率,一般将液滴撞击热的多孔介质的过程近似简化为撞击热的水平板面的过程。文献[1]中建立了液滴撞击热板面的蒸发实验,以确定 ADN 基多组分液滴蒸发速率,模拟液滴撞击热的多孔介质时的蒸发过程(图3-1)。

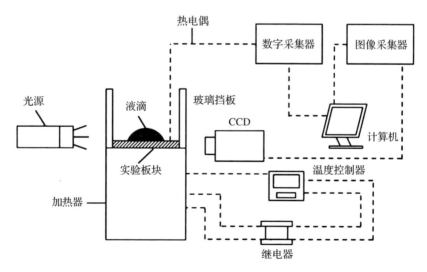

图 3-1 推进剂蒸发实验系统

液滴撞击热板面的实验装置包括三个部分:液滴蒸发装置、温度采集系统和图像采集系统。液滴蒸发装置包括水平铜板、加热装置、玻璃挡板等。加热装置包括加热器、温度控制器和继电器,采用交流电源、温度控制器及继电器来调节和稳定温度。为避免沿板面方向的散热,铜板四周用绝热材料包裹。温度采集系统包括热电偶和温控采集仪。图像采集系统包括高速电荷耦合器件(charge-coupled device,CCD)相机。实验中的蒸发液体采用发动机中实际使用的 ADN 基液体推进剂。

通过加热装置将铜板加热到预定的 200℃,在温度采集系统显示温度开始稳定后,用微量注射器在水平铜板上方产生一个液滴,同时通过图像采集系统记录液滴蒸发的形态变化(图 3-2)。通过实验得到直径 $d=168\mu\mathrm{m}$ 的 ADN 基推进剂液滴的蒸发时间为 $t=0.540\mathrm{s}$。

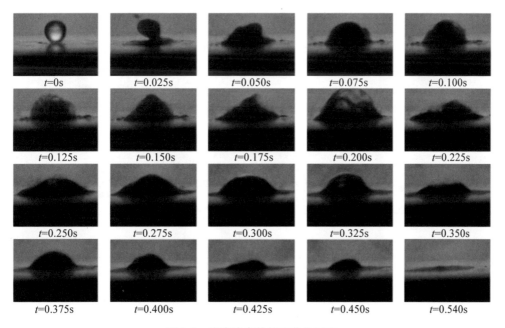

图 3-2　液滴撞击热板面蒸发过程

假设 ADN 基推进剂液滴蒸发时的体积与时间为线性关系,其比值即为液滴的蒸发速率[2]:

$$\varepsilon=V/t\approx4.6\times10^{-12}\mathrm{m}^3/\mathrm{s}$$

3.2.2 ADN基推进剂液滴在预热空间内的蒸发过程

（1）液滴蒸发可视化试验装置组成及原理

ADN基液体推进剂经过旋流喷注器喷出后，已经雾化成非常微小的液滴。针对出现的离散液滴，建立液滴蒸发可视化试验装置（图3-3）。该装置主要包括液滴生成系统、加热和温控系统以及图像采集和测量系统。其中，液滴生成系统包括微量进样器、步进电机（可以精确控制需要液滴生成的直径）等；加热和温控系统包括加热器、温度控制仪、继电器、加热棒、K形热电偶、玻璃罐等，通过以上装置构建高温实验环境，实现对液滴蒸发过程加热和温度的精确控制；图像采集系统主要包括高速摄影镜头，配合长焦微距镜头，同时在石英玻璃上加装白色玻璃纸来降低辅助光源的光强，有利于获得清晰程度较高的图片，这样可以尽可能获得液滴蒸发过程中形态变化的关键信息。

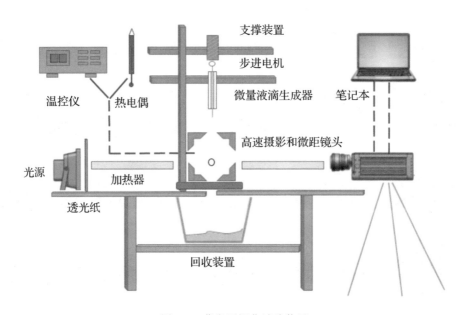

图3-3 蒸发可视化试验装置

具体步骤如下。将液滴生成系统及加热和温控系统调节好，之后打开照明灯的电源，通过调节三脚架的高度和调整焦距等，使得长焦显微镜头、高速摄影以及光源位于一条直线上，这样有利于获得液滴蒸发过程的详尽信息。在检查气密性之后，打开加热棒的电源，通过温度控制仪和热电偶，使得石英玻璃罐中的环境温度达到所需的温度值,最终将液滴蒸发过程中的动态信息记录下来。

(2)不同环境温度下的试验结果

当环境温度为 100℃时,初始粒径为 0.88mm 的 ADN 基推进剂液滴蒸发试验结果如图 3-4 所示。拍摄位置为微量进样器的顶部位置。ADN 基推进剂液滴在受热膨胀的初期,直径逐渐增大,并逐渐在液滴的中上部和下部产生气体。这是由于在此温度下,达到了水和甲醇的沸点,产生了水和甲醇的蒸气。

图 3-4　ADN 基推进剂液滴蒸发试验结果(100℃)

当环境温度为 150℃时,初始粒径为 0.96mm 的 ADN 基推进剂液滴蒸发试验结果如图 3-5 所示。在此温度下,液滴体积先逐渐增加,在推进剂液滴的内部产生气泡并逐渐膨胀,使得液滴体积逐渐增大,之后,液滴形态出现了较大幅度的波动。这一剧烈的现象说明此时 ADN 的分解反应已经开始进行,液滴的蒸发规律发生了较大的变化,分解反应以及推进剂本身液体蒸发所产生的气体,使得液滴内部的气泡逐渐生成和膨胀,直至最终胀破。

0s	0.96s	1.97s	3.36s	4.32s
6.72s	9.12s	10.56s	11.52s	12.72s
13.2s	13.68s	14.16s	14.64s	14.72s

图 3-5　ADN 基推进剂液滴蒸发试验结果(150℃)

当环境温度为 200℃时,初始粒径为 1.23mm 的 ADN 基推进剂液滴蒸发试验结果如图 3-6 所示。拍摄位置为微量进样器的顶部位置。ADN 基推进剂液滴在受热膨胀的初期,直径逐渐增大。之后随着时间推移,液滴内部聚集了一些较小的气泡,液滴表面聚集了一个大气泡。在 6.72s 时,液滴内部又形成了一个小气泡,液滴内部的气泡也逐渐聚合成较大的气泡。这是由于在此温度下,已经达到了 ADN 热分解温度。随着时间推移,气泡内积聚的能量亟待释放,当液滴内部气泡膨胀速率大于液滴表面蒸发的收缩速率时,气泡破碎,液滴体积迅速减小。

当环境温度为 250℃时,初始粒径为 1.14mm 的 ADN 基推进剂液滴蒸发试验结果如图 3-7 所示。可以看出,环境温度的提升,缩短了液滴的生存时间。同时,液滴内部的气泡迅速生成并积聚,这主要是此时的环境温度已经超过了气态分解的温度,分解反应产生的气体所致。气相反应的存在,加速了气泡膨胀速率,使得气泡的膨胀过程更加剧烈,最终气泡破裂,液滴体积迅速减小。

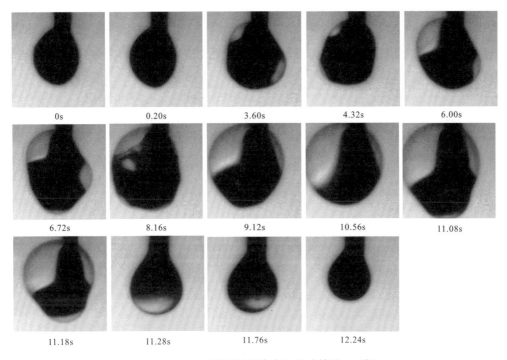

0s	0.20s	3.60s	4.32s	6.00s
6.72s	8.16s	9.12s	10.56s	11.08s
11.18s	11.28s	11.76s	12.24s	

图 3-6　ADN 基推进剂液滴蒸发试验结果(200℃)

| 0s | 0.46s | 0.75s | 1.20s | 1.50s |
| 1.95s | 2.25s | 2.85s | 3.30s | 3.90s |

图 3-7　ADN 基推进剂液滴蒸发试验结果（250℃）

(3)环境温度对于液滴蒸发过程的影响

图 3-8 为不同环境温度（100℃、150℃、200℃和 250℃）条件下，ADN 基推进剂归一化液滴直径平方比曲线。图中 Y 轴为液滴直径 D 与初始液滴直径 D_0 的平方比，X 轴为时间 $t(s)$ 与初始液滴直径平方的比值。从图中可以看出，液滴的蒸发过程可以分为瞬态加热阶段和平衡蒸发阶段。

在瞬态加热阶段，液滴吸收环境的热量，体积逐渐膨胀，但是由于吸热膨胀的过程与液滴表面蒸发过程之间存在竞争关系，液滴直径膨胀的速度逐渐缓慢。当推进剂液滴的吸热膨胀过程占据主要位置时，液滴在初期就会出现逐渐膨胀的现象。随着环境温度逐渐升高，液滴膨胀速率逐渐增加，达到平衡蒸发阶段的时间逐渐缩短：由 85s/mm^2（环境温度为 100℃）逐渐降低到 12s/mm^2（环境温度为 150℃）、5s/mm^2（环境温度为 200℃）和 3.5s/mm^2（环境温度为 250℃）。

当液滴进入平衡蒸发阶段，环境温度为 100℃时，只达到了水和甲醇的沸点，低于其他组分的沸点，因此液滴的蒸发过程会持续很长时间。

当环境温度增加到 150℃时，已经超过了水和甲醇的沸点，液滴呈现出相较于环境温度为 100℃时的强烈波动，当进入平衡蒸发阶段时（12～16s/mm^2），液滴直径在经历短暂的下降之后，又逐渐上升，并循环多次破碎、膨胀的过程，直至完全

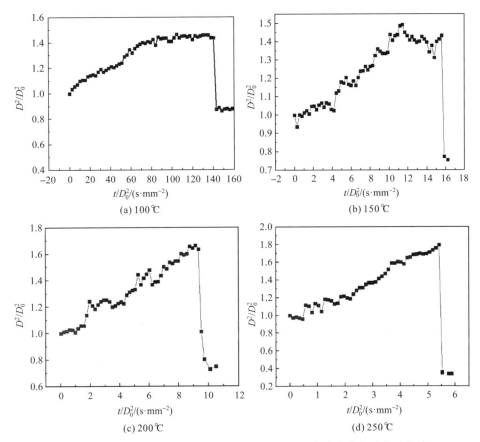

图 3-8　不同环境温度条件下,ADN 基推进剂归一化液滴直径平方比曲线

破碎,蒸发基本结束。

　　当环境温度增加到 200℃(发动机点火预热温度)和 250℃时,在液滴经历很短暂的膨胀过程后,水和甲醇等低沸点的物质首先蒸发,且速率很快。产生这一现象的原因一方面是液滴从周围环境吸收热量;另一方面,ADN 组分的热分解反应也会产生热量,加剧推进剂液滴的质量消耗。同时随着温度升高,液滴直径的变化速率也逐渐增加。

　　以上针对自由空间开放边界条件下 ADN 基推进剂液滴的蒸发过程进行了瞬态研究。可以得出,ADN 基推进剂液滴的蒸发过程分为瞬态加热阶段和平衡蒸发阶段。随着环境温度逐渐增加(100℃、150℃、200℃和 250℃),液滴膨胀速率逐渐增加,达到平衡蒸发阶段的时间逐渐缩短。当环境温度达到 200℃时,已经达到了 ADN 热分解温度。液滴经历短暂膨胀后,水和甲醇等低沸点的物质首先蒸发,当液滴内部气泡膨胀速率大于液滴表面蒸发的收缩速率时,气泡破碎,液滴体积迅速减小。通过液滴蒸发过程 D^2 的拟合,可以得到描述 ADN 基推进剂液滴在发动机燃烧室自由空间内部蒸发的一般性规律。结合前期推进剂液滴在加热平板受限空间上的蒸发过程与机理研究,我们构建了推进剂在燃烧室内部雾化后自由蒸发以及在催化剂表面受限加热蒸发的全过程特征和关键计算模型参数。

3.2.3 推进剂雾化特性

我们通过实验研究的方法,利用多普勒激光粒度综合测量系统(particle dynamics analyzer,PDA),实现了针对 ADN 基液体空间发动机喷注雾化效果的综合测量,对于 ADN 液滴在发动机内部的液滴尺寸、三维速度、数密度等重要参数实现了定量测量[3]。

在实验过程中,喷注器沿垂直于地面的法线方向放置,PDA 光学系统布置于与地面平行的平面上(图 3-9)。选取一个距离喷注器出口 5mm、边长 12mm 的矩形区域作为 PDA 测试的测量域。在测量域中,网格间隔在矩形区域的两个维度上各为 1mm,测量域中总共分布 169 个测量点。

图 3-9　ADN 基发动机喷注器雾化效果的 PDA 实验研究

为了验证试验数据的可靠性,我们在同样条件下进行了多次平行试验测量。一个典型的单位测量时间内喷注器雾化效果的液滴数密度分布如图 3-10 所示。从整体上看,在整个测量域内液滴数密度分布并不对称,而是形成了两个主要分布区域,这与图 3-9 视觉上看到的现象是吻合的。也就是说,在发动机热试车过程中,对于喷注器下游的催化床而言,推进剂在经历雾化、蒸发后,在催化床内反应区的分布并不均匀,而是与推进剂在喷注器内撞网后形成的雾化主要分支的分布相关。

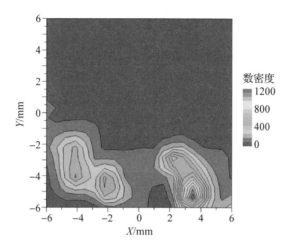

图 3-10　ADN 基发动机喷注器雾化效果的液滴数密度分布

冷态试验中,采用索特(Sauter)平均直径(D_{32})来衡量喷注器雾化后液滴的尺寸。图 3-11 表示了相应的 D_{32} 分布情况。喷注器对工质进行雾化后,尺寸较大的液滴主要集中分布在雾化后形成的两个主要分支当中。通过与液滴数密度的测量结果相比较,可以看出,对于撞网式喷注器而言,雾化后液滴数密度较大的区域和大尺寸液滴较为集中的区域大致重合。

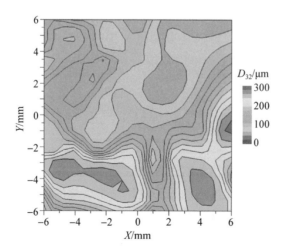

图 3-11　ADN 基发动机喷注器雾化效果的液滴索特平均直径分布

对于 ADN 基液体空间发动机而言,雾化后的液滴尺寸关系到推进剂的蒸发特征时间、催化分解、燃烧等一系列复杂过程。而由 PDA 测试在二维测量域内的分布结果来看,撞网式喷注器的雾化效果也不具有分布上的对称性。统计 PDA 测试中全测量域捕捉到的全部液滴粒径原始信息可知,典型的液滴颗粒总数为 150000~200000。液滴宏观粒径分布如图 3-12 所示。选取三次平行测量的试验结果,可以看到,液滴粒径的分布体现出比较明显的双峰状,两个峰值分别在 65μm 和 240μm 左右。这说明,在热试车的过程中,一部分粒径较小的液滴会先蒸发完毕,参与催化分解反应,而粒径较大的推进剂液滴,在催化床内生存时间相对较长,参与催化分解反应的时间相对滞后,从而在催化床内体现出具有分布式特征的催化分解反应区。

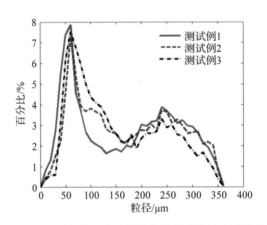

图 3-12　ADN 基发动机喷注器雾化效果的液滴宏观粒径分布

发动机雾化效果的直接测量结果可以作为计算流体力学分析过程中的真实液相边界条件,为后续研究工作提供基础。

3.3　多孔介质内的 ADN 气液两相流动特性

ADN 基液体推进剂经喷注器喷注雾化后进入催化床,在催化床内发生流动、蒸发、燃烧等过程。溶液在催化床内的流动过程对于后续的蒸发燃烧过程会有很大影响。在本节中,首先将对催化床内的液体流动过程进行可视化研究,获得多孔介质内部推进剂流动过程的宏观形貌,拟合得到流动阻力系数、渗透率等关键流体参数;然后,以实验结果为基础,建立多孔介质内部气液两相流动计算流体力学模型。

3.3.1　微尺度流动燃烧现象的可视化实验

(1)实验系统和实验对象

可视化观测是研究流动燃烧过程的重要手段之一,可以提供对于流动燃烧过程最直观的认识,为进一步开展测量分析诊断打下基础。对于 ADN 基液体推进剂这类新型液体推进剂,我们对其流动燃烧情况,特别是在发动机内部的流动燃烧情况知之甚少,因此开展流动燃烧过程的可视化观测就很有意义。

拍摄成像是对流动燃烧过程进行可视化研究的重要手段。针对流动燃烧这类非稳态过程,高速摄影技术可快速记录动态流动燃烧过程的瞬时状态,以此获取燃烧过程的时间信息,且与观测区域不直接接触,对整个系统不产生干扰。但是,姿控发动机中所发生的过程属于微尺度燃烧过程。一方面,基于催化燃烧的空间发动机,其流动燃烧过程的特征尺度都很小,与大尺度的燃烧系统有很大不同(例如催化床的颗粒直径只有 30 目);另一方面,推进剂的流量很小,热功率低,这也决定了整个燃烧系统不可能做到很大尺度。这些因素向可视化研究的空间分辨率提出了更高的要求。我们需要在传统高速摄影的基础上,提升空间分辨率,使其可以捕捉到微尺度下流动燃烧过程的时空信息[4]。

实验过程中采用的观测装置由卡塞格林(Cassegrain)光学望远镜和美国 Redlake 公司的 MotionPro X3 型高速摄影仪组成,如图 3-13 所示。卡塞格林光学望远镜是一种由两块反射镜组成的反射望远镜,主要由集光透镜、主反射镜和第二反射镜三个部分组成。它可以提供 22~60 英寸①(折合 55.88~152.4cm)的焦距变化范围。卡塞格林光学望远镜的分辨率高,放大效果显著,能够达到微尺度流动燃烧现象的可视化测量要求。摄影仪使用互补金属氧化物半导体(complementary metal oxide semiconductor,CMOS)传感器,支持双曝光模式,允许时间间隔为

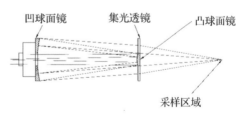

(a)微尺度流动燃烧观测系统实物　　　　(b)卡塞格林光学望远镜光路图

图 3-13　微尺度流动燃烧观测系统

①1 英寸＝2.54cm。

100ns 的连续两次曝光,拍摄分辨率为 800 像素×600 像素。

为了检验整套系统的观测效果,我们对冷态实验所采用的 30 目玻璃微珠和热态实验所采用的 30 目催化剂颗粒进行了观测,如图 3-14 所示。整套可视化观测系统具有很好的空间分辨率和放大效果,可以实现对微尺度流动燃烧现象的可视化观测。

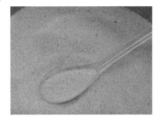

(a) 肉眼观测30目玻璃微珠　　　　　　(b) 使用观测系统观看30目玻璃微珠

(c) 使用观测系统观看催化剂颗粒

图 3-14　微尺度流动燃烧可视化观测系统的放大效果

(2)催化床内流动特性实验研究

实验过程中,采用光洁度好的 30 目圆球形玻璃微珠堆积成多孔介质来模拟发动机内的催化床结构。通过染色示踪的办法显示流动过程,采用去离子水作为介质,用氨基酸黑进行染色。深蓝色的实验溶液与玻璃微珠存在较大色差,有利于观测识别。最终的分析处理需要考虑实验段竖直放置时存在的重力作用。同时,将最终结果拟合成无量纲参量,使其可用于分析真实的 ADN 基推进剂在催化床内的流动状况。实验过程中改变喷注压力,记录不同喷注压力下的流动情况[4],如表 3-1 所示。

溶液逐渐向多孔介质床的下游渗透。玻璃微珠相互堆积,形成细小的液体通道,染色溶液在这些通道中随机流动。我们取距离喷注器出口 20mm 处的多孔介质床进行观察,研究不同喷注压力下的渗透过程。图 3-15 展示了喷注压力为 0.204MPa 时的渗透过程。蓝色液体从上端逐渐向下游渗透并进入观察区域,率先将区域中部染色,随后向区域两侧逐渐扩散。溶液完全渗透观察区域所需的时间约为 0.84s。

表 3-1　不同喷注压力下催化床内的液体流量

喷注压力/MPa	流量/(kg·h⁻¹)	喷注压力/MPa	流量/(kg·h⁻¹)
0.120	1.23	0.617	3.04
0.204	1.63	0.737	3.38
0.308	2.16	0.850	3.68
0.437	2.51	1.020	4.01
0.524	2.79	1.130	4.25

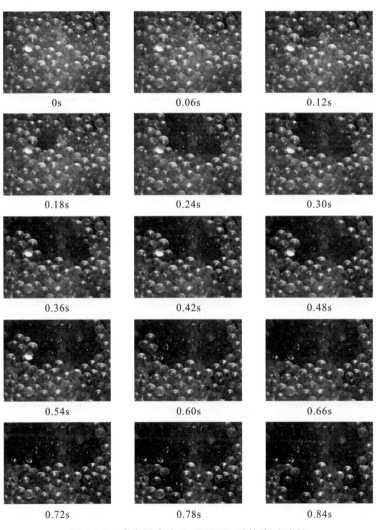

图 3-15　喷注压力为 0.204MPa 时的渗透过程

　　增大喷注压力会逐渐改变渗透过程的流态。图 3-16 展示了喷注压力增大到 1.02MPa时的渗透过程。与低喷注压力工况不同的是,溶液锋面快速扫过整个观察区域,溶液渗透整个观察区域的时间约为 0.28s。

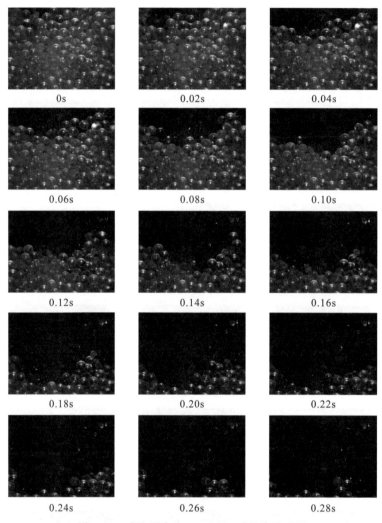

0s	0.02s	0.04s
0.06s	0.08s	0.10s
0.12s	0.14s	0.16s
0.18s	0.20s	0.22s
0.24s	0.26s	0.28s

图 3-16　喷注压力为 1.02MPa 时的渗透过程

(3)渗透参数的测量拟合

　　多孔介质的渗透率等基本参数是模拟多孔介质内气液流动的重要参数。在本节中,我们通过实验来获得这些重要参数。对于渗透率,采用压差法进行测量。

使用燃料供给系统将清水送入试验段。在试验段中填充 30 目的石英玻璃珠,两端安装有压差测量仪。同时记录管路中的流量 Q 和试验段两端的压差 ΔP,获得流量和压差梯度的关系,拟合得到关系式:

$$\frac{\Delta P}{L} = 4.94 \times 10^3 Q + 6.23 \times 10^4 Q$$

其中,L 为特征长度。对比描述多孔介质内渗透流动的扩展达西定律式:

$$\frac{\Delta P}{L} = \frac{\mu}{\alpha} u + C_2 \frac{1}{2} \rho u^2$$

可知: $\alpha = 7.23 \times 10^{-10} \text{ m}^{-2}$, $C_2 = 3.52 \times 10^4 \text{ m}^{-1}$。

推进剂在多孔介质内的渗透过程会影响推进剂的蒸发和燃烧过程。仿真模拟过程中,采用更为精确的渗透流动模型,对我们分析研究催化床燃烧室内的复杂物理化学过程十分重要。通过对溶液在多孔介质内的渗透过程进行微尺度观测和测量,同时对图像进一步处理和挖掘,可以获得有关渗透流动的更多信息。

对于未充分发展的渗透过程,在之前的仿真分析中采用拟流体(pseudo-fluid)模型对渗透流动进行模化:

$$\rho \frac{du}{dt} \delta V = \rho g \delta V - C_l \rho \frac{\pi D^2}{4} u^2$$

其中,ρ 为液体密度,u 为渗透流速,δV 为液块体积,D 为体系的特征尺寸,C_l 为阻力系数(需要通过实验进行拟合修正)。可得 C_l 的求解公式:

$$C_l = \frac{2}{3} \frac{D}{u^2} \left(g - \frac{du}{dt} \right)$$

通过对渗透图像进行处理分析,求得渗透速度 u 和渗透加速度 du/dt,进而可以计算得到阻力系数 C_l。

以喷注压力为 0.524MPa 时的渗透过程为例(对应发动机真实工作时喷注压力为1.1MPa,燃烧室压力为 0.6MPa 的工况),对图像进行处理,求得渗透过程中不同时刻的渗透速度和渗透加速度,进而求得不同时刻的阻力系数 C_l。建立 C_l 与雷诺数 Re 之间的关系[4],拟合得到幂函数如下:

$$C_l = 1355.1 \text{Re}^{-1.989}$$

综上,我们开发了可用于小尺度下瞬态流动过程示踪的动态拍摄和分析系统,实现了对流动渗透过程的动态分析和边界提取;基于实验结果,对喷注压力为 0.524MPa 的工况进行分析,拟合得到渗透过程阻力系数 C_l 与雷诺数 Re 的关系(图 3-17)。这些实验结果为完善 ADN 基液体发动机工作过程的计算流体力学分析模型提供了良好支撑。

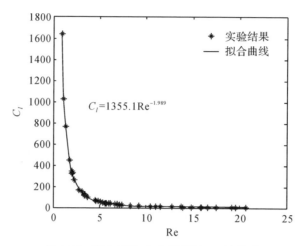

图 3-17　阻力系数 C_l 与雷诺数 Re 的关系

3.3.2　ADN 基液体推进剂催化分解反应的可视化实验

(1)实验模型发动机

　　本实验研究常压下 ADN 基推进剂在催化床和燃烧室内的流动燃烧情况。与 ADN 基推进剂在真实发动机中的燃烧过程相比,用于本实验的模型发动机实验段没有拉瓦尔喷管(Laval nozzle)这类收缩结构,使燃烧室直接与大气环境相连通。但是需要对 ADN 基推进剂在催化床和燃烧室内的流动燃烧情况实现可视化观测(实验段设计结构如图 3-18 所示[4]),这客观上增加了实验段设计方面的困难和挑战。

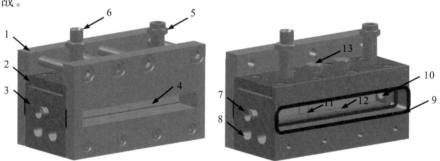

1—观察窗压盖;2—上盖;3—主体;4—石英玻璃;5—热电偶接口;6—动态压力传感器接口;7—实验段入口;8—加热棒插槽;9—垫片;10—实验段出口;11—铁丝网固定架;12—燃烧室(长方体腔体);13—堵头

图 3-18　实验段设计结构

(2)实验结果分析

ADN 基液体推进剂在模型实验台中的一个典型的稳态工况的燃烧情况如图3-19所示。对于持续喷注燃料的稳态工况而言,在刚刚点火时并没有明显可见的火焰;随着时间推移,反应放热会逐步提升体系温度,催化床后端的隔网因被加热而变得通红;最后,催化床内部出现明显的橙红色火焰,且火焰逐渐向下游推进。当喷注压力较高、推进剂流量较大时,火焰会被推出催化床,因此可以在未填催化床的观察窗内观察到火焰。

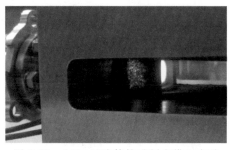

图 3-19　ADN 基液体推进剂在模型实验台中的燃烧情况

实验要求喷注压力最小值不小于 0.4MPa,以 0.1MPa 为间隔,向上延伸至 1.0MPa。同时进行稳态工况实验的过程中,针对每一个喷注压力所对应的工况,记录相应数据,数据记录时间为 15s。热态实验工况如表 3-2 所示。

表 3-2　热态实验工况

工况	储液罐前端氮气压力/MPa	喷注压力/MPa
1	0.733	0.433
2	0.847	0.531
3	0.95	0.612
4	1.08	0.734
5	1.167	0.809
6	1.264	0.907
7	1.371	0.997

实验过程中,使用前文所述的微尺度燃烧可视化测量设备,对 7 组工况下催化床内的燃烧过程进行观测。在这 7 组工况中,工况 2 的喷注器前端压力和燃烧室室压(大气压)之间的压差为 0.531MPa,与真实发动机运行时的压差比较为接近,具有代表性。工况 7 的喷注压力最大,流量最大,燃烧过程也最为剧烈。因此下面对工况 2 和工况 7 的实验结果进行详细讨论,以说明 ADN 基液体推进剂在催化床和燃烧室中的燃烧过程。

我们首先对燃烧的火焰结果进行观测,以期对 ADN 燃烧过程形成整体认知。工况 2 下催化床内的稳态燃烧过程如图 3-20 所示。对应于电磁阀打开、燃料受热

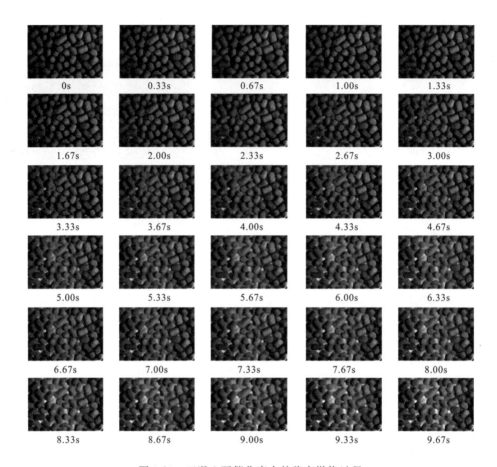

图 3-20　工况 2 下催化床内的稳态燃烧过程

点火直至稳定燃烧的全过程。当燃料喷注进催化床中,在预热过的催化剂颗粒的作用下,液体推进剂开始蒸发燃烧,并释放热量,进一步提升催化床温度。观察区域位于催化床下游,起初区域内看不到火焰;随着时间推移,在观察区域内,火焰的光从催化床颗粒的空隙中透出来,且燃烧区域逐渐向下游推进,最终充满整个观察区域。

　　工况 7 下催化床内的稳态燃烧过程如图 3-21 所示。在观察区域内,火焰的光从催化床颗粒的空隙中透出来,且燃烧区域逐渐向下游推进,最终充满整个观察区域。整个过程与工况 2 的稳态燃烧过程类似,不同的是,由于喷注压力增大,单位时间内进入燃烧室的燃料量增加,燃烧强度增加,放热也更加明显,因此观察区域内会很快有火焰结构出现,火焰亮度要显著高于工况 2 对应的喷注压力较低的工况,火焰向下游推进的速度也明显较快。

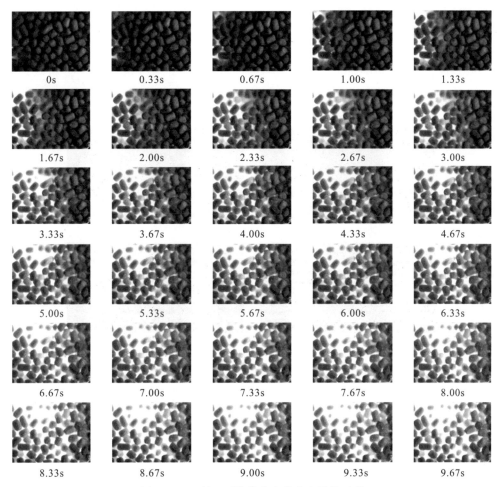

0s	0.33s	0.67s	1.00s	1.33s
1.67s	2.00s	2.33s	2.67s	3.00s
3.33s	3.67s	4.00s	4.33s	4.67s
5.00s	5.33s	5.67s	6.00s	6.33s
6.67s	7.00s	7.33s	7.67s	8.00s
8.33s	8.67s	9.00s	9.33s	9.67s

图 3-21　工况 7 下催化床内的稳态燃烧过程

当喷注压力较大时,火焰不一定会全部在催化床内部,催化床后端的燃烧室内会出现淡黄色的火焰。图 3-22 展示了工况 7 下燃烧室内气相燃烧过程的四种形态。图 3-22(a)为火焰全部在催化床内的情况;随着火焰不断向下游传播,火焰被推出催化床,在隔网后端喷射出小火苗[图 3-22(b)];喷注燃料量增加,会导致一部分燃料在催化床内部未能完全燃烧,从而在下游燃烧室内局部出现气相燃烧反应,呈现出淡黄色火焰[图 3-22(c)];下游燃烧室内的燃烧反应有可能很剧烈,出现大面积点火反应[图 3-22(d)]。在工况 7 下稳态燃烧的过程中,火焰充满整个催化床后,催化床内部的火焰结构就比较稳定。但是下游燃烧室内的火焰结构和燃烧情况并没有固定规律,燃烧过程受局部热流情况影响较大。在催化床内部,由于多孔介质固相导热和辐射的作用,催化床内的温度分布趋向均匀,加之多孔结构对气流具有稳流作用,因此催化床内部的热流条件较好,火焰稳定。而下游燃烧室直通大气环境,流动情况复杂,散热又较强,因此燃烧室内的火焰结构复杂,无法稳定维持,当有部分推进剂没有完全反应且下游又出现局部过热的情况时,未反应的推进剂会在下游被重新点燃,在局部出现比较强烈的气相燃烧反应。

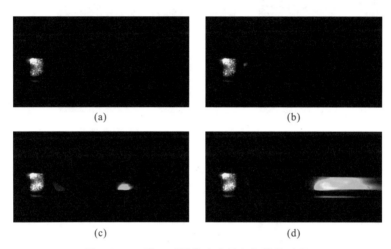

图 3-22　工况 7 下燃烧室内的气相燃烧过程

综上,我们通过研制适用于光学测量的常压模型发动机,对 ADN 基液体推进剂的催化分解及燃烧反应过程进行了小尺度下的瞬态测量。可以看到,ADN 基液体推进剂在常压下火焰呈橙红色,稳态点火时从催化床上游向下游传播,最终充满整个催化床段。当喷注流量过高时,流动与化学反应过程的不稳定性较强,会在燃烧室下游出现淡黄色明亮火焰。

3.4　燃烧室内的燃烧过程

本节采用基于可调谐二极管红外吸收光谱(tunable diode laser absorption spectroscopy,TDLAS)的实验研究手段(其原理如图 3-23 所示),对 ADN 基发动机工作过程中燃烧室内的特征产物 CO、NO、N_2O 组分浓度、燃烧温度等重要参数进行非侵入式系统性测量[5]。这些实验结果可以加深对 ADN 基发动机工作过程中催化分解及燃烧反应复杂物理机理的理解,相关的定量实验结果也可以作为校准相关数值模拟计算模型描述准确性的依据。

图 3-23　吸收光谱原理示意图

3.4.1　吸收光谱技术原理

当一束频率为 ν，光强为 $I_{\nu,0}$ 的单频光束通过长度为 $L(\text{cm})$ 的均匀待测气流时，透射光强 I_ν 与入射光强 $I_{\nu,0}$ 满足比尔-朗伯特(Beer-Lambert)关系式：

$$I_\nu = I_{\nu,0} \exp(-k_\nu L)$$

其中，k_ν 为频率 $\nu(\text{cm}^{-1})$ 下的吸收系数，是静压 $p(\text{atm})$、吸收组分摩尔浓度 X、吸收线的线强度 $S(T)(\text{cm}^{-2}\text{atm}^{-1})$ 和线型函数 $\varphi(\nu)(\text{cm})$ 的乘积：

$$k_\nu = p \cdot X \cdot S(T) \cdot \varphi(\nu)$$

上式中 p 通过测压管测量不同工况下的燃烧室室压来确定。$S(T)$ 为吸收线固有参数，它是温度的函数，任意温度下的线强度可以由已知温度下的线强度计算得到：

$$S(T) = S(T_0)\frac{Q(T_0)}{Q(T)}\left(\frac{T_0}{T}\right)\exp\left[-\frac{hcE''}{k}\left(\frac{1}{T}-\frac{1}{T_0}\right)\right]\frac{1-\exp\left(\dfrac{-hc\nu_0}{kT}\right)}{1-\exp\left(\dfrac{-hc\nu_0}{kT_0}\right)}$$

其中，T_0 为参考温度，$S(T_0)$ 为参考温度下的线强度，E'' 为吸收跃迁的低能级能量，$S(T_0)$ 和 E'' 可以在高分辨率传输分子吸收数据库(high-resolution transmission molecular absorption database，简称 HITRAN 数据库)中查到，h 为普朗克常数，c 为光速，k 为玻尔兹曼常数。上式的最后一项为辐射效应项，在波长小于 $2.5\mu\text{m}$、温度低于 2500K 时一般忽略不计。$Q(T)$ 是配分函数，它反映了在所处温度 T 下，在吸收对应低态能级上的粒子数占总粒子数的比值。

吸收系数是压力温度和频率的函数。如果使用直接吸收波长扫描法，通过积分整个吸收线的积分吸收率即可去除频率的影响，于是通过两条吸收线同时测量利用两条吸收线的积分吸收率，列出两个方程即可得到吸收组分分压 $p \cdot X_{\text{H}_2\text{O}}$ 和温度 T 这两个未知数。这就是波长扫描法测量压力和温度的基本原理。

当实验中采用两条吸收线时，温度可以通过两条吸收线的积分吸收比 R 得到：

$$R = \frac{\displaystyle\int_{\nu_1}^{\nu_1'} p \cdot X_{\text{H}_2\text{O}} \cdot L \cdot S_1(T) \cdot \varphi_1(\nu - \nu_{01})\,\mathrm{d}\nu}{\displaystyle\int_{\nu_2}^{\nu_2'} p \cdot X_{\text{H}_2\text{O}} \cdot L \cdot S_2(T) \cdot \varphi_2(\nu - \nu_{02})\,\mathrm{d}\nu}$$

$$= \frac{S_1(T)}{S_2(T)} = \frac{S_1(T_0)}{S_2(T_0)} \exp\left[-\left(\frac{hc}{k}\right)(E'-E'')\left(\frac{1}{T}-\frac{1}{T_0}\right)\right]$$

用积分吸收比 R 定出气体温度后,将温度代入,即可得到气体的组分分压:

$$pX = \frac{\int_{-\infty}^{+\infty} k_\nu \, d\nu}{S(T)}$$

在吸收光谱测量系统设计中,吸收线的选择至关重要。选择合适的吸收线对于实验的设计及测量的准确性都十分关键。本实验选择中心频率为 2193.3591cm^{-1} 的 CO 特征吸收谱线实现 CO 浓度的测量,选择中心频率为 1909.78209cm^{-1} 的 NO 特征吸收谱线实现 NO 浓度的测量,选择中心频率为 7185.597cm^{-1} 和 7444.3cm^{-1} 的 H_2O 特征吸收谱线实现燃气温度的测量,选择中心频率为 2193.54cm^{-1} 的 N_2O 特征吸收谱线实现 N_2O 浓度的测量。

3.4.2 实验系统的设计及搭建

(1)带有光学窗口的 ADN 基空间模型发动机

由于现有的 ADN 基发动机燃烧室段不能直接开设具有一定承压的光学窗口结构,因此本实验通过增加发动机燃烧室段的壁厚以方便光学窗口的开设及其固定结构的设计。为保证两束激光光束同时穿过,沿 ADN 基模型发动机燃烧室轴线中心位置开设前后、上下四个对称的直径为 4mm 的光学窗口。窗口位置如图 3-24 所示,可保证激光光束穿过 ADN 基发动机反应区。光学窗口采用对中红外谱线透过性好的蓝宝石玻璃。宝石玻璃通过顶杆与发动机固定,为保证密封性,宝石玻璃与顶杆之间有耐高温的石墨密封垫,发动机电磁阀及喷注器部分是 1N ADN 基液体空间发动机产品部件。尽管设计中增加了燃烧室壁厚,但其内部尺寸与真实发动机尺寸一致,因此可保证实验的真实性。

(a)推力室段三维示意图

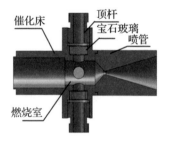

(b)推力室段三维剖视图

(c) 推力室段实物图　　　　　　　(d) 实验用发动机实物图

图 3-24　ADN 基发动机设计

为监测发动机的工作状况,本实验在发动机电磁阀、喷注器、燃烧室、催化床四个位置上各装有一个热敏电阻,可实时获取测点的温度。

(2) ADN 基推进剂供给系统

推进剂供给系统主要用于推进剂供给及吹除。ADN 基推进剂供给系统如图 3-25 所示。高压气源经稳压阀分为两路,一路给 ADN 基贮箱供气,另一路用来吹除。在推进剂供给气路上,推进剂在气体挤压作用下经过滤器、单向阀、流量计到达发动机入口;电磁阀及贮箱放空阀用于调节贮箱内压强;在发动机电磁阀前端装有压力传感器,用来测量发动机喷注压力。在吹除气路上,设置吹除截止阀及单向阀。吹除气路用来吹除实验后发动机内部残余的 ADN 基推进剂,以避免残留推进剂对催化床造成损害。

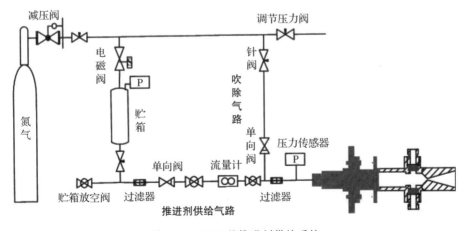

图 3-25　ADN 基推进剂供给系统

(3)吸收光谱测量系统

ADN 基发动机测量系统如图 3-26 和图 3-27 所示。测量系统主要组件包括激光器、信号发生器和探测器。激光器在电流控制器、温度控制器及信号发生器的共同作用下,输出在一定范围波长内进行扫描的激光。激光通过透镜平行穿过燃烧室,透射光经滤波片滤除杂散光并进入探测器。探测器将接收到的光信号转变为电信号,由示波器记录并储存。在利用水双线测温时,采用分时直接探测策略,将信号发生器的标准脉冲锯齿波经方波调制产生两个半锯齿波,分别调制两台温度控制器。实验中利用光纤耦合器,将两台 H_2O 的激光器输出激光耦合到一根单模光纤中,激光经准直器进入燃烧室,透射光经探测器接收转换为电信号,储存在示波器中。实验利用电磁阀的开关信号作为时间基准,实现数据的同步采集。

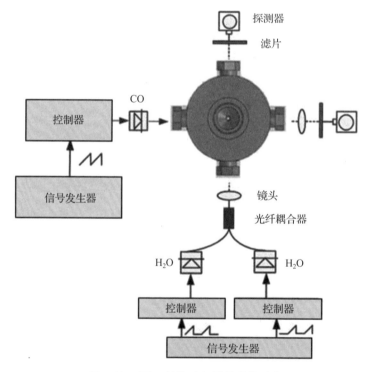

图 3-26 ADN 基发动机测量系统示意

3.4.3 实验结果及分析

实验中每一喷注压力下重复点火两次。将催化床预热温度固定为 493K,图

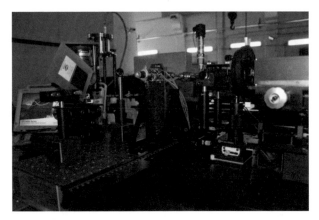

图 3-27　ADN 基发动机光谱测量系统

3-28 至图 3-31 分别对应喷注压力为 1.1MPa、0.9MPa、0.7MPa 和 0.5MPa 时发动机燃烧室内 CO 摩尔分数。图(a)给出了发动机稳态点火整个过程中 CO 摩尔分数随时间的变化。可以看到 CO 摩尔分数先迅速升高,然后缓慢减小至稳态值。发动机工作 0～4s 期间,发动机排出的雾状产物中 CO 摩尔分数有偏高现象。图(b)给出了发动机稳态工作 4～10s 期间两次重复试验的 CO 摩尔分数变化。

　　ADN 基发动机稳态燃烧时,不同喷注压力下 CO 摩尔分数在平均值上下变化的情况如图 3-32 所示。通过四次实验对 CO 摩尔分数进行比较,可以发现:喷注压力为 1.1MPa 和喷注压力 0.9MPa 时的实验重复性较好,对应的燃烧室内的 CO 摩尔分数均值较小且相对稳定;喷注压力为 0.5MPa 时,CO 摩尔分数相对偏差比前三个工况的相对偏差波动较大且均值较高。这是由于低喷注压力条件下,燃烧

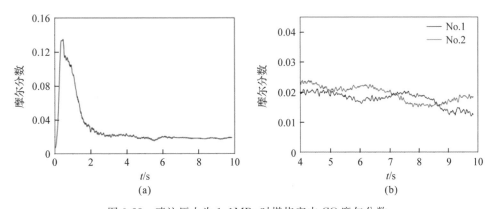

图 3-28　喷注压力为 1.1MPa 时燃烧室内 CO 摩尔分数

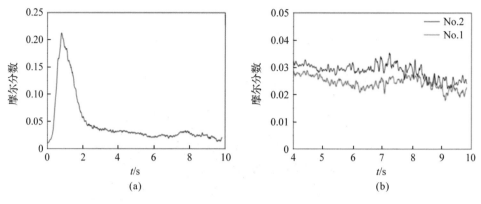

图 3-29　喷注压力为 0.9MPa 时燃烧室内 CO 摩尔分数

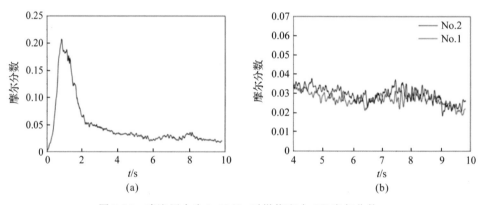

图 3-30　喷注压力为 0.7MPa 时燃烧室内 CO 摩尔分数

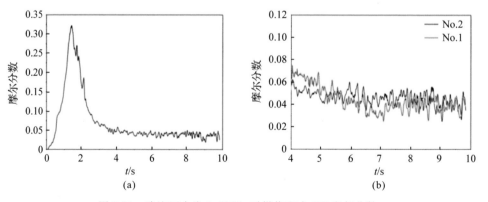

图 3-31　喷注压力为 0.5MPa 时燃烧室内 CO 摩尔分数

室压力也较低,ADN 基推进剂燃烧效率偏低,这造成 CO 摩尔分数均值较高,甲醇分解产生的 CO 并不能完全发生氧化反应。而 CO 摩尔分数波动较大,则说明低喷注压力条件下燃烧过程不稳定。同时,喷注压力的上升使喷注器雾化压差变大,导致雾化效果变好。ADN 基推进剂燃烧反应因此变得充分,导致 CO 摩尔分数减小。因为雾化效果变好使得 ADN 基分解燃烧变得更充分,所以 CO 摩尔分数随时间的波动变小。

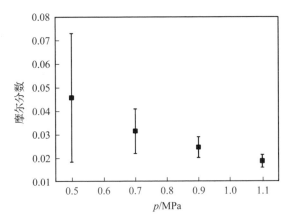

图 3-32　不同喷注压力下 CO 的平均摩尔分数

同时,实验研究了催化床预热温度对 ADN 基发动机燃烧室内 CO 摩尔分数的影响。将发动机喷注压力固定为 1.1MPa,对催化床预热温度分别为 493K、513K、533K 和 553K 时发动机燃烧室内的 CO 摩尔分数进行测量,在每一预热温度下重复两次实验,结果如图 3-33 所示。

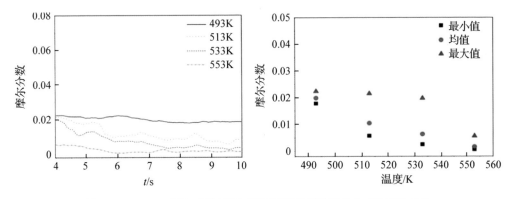

图 3-33　$p=1.1$MPa,不同催化床预热温度下燃烧室内 CO 摩尔分数

随着催化床预热温度的升高,燃烧室内 CO 摩尔分数降低。当喷注压力为 1.1MPa,预热温度为 493K 时,燃烧室内 CO 摩尔分数维持在一个比较平稳的范围内,当预热温度升高至 513K、533K 和 553K 时,燃烧室内 CO 摩尔分数从点火开始,逐渐下降,之后维持在一个较低的水平上。这说明随着催化床预热温度的升高,燃烧室内 CO 消耗量逐渐变大,从而使得燃气内的剩余 CO 摩尔分数降低。当预热温度为 553K 时,发动机点火的 8s 以后发动机燃烧室内 CO 摩尔分数接近 0。

为研究不同工况下 ADN 基发动机燃烧过程中的 NO 组分,实验在原来搭建的试验台上更换 NO 激光器并更改控制器参数,对稳态工况下 ADN 基发动机燃烧室内 NO 摩尔分数进行测量。在稳态实验中对发动机喷注压力分别为1.1MPa、0.9MPa、0.7MPa 和 0.5MPa 时燃烧室内 NO 摩尔分数进行测量,但在整个点火周期测量窗口处没有检测到 NO 的吸收。也就是说,在 ADN 基发动机燃烧室测量点之前,NO 已完全反应。喷注压力为 1.1MPa 时,发动机点火初期探测器接收到的透射信号如图 3-34 所示,原始信号没有 NO 吸收特征。

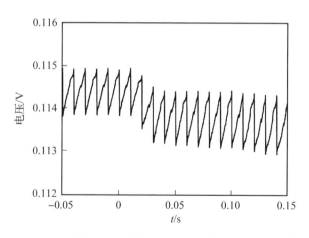

图 3-34 $p=1.1MPa$,NO 测量实验中探测器接收到的原始信号

将催化床预热温度固定为 493K,对喷注压力分别为 1.1MPa、0.9MPa、0.7MPa 和 0.5MPa 时发动机燃烧室内燃气温度进行测量,实验结果如图 3-35 所示。可以看出,1.1MPa 时燃烧室内温度总体高于其他喷注压力下发动机燃烧室内的温度。

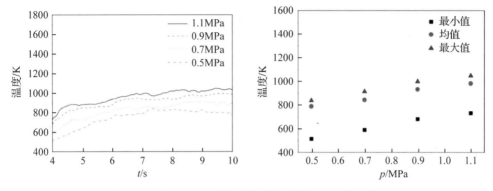

图 3-35　$T=493K$，不同喷注压力下燃烧室内燃气温度

在稳态点火过程中，当喷注压力分别为 1.1MPa、1.0MPa、0.9MPa、0.8MPa、0.7MPa、0.6MPa、0.5MPa 和 0.4MPa 时，燃烧室内 N_2O 摩尔分数如图 3-36 所示。由图中可以看到，点火启动开始，N_2O 浓度迅速增加，这来自推进剂中 ADN 组分的催化分解，之后 N_2O 浓度开始下降，在 3s 以后达到平衡，平衡浓度低于 0.5%。这说明，N_2O 作为燃烧过程的氧化性中间产物，与燃料甲醇发生燃烧反应，最终的 N_2O 平衡浓度非常低，这也说明，在燃烧室位置处，ADN 组分反应非常充分。随着喷注压力的降低，燃烧阶段 N_2O 被消耗的速率逐渐变慢，对应发动机开始工作阶段，一个更低的总包燃烧反应效率。

脉冲工作模式是空间姿控发动机在轨工作的重要方式。为研究脉冲工况下 ADN 基发动机燃烧室内推进剂的燃烧过程，实验对脉冲工况条件下发动机燃烧室

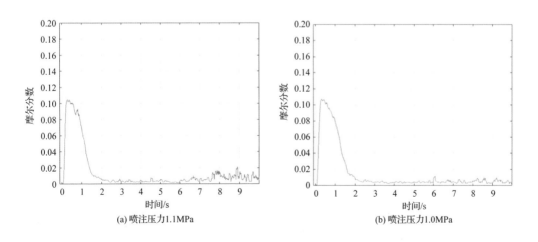

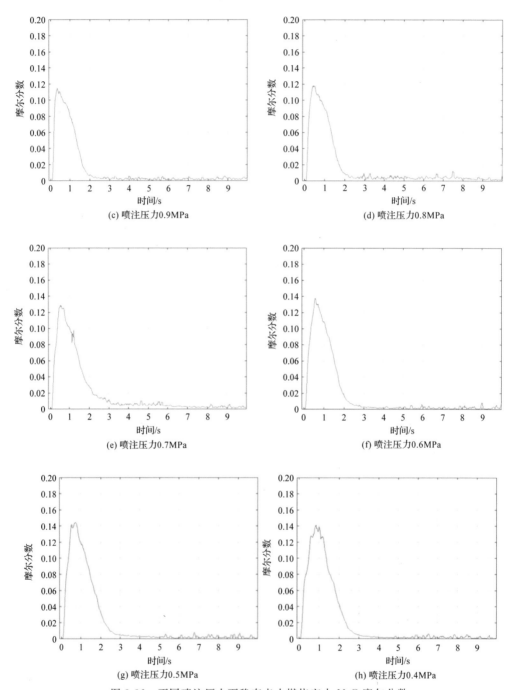

图 3-36 不同喷注压力下稳态点火燃烧室内 N_2O 摩尔分数

内 N_2O 组分进行测量。实验通过定时器输出脉冲信号控制电磁阀开启闭合实现发动机的脉冲点火。电磁阀开关时间为 0.1s/2s，每次实验脉冲次数为 10 次，当发动机喷注压力分别为 1.1MPa、1.0MPa、0.9MPa、0.8MPa、0.7MPa、0.6MPa、0.5MPa 和 0.4MPa 时，燃烧室内 N_2O 摩尔分数如图 3-37 所示。可明显看到，不同喷注压力下，N_2O 摩尔分数呈现出与脉冲序列一致的特性。脉冲点火启动，N_2O 摩尔分数迅速增加，点火关闭，N_2O 摩尔分数迅速减小，直至下一个脉冲点火启动。而且，点火开始的 2~3 个脉冲，N_2O 摩尔分数变化的速率比较慢，之后脉冲序列变得非常一致。这是因为脉冲启动开始时，燃烧室温度不够高，燃烧速率偏低，连续几个脉冲后，燃烧室内燃烧才达到平衡。10 个脉冲的峰值 N_2O 浓度逐步走低，也进一步验证了发动机燃烧室内燃烧反应趋于平稳，说明燃烧变得更加充分。

本节通过 TDLAS 的测量方法，针对 ADN 模型发动机工作过程中的关键氧化性中间产物 N_2O、关键还原性中间产物 CO 和燃气温度进行了瞬态测量，实现了

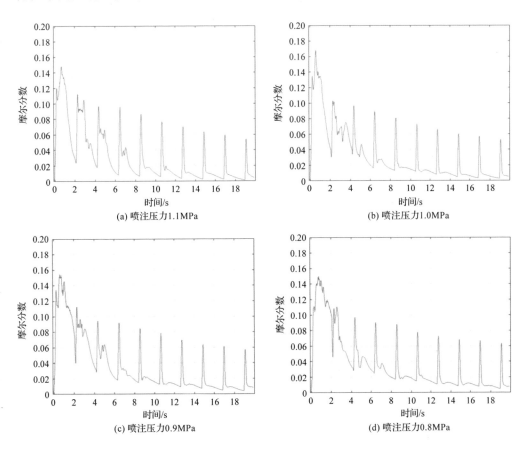

(a) 喷注压力1.1MPa   (b) 喷注压力1.0MPa

(c) 喷注压力0.9MPa   (d) 喷注压力0.8MPa

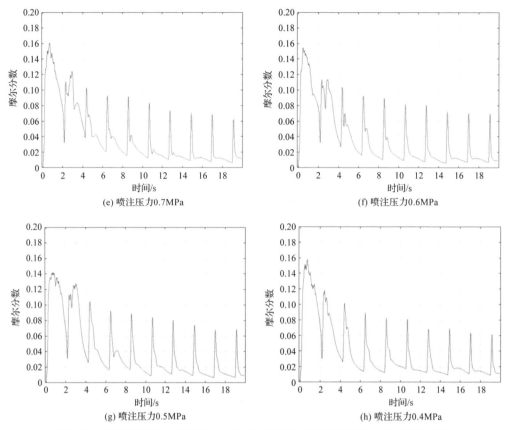

图 3-37 不同喷注压力下脉冲点火(0.1s ON/2s OFF)燃烧室内 N_2O 摩尔分数

对 ADN 模型发动机工作过程特征参数的量化描述。不同喷注压力下 CO、N_2O、燃气温度的瞬态变化过程反映了 ADN 基液体推进剂催化分解及燃烧反应的物理机理,相关实验结果对于计算流体力学分析结果的校核、高性能发动机工程产品的研制均有重要支撑作用。

3.5　快速压缩机实验研究

3.5.1　快速压缩机实验系统

快速压缩机(rapid compression machine,RCM)是一种对液体燃料燃烧特性进行基础研究的实验装置,它的设计借鉴了内燃机的设计思路。将液体燃料汽化后注入氧化性气体和稀释气体进行混合静置,配制实验用反应气体。利用高压气体或液体驱动活塞运动,只做一次压缩冲程,压缩燃烧室内的反应气体并使之燃烧,借此对燃烧过程进行测量。快速压缩机可以比较准确和灵活地控制燃烧室的初始条件和热力参数(如当量比、初始温度、压缩比等),且一些光学测量手段和直接采样方法在快速压缩机上可以比较方便地实现,因此快速压缩机在研究燃料化学反应机理、放热特性、点火特性等领域有着非常广泛的应用。

　　实验所用快速压缩机的结构及实验装置如图 3-38 和图 3-39 所示。快速压缩机主要包括高压气罐、气室、液压室、实验段、压缩室和相应的数据采集系统。高压气罐、气缸、液压缸这三部分为驱动活塞进行压缩提供动力。配气罐为实验提供反应气体。

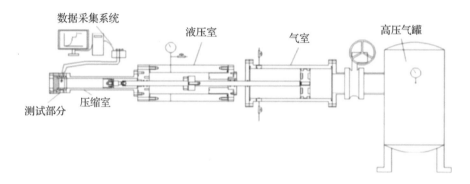

图 3-38　快速压缩机结构

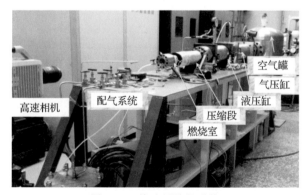

图 3-39　快速压缩机系统

　　进行实验之前需要完成气体的配制过程。对配气罐进行抽真空操作,使罐内压力显著降低,将少量液体燃料注入配气罐。由于罐内压力显著低于液体燃料的饱和蒸气压,注入配气罐内的液体会迅速汽化。接着向配气罐内注入氧化性气体和惰性气体。控制氧化性气体的量可以控制燃烧反应过程的当量比,控制惰性气体的量可以控制配气罐的压力并稀释反应气体。常用于稀释的惰性气体有 N_2、CO_2、Ar 等。配气罐安装有加热装置,可以对罐中气体进行预热。作为氧化剂的 ADN 与作为燃料的甲醇共同溶解在水中配制成液体推进剂,但是 ADN 基液体推进剂中的 ADN 成分在降压的情况下无法蒸发出来,会以固体粉末的形式存在于配气罐中。因此在实验过程中使用 NH_3、NO_2、NO、N_2O 这四种 ADN 热解的产物代替 ADN 组分。

为了验证实验系统工作正常,首先使用快速压缩机对异辛烷的燃烧过程进行实验。在 $77.69\%\,N_2$ 稀释作用下,异辛烷在当量比为 1 的条件下进行快速压缩,实验结果如图 3-40 所示。实验开始后活塞迅速压缩,相应的实验段压力迅速升高。在 $t=0$ 时刻活塞到达压缩终点,此时混合气体处于高温高压的环境中。实验段压力维持一段时间,直到点火成功。点火成功之后,实验段压力急速上升,高温高压气体膨胀,从而推动活塞。实验过程中,压力保持不变的这段时间就是点火延迟时间。

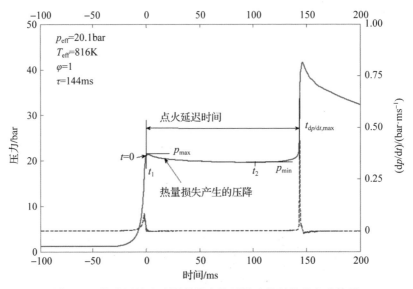

图 3-40　快速压缩实验测量异辛烷压燃过程所得的实验结果

由压力随时间的变化曲线,可求得压力随时间的倒数 dp/dt。根据 dp/dt 的极值确定压缩终点和点火时刻,从而计算点火延迟 τ。压缩终点的压力 p_{eff} 可由实验结果得到:

$$p_{\text{eff}} = \frac{1}{t_1 - t_2}\int_{t_1}^{t_2} p\,\mathrm{d}t$$

其中,t_1 对应 $t=0$ 的压缩终点时刻,t_2 对应点火延迟这段时间内 $p_{\min}$ 的时刻。压缩终点的温度 T_{eff} 是由 p_{eff} 和初始条件根据绝热压缩假设计算求得的:

$$\int_{T_0}^{T_{\text{eff}}} \frac{\gamma}{\gamma - 1}\mathrm{d}\ln T = \ln\left(\frac{p_{\text{eff}}}{p_0}\right)$$

由此就可以求得燃料在 T_{eff} 和 p_{eff} 条件下的点火延迟时间。

3.5.2　CH_3OH 在 ADN 热解气体氛围中的燃烧过程压缩实验

ADN 基液体推进剂是将固体的 ADN 溶于 CH_3OH 水溶液中配制而成的。若使用液体推进剂直接配气,CH_3OH 会从推进剂中蒸发出来,而 ADN 会以固体粉末的形式残留在配气罐中。如果将这一配气直接通入实验段进行快速压缩实验,由于缺少氧化性气体成分,反应气体无法被压燃,其测试结果如图 3-41 所示。

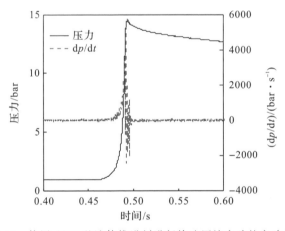

图 3-41　使用 ADN 基液体推进剂进行快速压缩实验的实验结果

经反复实验探索,最终将实验方案确定如下:使用 NO、NO_2、N_2O、NH_3 等气体经过配气来替代 ADN 热解之后的气相产物组分,研究 CH_3OH 在 ADN 热解气体氛围中的燃烧过程。实验工况如表 3-3 所示。在所配的气体中,CH_3OH 的体积分数约为 4.5%,O_2 的体积分数约为 6.8%,Ar 为稀释气体。工况 1~4 研究了 CH_3OH 和 O_2 在不同温度压力下的燃烧情况。工况 5 研究了混入 1% NO_2 对于燃烧过程的影响。工况 6~7 研究了混入 4.7% N_2O 对于燃烧过程的影响。

表 3-3 CH$_3$OH 在 ADN 热解气体氛围中的燃烧过程的快速压缩实验工况

工况	p_{eff} /bar	T_{eff} /K	组分配比（体积分数）/%							τ_{ign} /ms
			CH$_3$OH	O$_2$	Ar	NO$_2$	N$_2$O	NO	NH$_3$	
1	16.51	903	4.5	6.8	88.8	0.0	0.0	0.0	0.0	49.13
2	18.25	914	4.5	6.8	88.8	0.0	0.0	0.0	0.0	44.27
3	25.93	990	4.5	6.8	88.8	0.0	0.0	0.0	0.0	4.5
4	29.39	1310	4.5	6.8	88.8	0.0	0.0	0.0	0.0	2.2
5	13.65	800	4.5	6.7	87.9	1.0	0.0	0.0	0.0	1.3
6	17.32	1011	4.4	6.6	84.3	0.0	4.7	0.0	0.0	31.9
7	22.3	1126	4.4	6.6	84.3	0.0	4.7	0.0	0.0	7.2

图 3-42 是工况 2 和工况 6 的快速压缩实验曲线，从图中可以看出非常明显的点火延迟。将各工况下的点火延迟时间进行对比，得到图 3-43。在 900～1300K 的温度区间内，随着温度升高，CH$_3$OH 与 O$_2$ 发生反应的点火延迟时间有显著降低。在同样的温度下，混入少量的 NO$_2$ 会显著缩短点火延迟时间。

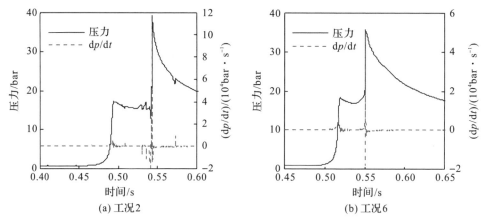

(a) 工况 2　　　　　　　　(b) 工况 6

图 3-42 CH$_3$OH 在 ADN 热解气体氛围中的快速压缩实验结果

在本节中，我们使用快速压缩的实验手段研究了 CH$_3$OH 在 ADN 热解气体氛围中的燃烧过程，测量了燃烧反应的点火延迟时间。实验结果表明，ADN 热解所产生的含 N 小分子气体对于 CH$_3$OH 的燃烧有显著影响，混入少量的 NO$_2$ 会显著缩短点火延迟时间。

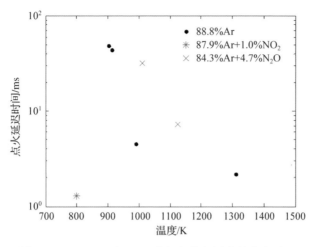

图 3-43 CH$_3$OH 在 ADN 热解气体氛围中的点火延迟

3.6 ADN 基液体空间发动机的地面试验与在轨飞行试验研究

基于针对 1N ADN 基液体空间发动机开展的基础研究及相关成果,北京控制工程研究所开发了推力量级从 0.2N 到 1N、5N、20N 的 ADN 基液体发动机产品。中国科学院大连化学物理研究所开发出了两种型号的针对不同使用需求的 ADN 基液体推进剂:理论比冲为 220s 的中能推进剂以及理论比冲为 245s 的高能推进剂。同时,中国科学院大连化学物理研究所还完成了催化剂的研制。

针对不同推力量级的 ADN 基液体发动机产品,我们开展了一系列的地面热试车试验研究。在 1.6MPa 的额定工作压力下,获得了发动机推力、比冲等关键性能指标。通过 20s 稳态下的稳态工况,考核了发动机的工作性能。其中,图 3-44 给出了不同发动机热试车时的试验情况,表 3-4 给出了相应的试验结果。

(a) 0.2N ADN 基发动机稳态热试车

(b) 1N ADN 基发动机稳态热试车

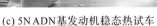

图 3-44　不同推力量级 ADN 基液体空间发动机的热试车试验

表 3-4　不同推力量级 ADN 基液体空间发动机稳态比冲性能

工况	推力量级	推进剂种类	真空比冲
1	0.2N	中能配方推进剂	196s
2	1N	中能配方推进剂	210s
3	1N	高能配方推进剂	226s
4	5N	中能配方推进剂	214s
5	5N	高能配方推进剂	235s
6	20N	中能配方推进剂	218s
7	20N	高能配方推进剂	241s

　　北京控制工程研究所的 1N ADN 基液体空间发动机在完成所有研制工作和地面验证试验后,进行了一次在轨飞行试验,用以验证 1N ADN 基液体空间发动机的在轨工作性能和可靠性。卫星上搭载了两台 1N ADN 基液体空间发动机,在 2016 年 11 月发射升空后,在两天的时间里共进行了 5 组不同工况的在轨点火试验。在试验过程中,通过星上动量轮转速的变化率以及整星推进分系统所使用的双组元 10N 发动机来对搭载的两台 1N ADN 基液体空间发动机进行在轨标定。表 3-5 总结了星上标定试验的工况和推进剂消耗量。在轨试验选取 1.6MPa 的喷注压力为发动机的额定工作压力,对应 0.5g/s 的推进剂额定质量流量。在稳态工况下,实测获得 1N ADN 基液体空间发动机的推力为 1.03N,比冲为 210.2s,发动机满足性能指标要求。

表 3-5　1N ADN 基液体空间发动机在轨试验验证情况

工况	状态	两台发动机累计点火时长	推进剂消耗量
1	脉冲工况 ON/OFF＝0.1s/2s	1260s	630g
2	10s 稳态工况	60s	30g
3	100s 稳态工况	600s	300g
4	1000s 稳态工况	2000s	1000g
5	100s 稳态工况	600s	300g
	总计	4520s	2260g

3.7　研制案例

　　新型航天技术的研发和验证总是具有挑战性的。由瑞典 ECAPS 公司实施的 ADN 基液体空间发动机产品研制及世界上首次在轨飞行验证为我们提供了很好的借鉴范例。空间推进技术作为航天器的平台支撑技术，其技术验证过程一般会经历产品总体设计、部组件设计与研制、产品整机研制、分系统集成等不同阶段。在产品总体设计和基础技术研究阶段，ECAPS 公司针对推进剂的理化性能和配方固化，开展了大量基础试验工作。通过试验模型样机的点火试验，对推进剂和催化剂的匹配性、点火安全性和比冲性能进行了系统性研究，图 3-45 表征了定型

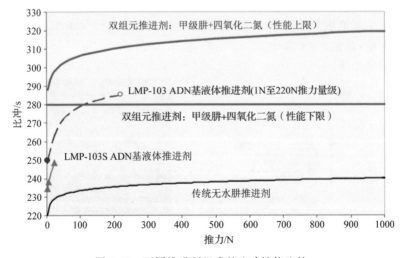

图 3-45　不同推进剂组成的比冲性能比较

的 LMP-103 ADN 基液体推进剂、LMP-103S ADN 基液体推进剂在 1N 推力量级试验模型样机点火过程中的比冲性能评估结果。

在部组件研制和关键技术攻关阶段,ECAPS 公司得到了西方发达国家技术体系的有力支持,这在产品研制过程中发挥了重要作用。例如,美国为在轨飞行的 1N ADN 基液体空间发动机产品提供了铼铱合金燃烧室;同时,Moog 公司为发动机产品提供了高性能的控制阀部件;Thermocoax 公司为发动机提供了高性能加热器和测温组件等。最终完成的产品如图 3-46 所示。具备飞行条件

图 3-46　1N ADN 基液体空间发动机产品

的 ADN 基空间发动机额定真空推力为 1N,额定真空比冲约为 230s。

发动机产品完成研制后,还需要与推进剂贮箱、各类流体控制阀、管路、传感器等部件共同组成推进系统,才可以完成发动机点火功能。ECAPS 公司为"棱镜"卫星研制的 ADN 基推进分系统如图 3-47 所示。为了保障整星顺利完成全部在轨任务,"棱镜"卫星同时还装备了一套传统的无水肼单组元推进系统作为备份。ADN 基推进分系统的设计采用落压工作模式,发动机入口压力会随着工作时长的增长、推进剂的不断消耗而逐渐降低。推进系统携带了约 5.6kg 的推进剂以及两台 1N ADN 基液体空间发动机产品。在卫星推进剂加注过程中,两套采用不同推进剂的推进系统分别进行加注。与无水肼加注过程需要大量防护形成鲜明对比,ADN 基推进剂由于其绿色无毒的特性,加注过程大大简化,技术优势得到很好的体现,如图 3-48 所示。

图 3-47　"棱镜"卫星上搭载的 ADN 基推进系统

(a)ADN基推进剂加注过程　　　　　(b)无水肼加注过程

图 3-48　"棱镜"卫星推进剂加注过程

2010 年 6 月,"棱镜"卫星(图 3-49)顺利发射升空,顺利完成了全部在轨试验内容。之后,ADN 基空间推进技术逐步进入了工程应用时代。目前,世界上已发射了数十颗应用 ADN 基空间推进技术的卫星。

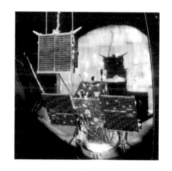

图 3-49　"棱镜"卫星整体结构

在 1N ADN 基液体空间发动机产品得到在轨应用后,ECAPS 公司进一步扩展了其产品型谱,将 ADN 基空间发动机产品的推力量级扩展至 220N,相应的产品如图 3-50 所示。

图 3-50　5N、22N、50N、220N ADN 基空间发动机产品

参考文献

[1] 张涛. ADN 基推进剂雾化特性试验及 ADN 基推力器工作过程的仿真研究[D]. 北京:北京交通大学,2017.

[2] 王方,张学智,姜文斌,等. 液体燃料单液滴蒸发特性试验研究[J]. 燃烧科学与技术,2015, 21(6):486-493.

[3] 姚兆普,苗新,陈君,等. 基于 ADN 基液体推进剂的无毒可贮存空间发动机试验研究[J]. 推进技术,2014,35(9):1247-1252.

[4] 景李玥. ADN 甲醇水溶液的燃烧特性及其应用[D]. 北京:清华大学,2017.

[5] 张伟,沈岩,余西龙,等. ADN 基发动机燃烧室 CO 组分实验测量[J]. 推进技术,2015,36(5): 650-655.

第 4 章　硝酸羟胺(HAN)基液体推进技术

4.1　引　言

美国自 20 世纪 70 年代就开展了高性能无毒硝酸羟胺(HAN)基推进剂和推进系统的系统性研究工作。与 ADN 基推进剂类似,相比于肼类推进剂而言,HAN 基液体推进剂具有无毒无污染、比冲和密度比冲高、环境适应强、可预包装、成本低并可长期贮存等优点,被认为是美国未来主要应用的无毒高性能推进技术。我国学者从 20 世纪 90 年代末开始对 HAN 基液体推进剂进行探索性研究。目前主要围绕 HAN 基推进剂的配方、雾化蒸发特性、电点火特性以及地面热试车等进行研究。HAN 基推进技术发展的初衷,与 ADN 基推进技术类似,均是获得替代肼类、综合使用性能更好的空间发动机用液体推进剂。在技术发展的过程中,HAN 基推进技术也体现出一些与 ADN 基推进技术有所差异的技术特点。例如,HAN 基液体推进剂对催化剂预热的要求较低,有实现常温启动的潜力。化学分子结构比 ADN 简单,更加有利于实现电喷雾等电推进工作模式。但是,从实验结果看,HAN 的化学安定性相比于 ADN 更加活泼,这就对发动机的安全稳定工作提出了技术挑战。

本章针对国内外近年在 HAN 方面的研究热点,重点介绍了 HAN 推进技术在国外的研究进展,详细阐述了 HAN 基发动机常温可靠启动技术、HAN 基发动机催化分解匹配技术,分析了 HAN 基推进剂在颗粒堆积型催化床内催化分解和燃烧过程,并对 HAN 基发动机推力室材料轻质耐高温技术进行了初步探讨。

20 世纪 70 年代,NASA 的科学家发现,以 HAN 为基的单组元液体推进剂是有希望满足无毒化和高性能要求的液体单元推进剂之一。他们在美国陆军所开展的 HAN 基液体发射药已有研究基础上,在三个型号项目即全臭氧层图绘制光谱仪-地球探测器(TOMS-EP)、热带雨林测量任务(TRMM)以及微波异向探测(MAP)发射项目上对 HAN 基和无水肼单组元推进剂进行了研究。结果发现:使用 HAN 基液体推进剂与使用无水肼单组元推进剂相比,燃料消耗质量平均减少了17.5%,燃料体积减小了41.8%,推进剂储箱体积减小了38%,储箱质量减少了35%。随着研究的深入,多种配方的推进剂应运而生,其中包括:

①LP 系列单元推进剂,主要包括 LP1845(63.2% HAN+20% TEAN+16.8%H_2O)和 LP1846(60.8% HAN+19.2% TEAN+20%H_2O);

②AF-315 系列单元推进剂,最常用配比为 44.5% HAN+44.5% HEHN+11% H_2O;

③SHP 系列单元推进剂,一种由 HAN、AN、甲醇和 H_2O 组成,另外一种由 HAN、HN、TEAN 和 H_2O 组成。其中 SHP163 是目前研究的热点。

4.1.1　基于 LP 系列推进剂的 HAN 基推进系统

相关学者对 LP 系列推进剂进行了大量的研究测试工作。研究主要侧重于四个方面:首先是燃烧过程的影响因素分析和火焰结构的特征分析[1-3],其次是 HAN 基推进剂在分解过程中物质组分的获取和定量分析,再次是火焰燃烧速率的影响分析[4](通过研究发现此类推进剂在反应后,会存在大量积碳,不利于发动机燃烧的稳定性),最后是针对 HAN 基发动机进行点火测试,考校了发动机的稳态和脉冲性能[5]。

4.1.2　基于 AF-315 系列推进剂的 HAN 基推进系统

与普通的 HAN 基液体单元推进剂相比,AF-315 液体单元推进剂有着显著的优势:①稳定性比 HAN-硝酸盐-水系列单元推进剂好;②密度比 HAN-醇-水系列单元推进剂高;③在比冲一定的情况下,点火温度和绝缘燃烧温度比 HAN-硝酸盐-水、HAN-醇-水系列单元推进剂低。

20 世纪 90 年代后期,美国 Aerojet 公司研究了以甘氨酸为燃料的低燃烧温度 HAN 基推进剂,其比冲略低于肼,但仍具有体积优势,而地面维护成本低及体积优势对微小卫星等空间飞行器是至关重要的。Aerojet 重点研究了 HANGLY26 推进剂的性能,其实际比冲约为 190s(理论比冲为 204s,燃烧效率约为 93%)。添加稳定剂的推进剂通过了贮存温度为 65℃条件下的长期(数年)贮存稳定性试验,发动机实验表明添加稳定剂的推进剂与无稳定剂的推进剂无性能差别。

之后,Aerojet 采用 4.45N 发动机,详细研究了不同活性金属组分、催化剂制备工艺、催化床构成及发动机喷头设计等因素对发动机性能的影响。初始点火温度考察试验表明,基于 HANGLY26 推进剂的发动机稳定燃烧最低点火温度为 316℃。同时,运用 20kg 级微小卫星的入轨控制程序进行了发动机性能考核。发动机采用落压模式以模拟微小卫星推进系统工作模式,并主要以稳态工作方式,在 Shell-405 催化剂和穿入式喷头组合上,取得了累计工作时间超 8000s(包括 21 次冷启动)的最佳实验结果,使燃烧室室压(折算成相同贮箱压强)下降约 7.5%,同时完成了脉冲工况实验考察。

2000 年,Aerojet 为弗吉尼亚理工大学的微小卫星项目(Hokie Sat program)研制了用于卫星轨道提升及编队飞行的 HAN 基推进系统。卫星重 15kg,设计寿命为 6 个月(最长为 1 年),推进系统总重量为 4kg,干重为 2.4kg。该卫星与其他两颗同级卫星计划于肯尼迪航天中心发射,推进系统采用推进剂预装方式。但由于经费限制,无法获得无隔膜的直径小于 5 英寸并经飞行试验认可的全钛推进剂贮箱,最终 HAN 基推进系统未能应用于该任务。

2000 年后,Aerojet 开展了高性能 HAN 基推进剂(比冲≥250s)技术研究,研制了一系列高性能配方推进剂,推进剂理论比冲最高达 284s,并使用 Shell-405 催化剂及实验室级催化反应器进行了点火试验(因反应温度高,点火试验通常只延续数秒时间)。推进剂燃料筛选试验表明,甲醇为高性能推进剂的最佳候选燃料。高性能推进技术的主要挑战是开发出适合空间推进系统所需的催化剂体系,Aerojet 在实验室级考核装置上,以与候选推进剂的反应活性及模拟硝酸羟胺燃烧环境下的稳定性为考核对象,进行了大量耐高温载体及催化剂材料的筛选试验,结果表明,在初始点火温度为 400℃ 的条件下,理论比冲为 269s 的 HAN-MEO15 推进剂,取得了累计工作时间为 380s 的稳定燃烧试验结果[6]。

美国空军研究实验室(AFRL)组织开展了以 HAN 基推进剂为基础的液体发动机先进推进剂发展计划(LEAP-DP)。AFRL 为该项目研制的推进剂配方可适用于较大推力及较短工作时间的空间飞行器,Aerojet 在 LEAP-DP 研究项目中负责推进技术的具体实施[7]。美国国防部和 NASA 组织的集成高回报火箭推进技术计划(IHPRPT),促进了 NASA 和美国空军的单元推进技术合作开发研究,IH-PRPT 材料工作组(IMWG)支持开发了耐高温、稳定性好的催化剂材料和适合 HAN 基推进剂燃烧环境的燃烧室材料。另外,NASA 及美国空军以小企业创新研究项目(SBIR)形式资助 HAN 基推进技术的研究。以上项目均取得较大进展。

2007 年,Aerojet 为雷神(Raytheon)公司的网络中心机载防御单元(NCADE)研制了第二级 HAN 基推进系统。其由轴向发动机和 4 个互成 90°的转向发动机组成,轴向和转向发动机使用的 HAN 基推进剂被分别装在两个燃料贮箱中。NCADE 与 AIM-120(属先进中距空空导弹)长度相同,质量为 150kg,而标准

AIM-120 的质量为 161.6kg,且两种导弹的重心相同,因此,NACDE 与 AIM-120 的载机通用。发射 NCADE 时,接收来自卫星、雷达或无人飞行器(UAV)的信息。发射后,导弹朝着来袭目标的方向急速上升。数据链使 NCADE 获得中段数据更新的能力。NCADE 可进行大气层内和大气层外拦截。安装于 NCADE 第 2 级后部的 4 个轴向发动机可产生 68.04kg 的推力,并能把推力时间维持在 25s 以上。Aerojet 于 2008 年 4 月完成了轴向发动机的全寿命验证试验。

同时,HAN 基推进系统内催化分解和燃烧机理,以及推进剂和催化剂之间的高匹配性研究,也是机构和学者关注的热点。美国宾夕法尼亚大学开展了 HAN 基推进剂燃烧行为研究,研究推进剂的分解机理及燃烧规律。该工作先是作为 Aerojet 公司项目的子项目,主要研究微小卫星用配方推进剂,后来得到了第三代可重复使用运载器(RLV)项目的资助,研究适用于 RLV 反作用控制系统(RCS)的推进剂(比冲≥270s)。研究人员使用液体推进剂靶线燃速仪,测定了 HAN 基推进剂的燃速,测量了燃烧区域的温度分布,进行了燃烧产物及新鲜推进剂的热裂解化学成分分析,以更好地理解燃烧化学过程,并将催化剂置于靶线燃速仪中,以考察催化剂对推进剂燃烧行为的影响。试验表明,在不同的燃烧压强下,甲醇燃料推进剂的燃烧行为有很大差别。温度测量结果表明,水及甲醇的沸点在燃烧过程中起着重要作用。

试验结果表明:催化点火方式能降低 HAN 基推进剂点火对温度和压力的要求,而且结构简单、工作可靠,是比较合适的点火方式。美国基本完成了 1.4MPa~2.8MPa 室压下较低燃烧温度的 HAN 基发动机性能和寿命试验(采用催化点火),其比冲为 2000N·s/kg,所用推进剂密度为无水肼的 1.4 倍,冰点在 −35℃ 左右。试车结束时,燃压仅下降 7.5%。其中硝酸羟胺/甘氨酸/水体系(水质量分数为 26%)配方用于 Spartan Lite 卫星轨道上升系统。试验用发动机如图 4-1 和图 4-2 所示[8]。

图 4-1　飞行模拟 HAN/Glycine(LTHG)点火发动机

图 4-2　测试系统和试验发动机

HAN 基液体推进剂在点火前需要将催化剂床预热至 300℃以上,以提高空间
发动机的瞬态响应性能、延长催化剂工作寿命。图 4-3 和图 4-4 是典型的 HAN 基
发动机结构图。

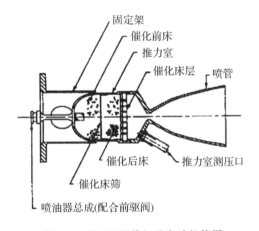

图 4-3　HAN 基单组元发动机简图

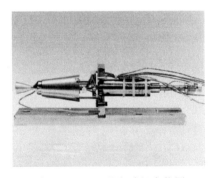

图 4-4　HAN 基发动机实物图

但是 300℃以上的催化床预热要求,给 HAN 基发动机的空间应用带来了一
定的限制。较低温度下的点火延迟期较长,推进剂在催化剂床上积存较多,使得
发动机工作状态无法预测,例如发动机工作过程中出现异常压力尖峰。因此,对
于 HAN 基发动机,重点还需要进行催化剂及催化剂载体方面的研究。

美国 NASA 的格伦(Glenn)研究中心采用 Shell-405 催化剂开展了 HAN 基

推进剂催化点火和燃烧性能研究。在 Shell-405 催化剂的作用下,HAN 基推进剂能够较好地启动和燃烧,但存在反应性能不稳定等试验问题。由图 4-5 可知,在 HAN 基推进剂的催化分解过程中有压力尖峰出现,室压粗糙度也很大。研究结果表明,现有的 Shell-405 肼分解催化剂催化性能不足,必须改进或开发新型 HAN 基推进剂专用催化剂。

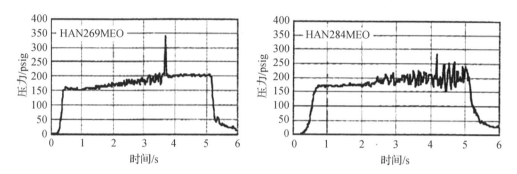

图 4-5　不同配方 HAN 基推进剂的催化点火性能[①]

美国 Primex 公司与格伦研究中心联合研制了 LCH-202、LCH-210、LCH-227 等型号催化剂,并用于 HAN 基推进剂催化点火试验。研究表明,LCH227 与经过热处理后的 Shell-405 催化剂表现出较好的稳定性,这初步突破了与 HAN 基液体推进剂较为匹配的催化剂关键技术。

法国普瓦捷大学 LACCO 实验室针对 HAN 水溶液催化分解特性开展了大量研究,采用凝胶法制备了硅改性氧化铝载体和 Pt 基催化剂,探讨了 HAN 催化分解机理,并利用实验室简易装置测试其催化点火性能。热重及催化点火试验研究表明,Pt 等贵金属在 HAN 催化分解反应中表现出较高活性,改性氧化铝或者堇青石具有良好的耐高温性能和结构强度,可用于 HAN 催化分解反应。

Primex 公司开展了 HAN 基单元推进剂的催化分解技术的研究工作,介绍了 0.5～1kg 级发动机试验情况,将 HAN 基发动机作为一种实用推进形式与传统推进形式进行了比较。推进剂筛选研究表明:硝酸羟胺-甘氨酸-水体系可作为低燃烧温度推进剂方案。催化剂研究表明:需要进一步提高催化剂的强度和耐久性,涉及多种活性金属、载体、制造工艺等技术的改进。启动条件试验表明:预热温度升高,能减少启动响应时间,减少启动压力峰,提高催化剂分解活性可降低催化床

[①] psig:pound-force per square inch[gauge],即磅力/平方英寸[表压]。

预热温度。

目前针对肼发动机的设计规范只部分适用于 HAN 基发动机。喷注器尺寸和催化床压降与肼发动机一致,而通过催化床的质量流量和反应时间则与肼不同。实验室测试用的模型催化床如图 4-6 所示。HAN 的催化分解及燃烧反应机理相比于无水肼更加复杂,一般来说需要更长的流体驻留时间以完成化学反应,所选的催化床特征参数与无水肼有所不同,所以 HAN 基发动机比无水肼发动机稍重。图 4-7 至图 4-9 显示了稳态和脉冲状态时的压力曲线。数据显示,两种状态的点火均稳定,曲线较为平滑。

图 4-6　实验中的模型催化床

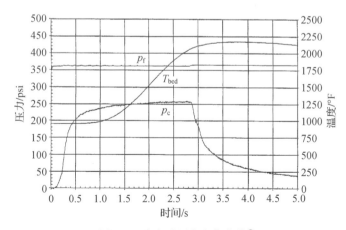

图 4-7　稳态时压力变化曲线[①]

————————————

①psi:pound-force per square inch,即磅力/平方英寸。

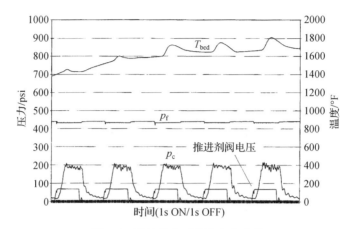

图 4-8　脉冲状态时压力变化曲线

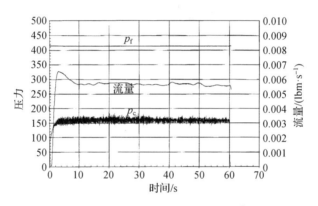

图 4-9　压力和质量流量变化曲线[①]

到 2011 年,HAN 基发动机达到 TRL5 级技术成熟度,并实现了 11.5 小时的点火验证实验,其主要配方为 44.5% HAN+44.5% HEHN+11% H_2O,其比冲比肼提高了 12%,并具有低冰点,同时,摆脱了肼推进剂需要持续加热的需求。如图 4-10 所示,GPIM 系统目前采用 4 台 1N 和 1 台 22N HAN 基发动机分别作为姿控和轨控,并通过高空模拟热试车试验获得了不同箱压下的推力值。发动机关键特性参数如表 4-1 所示。

①lbm:pound-mass,即磅质量。

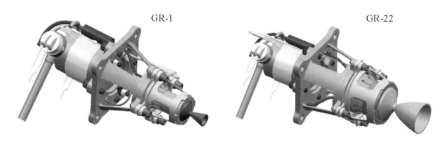

图 4-10　1N 和 22N 发动机

表 4-1　1N 和 22N 发动机关键特性参数

参数	GR-1	GR-22
喷嘴扩张比	100：1	100：1
贮箱压力/bar	37.9～6.9	37.9～6.9
推力/N	1.42～0.26	26.9～5.7
最大稳态比冲/s	231	248
脉冲次数	11107	944

综上所述,AF-315 系列单元推进剂是肼类单元推进剂最主要的替代品,是一种新型的高性能单元液体推进剂,应用于弹道导弹、战略导弹、空间飞行器以及液体发射药火炮,具有非常广阔的应用前景。目前基于 AF-315 推进剂体系的 HAN 基液体空间推进技术表现出了优良的性能,计划将应用于多种型号任务中。

4.1.3　基于 SHP163 系列推进剂的 HAN 基推进系统

日本 JAXA 针对 20N 发动机进行了地面真空点火测试,如图 4-11 所示,获得了催化床预热温度和推进剂入口质量流量的点火曲线[9]。

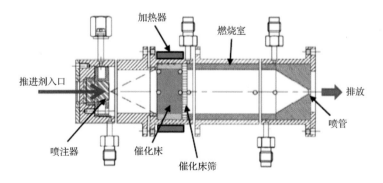

图 4-11　20N 级 HAN 基发动机点火装置示意图

2013 年,三菱重工报道了 HAN 基发动机最新的研究进展。他们使用 SHP163 推进剂进行了 1N 发动机热试车。发动机在预热温度达到 210℃时启动,最长连续工作 200s,累计工作 2002s[10]。

学者们也针对发动机点火本身及其所涉及的关键基础问题进行了探讨;针对 20N 发动机进行了高空模拟点火测试,并研究了催化床初始温度以及入口质量流量等对发动机性能的影响;基于 TG-DTA 和 DSC①,获得了 HAN 分解的关键化学反应路径;同时通过电点火方式,明确了 HAN 基推进剂的火焰传播特性和结构特性,并通过高空模拟点火测试,证明了 Ir-CuO 催化剂性能优于原有的 Shell-405 催化剂。

之后,他们又基于 HAN/H_2O/AN/MeOH 组分,在 20N 级 HAN 基发动机上成功实现了点火测试,分析了不同催化剂对发动机内燃温和燃压的影响,并提出了 HAN 催化分解所经历的三个阶段;通过实验对比分析了 SHP163 和肼分解产生的燃气对推力、比冲和推力效率的影响。结果表明,HAN 基推进剂表现出更加优良的性能。如图 4-12 和图 4-13 所示,催化床温度受催化床长度和推进剂入口质量流量的影响,虽然短催化床可以有效降低催化床温度,但同时反应效率可能受到影响,这使催化床长度存在一个最优值。

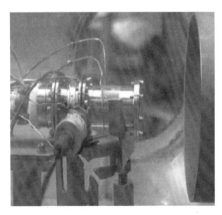

图 4-12　HAN 基单组元发动机简图

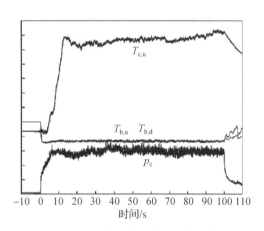

图 4-13　HAN 基发动机点火试验结果

之后 JAXA 研究了催化剂样式及其与推进剂联合点火过程中的作用机理,如图 4-14 所示。图中小图显示的是质量流量。实验过程中将催化床预热到 210℃。

①DSC:差示扫描量热法(differential scanning calorimetry)。

从图中可以看出,整体式催化剂在点火过程中压降几乎可以忽略,但是颗粒堆积型催化床内压降明显,达到 41kPa。同时,整体式催化剂由于缺少必要的流道,推进剂在分解和燃烧过程中的传热传质过程受到较大的影响。可以看出,催化剂样式及其与推进剂的匹配方式对 HAN 基发动机点火过程影响明显。

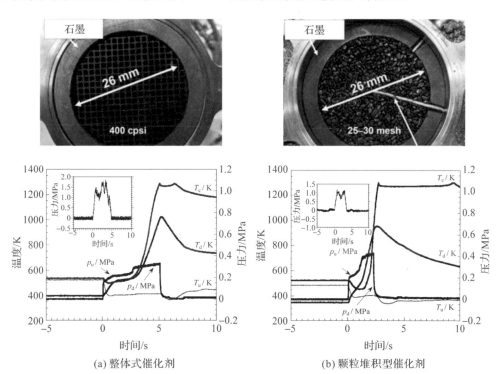

图 4-14　采用整体式催化剂和颗粒堆积型催化剂的 HAN 基发动机催化床结构和点火曲线

2019 年 3 月 15 日,JAXA 在 PAPIS-1 卫星上成功使用了 HAN 基推进技术。该系统称为绿色推进剂反作用控制系统(Green Propellant Reaction Control System,GPRCS),重 8.34kg,该载荷优势在于低成本、低功耗,并且使用高性能的 HAN 基推进剂等。后续他们将继续开展一系列 HAN 基推进技术的相关在轨验证。

4.2　HAN 基发动机可靠常温启动技术

对于单组元发动机来说,并不存在类似双组元推进剂甲基肼和四氧化二氮这种自燃反应,其只将单一推进剂作为推进工质。常规条件下推进剂的状态较为稳定,一般均需要额外的点火装置来触发化学反应。

在航天器的在轨工作条件下,目前 HAN 基发动机启动工作前催化床需预热到 120℃才能启动。通常在发动机催化床安装加热装置,给催化床预热,这需要额外的能源,同时加热装置还需要配套的线路、控制等,从而增加了系统应用的复杂性,影响了推进系统的应急响应能力。同时,运载火箭等应用场景一般要求发动机采用常温启动方式,若能解决 HAN 推进技术的常温启动问题,可以显著拓宽常温无毒液体推进技术的应用领域。

考虑到 HAN 基推进剂所独有的常温启动潜力,在常温条件下,选择不同的常温启动方案对发动机的正常运行起着重要作用。针对不同启动方案,建立后期结果评价机制,对于后续不同型号发动机的设计起到一定的指导作用。

4.2.1 不同脉宽条件下常温启动技术

从使催化床快速预热的角度出发,采用脉冲点火的方式使少量的推进剂进入催化床,通过少量推进剂在催化床内的分解放热,使催化床温度从初始温度逐步升高,达到一定温度后,再执行发动机正式点火任务。这种方案借鉴于空间发动机热控失效时被迫采取的应急措施,已经经过空间实际验证有效。

针对该方案,我们致力于研究不同脉宽条件、不同占空比、不同脉冲次数等对推进剂分解情况,催化床前床、中床和后床温度,建压时间,比冲,长稳态寿命等发动机性能参数的影响规律和权重;对比分析常温条件下,不同喷射压力、催化剂活性、催化床结构等在不同脉宽点火方案选择上的影响规律;重点关注发动机常温启动过程中点火响应时间、点火延迟时间、多次点火的重复性和脉冲冲量等关键参数的分布特征;评估不同脉冲点火条件对发动机常温启动的影响规律和权重。

通过实验研究发现,采用预脉冲点火的方式,发动机可以实现常温启动,发动机机身表面温度由 32℃增加到 155℃,增幅为 384%。对于后续热启动脉冲过程,温度由 155℃增加到 748℃,增幅为 382%。最终在 10s 稳态的状态下,燃烧压力达到 1.272MPa,满足发动机设计点要求。图4-15至图 4-18 为具体的点火曲线。

4.2.2 变流量控制常温启动技术

从改变传统发动机设计入手,设计具有均匀喷注能力的喷注器,并在喷注器的上游设置轻质低功耗流量可控电磁阀。根据发动机、推进剂和催化剂的匹配关系,通过改变流量,在初期使用小流量工况,推进剂与催化剂接触启动后,催化床内热量逐渐累积,再实时根据点火特性,调整流量策略,直至发动机内催化反应完全启动,最终达到常温启动的目标。

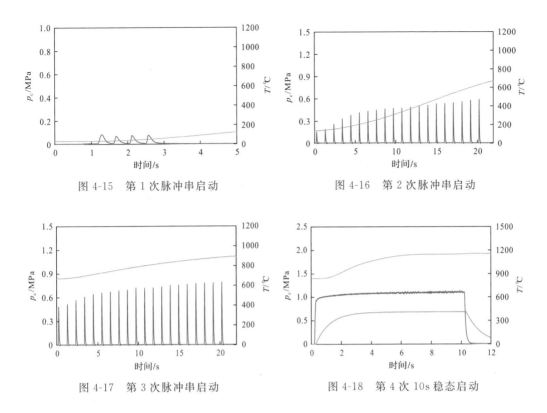

图 4-15　第 1 次脉冲串启动　　　　　图 4-16　第 2 次脉冲串启动

图 4-17　第 3 次脉冲串启动　　　　　图 4-18　第 4 次 10s 稳态启动

针对该方案,研究不同流量控制策略及不同均匀喷注方案下,推进剂流量大小、催化剂和催化床之间的匹配关系,分析不同流量大小、电磁阀开启策略、催化颗粒属性、催化床结构等对发动机常温启动过程中推进剂分解效率,喷注器喷注范围,催化床前床、中床和后床建温时间,以及火焰传播速率等的影响规律和权重。通过分析,建立推进剂流量、电磁阀开启策略、催化床结构与建温时间、建压时间、比冲、长稳态寿命等发动机性能参数的预测模型,以稳定实现最高的催化分解效率、最短的响应时间和最高的发动机性能参数为目标,评估该常温启动方案对发动机启动过程的作用机制。

单元发动机喷注器的功能是对推进剂流量进行控制,并将集中的推进剂来流进行均匀分散后进入下游的催化床,均匀分散的效果越好,越有利于稳定燃烧。推进剂的雾化效果不好,推进剂分布不均匀,局部流量过大,会造成催化剂不能及时充分地将推进剂分解而产生积液,这不仅将直接影响推力性能,而且还可能造成过高的压力峰,导致催化剂破碎而形成空穴,影响发动机寿命。因此,在喷注器的设计中,应当使喷注器结构具有良好的喷射雾化效果且兼具可装配性强的特点,进而降低推进剂对催化剂的冲击。

传统的单组元发动机一般采用多根毛细管的喷注器,如图 4-19 所示。

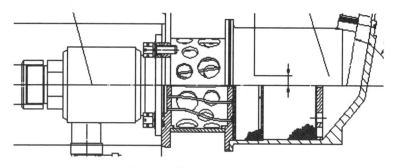

图 4-19　单组元某型发动机

对于传统的毛细管喷注器,要想获得更好的喷注均匀性及更低的局部床载,需要提高毛细管的数量。但是,受限于装配环节工艺,单台喷注器毛细管的数量一般限制在 20～30 根以内。这便使得流量较大的大推力量级发动机虽然在整体上实现了均匀喷注,但是,在每根毛细管的局部范围内,其一股射流会导致局部床载较大,局部状态下的喷注均匀性并不理想。

针对 HAN 基无毒推进剂和发动机的技术特点,设计具有均匀喷注能力的喷注器,以提高推进剂的空间分布均匀性,使之能够有效降低催化床的局部床载,减小催化剂的负荷,提高催化剂的寿命,最终实现推进剂的良好雾化。在轻质低功耗控制阀流量可控技术的基础上,通过喷注均匀分布,可以使推进剂和催化剂充分接触,进而促进推进剂催化分解反应迅速启动,实现发动机可靠常温启动。

通过变流量控制来实现常温启动的方案主要有两种,如表 4-2 所示。主要是在新型的大推力量级的单元先导电磁阀的基础上,对比分析不同喷注模式下,发动机的常温启动方案,并就发动机催化前床表面温度的变化速率,来评估不同脉宽下,常温启动方案对于发动机启动特性的影响。

表 4-2　变流量控制方案对比

方案	电磁阀	喷注器	推力室
1	大推力量级的 单元先导电磁阀	毛细管喷注	推力室设计 继承不同脉宽方案
2	大推力量级的 单元先导电磁阀	锥形喷头喷注	推力室设计 继承不同脉宽方案

方案 1 采用大推力量级的单元先导电磁阀＋毛细管喷注的方式,发动机可以

在常温启动,发动机机身表面温度由 29℃增加到 821℃。后续 10s 稳态,燃烧压力达到 1.192MPa(图 4-20)。

方案 2 通过对喷注器进行改进,采用锥形喷头的方式来替代多根毛细管的设计。毛细管的射流形式为点状射流,这就使得单只毛细管喷出的推进剂所接触的催化剂面积与毛细管内径面积基本相当,这也是毛细管型喷注器为了提高喷注均匀性只能增加毛细管数量的根本原因。但是,锥形喷注单元采用圆锥形槽和圆锥形堵头配合的形式。推进剂穿过圆锥形槽和圆锥形堵头之间的缝隙而斜向喷出,可以形成多段圆弧状射流线,如图 4-21 所示。这便使得这种喷注单元单个喷出的推进剂所接触的催化剂面积大大提升。

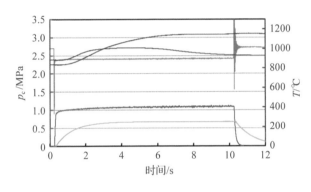

图 4-20　方案 1 稳态 10s

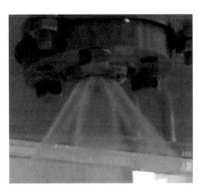

图 4-21　圆弧状射流喷注试验图

方案 2 采用大推力量级的单元先导电磁阀＋锥形喷头喷注的方式,发动机可以实现在常温启动,发动机机身表面温度逐渐增加。后续 10s 稳态,燃烧压力达到 1.165MPa(图 4-22)。如此,发动机在较低的启动温度下,性能能够得到发挥。

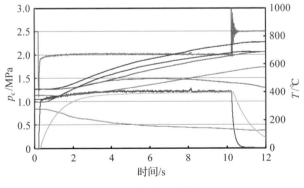

图 4-22　方案 2 稳态 10s

4.3 HAN基发动机催化分解匹配技术

HAN基推进剂由于配方不同，表现出不同的理化特性和性能。目前国内外对于可实现常温启动的HAN基推进剂的研制工作相对较少，而与之匹配的催化剂研制与以往单组元肼催化剂有很大不同。当温度过低时，催化剂不易失效；而当温度过高时，催化剂也不易烧结。催化剂具有足够的强度和耐冲刷能力，在常温下就可实现推进剂催化分解反应启动和后续连续长时间稳定工作的顺利进行。

常温启动对催化剂活性、启动稳定性和中毒失活等影响明显，同时，HAN基推进剂燃烧温度较高，对催化剂载体提出了更为苛刻的要求。一般来说，在水完全蒸发后，HAN组分才能分解，而对于常温状态下的HAN基推进剂的启动反应，催化剂需要催化分解溶液状态的HAN基推进剂。其过程推测如下。

①催化诱导过程：HAN基推进剂由氧化剂HAN、燃料、水和助剂组成，常温条件下为一种均匀的溶液。HAN基推进剂与催化剂接触，HAN或活性助剂在推进剂为溶液状态的情况下扩散到催化剂表面，以特定形态吸附于催化剂表面，发生催化分解反应；在催化剂活性中心上发生化学反应，转化生成气体、水和二次产物并放出一定量的热；在放出热的作用下，推进剂温度升高，水蒸发速度加快，推动催化分解反应逐渐向热分解反应进行。

②热分解及燃烧反应过程。当催化床升高至一定温度时，水及燃料迅速蒸发，热分解反应成为主要反应过程；达到更高温度时，生成的二次产物中的氮氧化物与燃料发生燃烧反应，放出大量的热，使催化床温度升至高温状态。

由以上过程可知，常温状态下的催化诱导过程是常温启动的关键过程，其决定了催化剂的启动活性和反应过程中对催化剂微观结构的主要影响。

4.3.1 高活性及抗高温氧化HAN基推进剂分解催化剂

与传统的肼类推进剂相比，HAN化学稳定性高，不易被催化分解，燃料及水的加入使其更难分解，因此催化剂必须具有很高的活性。同时催化剂应不仅能在常温状态下分解HAN，而且能催化HAN的分解产物与燃料发生的二次燃烧反应。HAN基推进剂催化分解和燃烧产物含高温水蒸气和氧化性气体，催化剂处于高温（最高温度≥1200℃）、强氧化和高速气流冲刷的复杂环境中，要求其有很高的强度和耐高温氧化稳定性。因此，必须针对HAN基推进剂的特点，寻找高活性和耐高温氧化稳定性的活性组分以及新型催化剂制备方法。

　　早期用于 HAN 基液体推进剂催化点火的催化剂主要是铱、铂贵金属催化剂，但是,点火前需要将催化床预热至约 200℃,较低温度下的点火延迟期长,甚至无法实现点火。推进剂在催化床上积存较多,限制了发动机的启动性能。采用氧化铝为载体的铂族贵金属催化剂,可以实现 113℃的点火启动,Pt/Ta 合金片催化剂点火预热温度为 250℃。后续研究发现,Ir/SiO₂ 催化剂能够在 20.7℃实现推进剂的催化分解,这验证了 HAN 基液体推进剂实现室温条件下催化点火的可能性。

　　实现 HAN 基液体推进剂催化分解点火的关键是必须找到一种能在室温条件下催化 HAN 分解的高活性催化剂。因此要开展催化剂活性组分研制,制备具有高比表面、高载荷及高分散的不同金属活性组分催化剂,提高催化剂分解活性,降低催化分解点火温度。在活性组分研制的基础上,开展催化剂制备技术研究,提高催化剂活性及稳定性。通过优化制备工艺参数和条件,我们研制出能稳定分解 HAN、具有强抗氧化性且能催化 HAN 分解产物的催化剂体系。针对催化剂结构与性能,采用全自动物理化学吸附仪、扫描电镜、透射电镜等手段对载体与催化剂的表面积、孔结构、活性组分分散度等结构信息进行测试表征,结合催化剂的热试性能,分析催化剂性能与催化剂结构的关系。

　　六铝酸盐是一类具有高比表面积的耐高温材料,具有磁铅铁矿(MP)或 β-氧化铝型(图 4-23)的层状结构,其中铝尖晶石层为对称的镜面所分割,镜面上排布了一个离子半径较大的钡离子(Ba^{2+})和一个氧离子(O^{2-}),该层状结构化合物沿着与镜面垂直的 c 轴方向的成长速度较缓慢,这使它具备良好的热稳定性。传导镜面层中大阳离子的电荷、离子半径和数目决定了六铝酸盐的结构类型。磁铅石

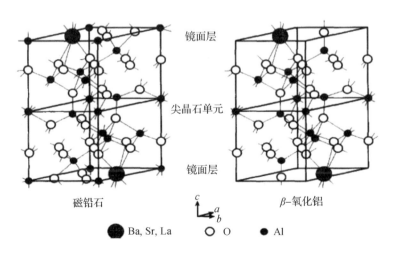

图 4-23　磁铅石和 β-氧化铝的晶体结构

型 $AAl_{12}O_{19-\alpha}$ 和 β-Al_2O_3 型 $AAl_{11}O_{17-\alpha}$ 均为六方晶系,两种结构的主要区别在于镜面层。磁铅石型结构的镜面上含有一个 A^{n+}、三个 Al^{3+} 和三个 O^{2-};而 β-Al_2O_3 型结构的镜面上仅含有一个 A^{n+}、两个 Al^{3+} 和一个 O^{2-}。两种晶形结构的六铝酸盐,均可以通过不同单价、二价、三价阳离子的引入,形成高活性和高稳定性的催化剂或高耐热性能的载体。

在六铝酸盐的晶体结构中掺入合适的过渡金属离子(如 Cr^{3+}、Fe^{3+}、Co^{3+}、Ni^+、Mn^{2+}、Cu^{2+}),部分取代四面体空隙、八面体空隙和三角双锥空隙中的 Al^{3+},使其稳定存在于六铝酸盐晶格中。在这种六铝酸盐的六方层状结构中,尖晶石单元被层状分布的半径较大的阳离子分割,阳离子在尖晶石单元中填充得很紧密,在镜面层上填充得较松散,使镜面层更有利于氧离子的扩散,因而六铝酸盐更容易沿垂直于 c 轴方向生长,然而含氧离子的紧凑团被含阳离子的镜面所隔(沿 c 轴方向),沿 c 轴方向微晶生长受到抑制,所以烧结作用受到抑制,使六铝酸盐具有很好的高温稳定性。

4.3.2 推进剂与催化剂的热试性能匹配优化

液体 HAN 基推进剂及分解催化剂的热试性能优劣不仅仅取决于推进剂及催化剂理化性能,而且与催化剂、推进剂及发动机的性能匹配密切相关。在高催化反应活性推进剂和催化剂研制的基础上,我们开展了推进剂与催化剂热试性能匹配优化研究。

通过热试车试验,对优化后的催化剂、推进剂与发动机的匹配性进行研究,进而考察发动机整体性能。通过匹配性研究,不断改进发动机设计,优化催化剂和推进剂配方,以期获得最佳的推进系统性能。为了检验催化剂、推进剂以及发动机之间的匹配性能,需要进行多次发动机热试车试验以进行评价,验证 HAN 基发动机在常温下的启动特性、平均比冲、最小工作脉宽、最长工作时间、累计工作时间、累计脉冲数等关键参数。

我们致力于考察不同活性组分和含量配方的催化剂的点火性能,催化剂的物化性能与发动机点火性能,在此基础上进行点火性能优化研究,进而通过推进剂组分及配方优化研究,降低催化点火温度,实现低启动温度下的推进剂的稳定催化分解与燃烧。通过微反应装置和小推力量级发动机热试点火试验评价催化剂的综合性能,研究催化剂与推进剂匹配优化关系,最终研制出符合发动机点火要求的催化剂。

对于由活性金属和载体组成的 HAN 催化剂,要使其在室温下保持高活性,除载体外,活性金属的组成、含量以及其分散度、尺寸、形貌、结构等也是影响催化剂活性的关键因素。因此,在载体研究的基础上,我们开展了活性金属及其在载体上的分散特性研究。

HAN 分子中含有 N—N、N—O 键,贵金属(Ir、Pt、Pd 等)具有空的 d 轨道,对 N—N、N—O 键有较好的活化断裂能力,因此,我们采用常规浸渍法制备了贵金属 Ir 催化剂(记作 Ir/A),TEM[①] 图像显示 Ir 纳米粒子平均粒径在 9.3nm 左右(图 4-24)。接着进行 HAN 基发动机热试车试验,考察催化剂的性能(图 4-25)。结果显示,在 200℃预热温度下,Ir/A 无法有效分解 HAN 基推进剂,建压极不稳定。

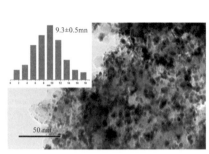
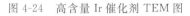
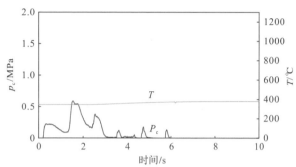

图 4-24　高含量 Ir 催化剂 TEM 图　　图 4-25　浸渍法制备的 Ir 催化剂 350℃启动工况

金属催化剂的活性与活性金属颗粒分散程度直接相关,活性金属分散度越高、粒径越小,表面暴露的缺陷位越多,对反应物的吸附活化能力越强,催化剂活性越高。基于以上分析,我们开展了高分散活性金属催化剂的合成研究,研制出高分散 Ir 催化剂(Ir 质量分数为 20%)。高分散 Ir 催化剂金属粒子平均尺寸为 2.6nm,比常规浸渍方法合成的 Ir 纳米粒子(9.3nm)低得多(图 4-26)。

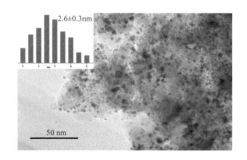

图 4-26　高分散 Ir 催化剂 TEM 图

①TEM:透射电子显微镜(transmission electron microscope)。

我们对研制的高分散 Ir 催化剂进行了发动机热试性能验证,尝试室温脉冲点火,结果如图 4-27 和图 4-28 所示。发动机完成五次短脉冲后,催化床温接近100℃,经十多次短脉冲后,催化床温度>200℃,可实现正常启动。图 4-27 为后续稳态启动情况,启动快速,反应稳定,结果表明该项目研制的高分散 Ir 催化剂具有室温脉冲点火能力。

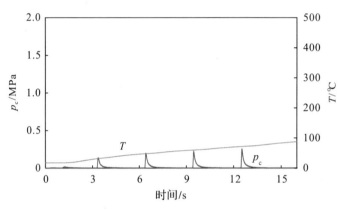

图 4-27　高分散催化剂室温脉冲启动

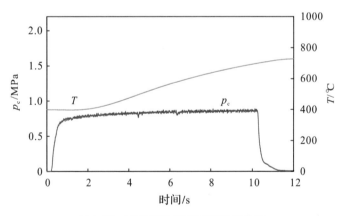

图 4-28　室温脉冲启动后续稳态启动

4.4　HAN 基发动机轻质耐高温材料技术

相比于肼类推进剂,HAN、ADN 等液体推进剂在提供更高比冲性能的同时,也会产生更高的燃烧温度。这就使得发动机燃烧温度过高成为亟待解决的关键技术问题之一。同时,HAN 燃烧的部分产物具有较强的氧化性,给燃烧室的材料也带来潜在危害。目前,单组元肼发动机普遍采用镍基高温合金作为催化床及喷管材料。镍基高温合金的耐温能力有限,长期工作的温度通常不超过 1100℃,极限为 1200℃。材料的耐温限制已成为 HAN 基推进剂的高性能不能得到充分发挥的瓶颈。

因此,寻找耐高温抗氧化的发动机材料就成为无法回避的关键技术问题。为了满足用户的需求,应该选择高性能、低成本、轻量化材料,并且这可以满足 HAN 基发动机低温下的重复点火、高温下的耐氧化性等苛刻要求。耐高温-抗氧化材料中性能较好的主要为贵金属材料和陶瓷材料。对于贵金属材料,针对 HAN 基发动机的结构尺寸,目前高温可用的金属材料如铂铑合金、铼铱合金等密度极大,并且贵金属材料的成本较高,大尺寸零件的制造费用惊人。耐高温-抗氧化的低成本轻量化 SiBCN 陶瓷材料则具有优异的组织稳定性、抗高温蠕变和抗氧化等性能,而且价格相对低廉,密度低,是未来高性能 HAN 基发动机比较理想的推力室材料。

SiBCN 非晶陶瓷材料在满足轻质耐高温抗氧化的前提下,在燃烧温度达到 1200℃以上后,其组织及力学性能、抗氧化性能和热物理性能的变化对发动机长时间连续稳定工作的影响需要详细研究。同时,喷管一体化设计加工涉及材料成型制备工艺技术,需要进行攻关。由于发动机喷注器采用金属材料,陶瓷材料与金属材料的连接也是需要攻克的关键技术。为了实现陶瓷材料催化床燃烧室喷管与上游喷注器之间的相互连接,通过突破 SiBCN 陶瓷材料与金属材料之间的焊接工艺。传统的焊接材料都无法实现金属和 SiBCN 陶瓷材料的连接,靠螺接进行连接的方式存在强度低、可靠性低等劣势,无法满足 HAN 基发动机长时间连续稳定工作的需要。因此需要开展两者焊接工艺的专项研究,通过 SiBCN 非晶陶瓷材料制备一体化发动机催化床及下游部件,为发动机长时间连续稳定工作提供必要的技术支持。

4.4.1　SiBCN 陶瓷材料设计

SiBCN 非晶块体陶瓷具有优越的高温抗氧化性能,氧化层最外层为高 N 含量的致密非晶二氧化硅,最内层较为疏松多孔。该氧化层结构有效阻碍了氧元素向材料内部进一步扩散,延缓了氧化进程,可满足 1700℃含氧条件的使用要求。

以溶胶凝胶法引入 ZrB_2 的复相陶瓷,可有效提高该系陶瓷材料的抗热震性能。氧乙炔火焰烧蚀 30s 后,ZrB_2/SiBCN 复相陶瓷的质量烧蚀率和线烧蚀率分别为 0.48mg/s 和 0.0041mm/s。与纯 SiBCN 块体陶瓷的质量烧蚀率(13.7mg/s)和线烧蚀率(0.0422mm/s)相比,复相陶瓷的耐烧蚀性能明显提高,质量烧蚀率和线烧蚀率提高了两个数量级。

在 SiBCN 陶瓷基体中引入纳米 ZrB_2,同样可以提高该体系陶瓷的抗热震和耐烧蚀性能。含纳米 ZrB_2 的复相陶瓷具有较低的热膨胀系数,同时还具有较高的热导率,可以有效缓解热应力集中。经氧乙炔焰烧蚀 30s 后,纯 SiBCN 陶瓷材料表面有贯穿裂纹形成,而含质量分数 20%纳米 ZrB_2 的复相陶瓷表面并未观察到明显的裂纹,这说明在该烧蚀条件下 ZrB_2/SiBCN 复相陶瓷抵抗急剧温度变化的能力较纯 SiBCN 陶瓷要高得多。引入纳米 ZrB_2 陶瓷材料经烧蚀后的烧蚀坑无论在面积还是深度方面均显著优于纯 SiBCN 陶瓷,这应归功于 ZrB_2 自身优异的耐烧蚀性,如图 4-29 和表 4-3 所示。

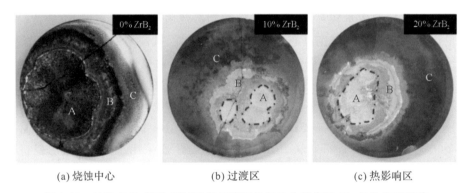

| (a) 烧蚀中心 | (b) 过渡区 | (c) 热影响区 |

图 4-29　纳米 ZrB_2 增强 SiBCN 复相陶瓷经氧乙炔焰烧蚀 30s 后的宏观形貌

表 4-3　纳米 ZrB_2 增强 SiBCN 复相陶瓷烧蚀性能(氧乙炔焰烧蚀 30s)

序号	烧蚀性能	0% ZrB_2	10% ZrB_2	20% ZrB_2
1	线烧蚀率/(mm·s^{-1})	0.047	0.0091	0.0071
2	质量烧蚀率/(mg·s^{-1})	20.80	1.91	2.10

氧乙炔焰烧蚀 10s 后,三种不同纤维含量的 C_f/(ZrB_2-ZrN)/SiBCN 复合材料均未发生宏观的灾难性断裂,烧蚀中心均未发现宏观裂纹,复合材料具有良好的

抗热震和耐烧蚀性能,如图 4-30 和表 4-4 所示。

(a) (ZrB₂-ZrN)/SiBCN (b) 10vol.%Cf (c) 20vol.%Cf

图 4-30 氧乙炔焰烧蚀前后 C_f/(ZrB₂-ZrN)/SiBCN 复合材料表面宏观形貌

表 4-4 纳米 ZrB₂ 增强 SiBCN 复相陶瓷烧蚀性能(氧乙炔焰烧蚀 30s)

序号	烧蚀性能	Cf 体积分数		
		0%	10%	20%
1	质量烧蚀率/(mg/s)	0.066	0.27	0.38
2	线烧蚀率/(mm/s)	0.003	0.002	0.004

我们针对 SiBCN 陶瓷材料体系的热压烧结致密化机理开展研究,通过实验可知,SiBCN 陶瓷坯体在热压烧结过程中的体积收缩大致可分为三个阶段,分别对应非晶粉体的不同烧结行为或烧结机理,如图 4-31 所示。

可以看出,当烧结温度低于 1450℃时,压头移动速度较快,陶瓷坯体发生较大的体积收缩,这应归功于粉体颗粒因外加载荷而产生的紧密堆积。此阶段由于烧结温度较低,陶瓷粉体颗粒之间各种可能的烧结机理都不能有效发挥作用,颗粒

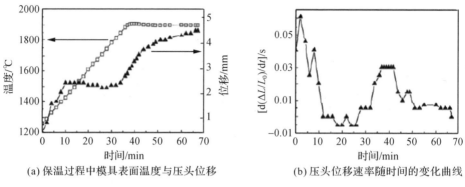

(a) 保温过程中模具表面温度与压头位移　　　(b) 压头位移速率随时间的变化曲线

图 4-31　1900℃/80MPa/30min 热压烧结制备 SiBCN 块体陶瓷的热压烧结曲线

之间的烧结几乎可以忽略不计。当烧结温度在 1450~1830℃时,压头的位移量变化很小,甚至有减小的趋势,这说明此时陶瓷坯体的体积收缩量很小,坯体因温度升高而引起的致密度增加非常有限。当烧结温度高于 1830℃时,压头的位移量快速增加,压头的移动速率也在短时间内迅速增大到极大值 $d(\Delta L/L_0)/dt \approx 0.03$,这种较高的移动速率在随后的几分钟内均没有明显下降。此时陶瓷坯体发生较大的体积收缩,原因是陶瓷颗粒的滑动和破碎引起孔隙填充,或者是陶瓷颗粒之间发生明显的烧结。在较高温度与较高轴向压强的共同作用下,陶瓷颗粒之间可能发生了多种烧结过程,原子的表面扩散与体积扩散,陶瓷颗粒的滑动重排和高温蠕变等多种机制可能共同发挥作用,陶瓷的致密度和力学性能也将显著提高。

在轴向加载 80MPa 压强作用下,只有当温度高于 1830℃时,SiBCN 非晶陶瓷粉体颗粒之间才能发生明显的烧结,从而促使陶瓷坯体发生显著的体积收缩,材料的致密度才得以显著提高。

采用热等静压(hot isostatic pressing,HIP)烧结制备的 SiBCN 块体陶瓷,其结晶度明显提高,晶相衍射峰变得尖锐且强度提高很多,其物相组成为 SiC 和 BN(C)相,如图 4-32 所示。与相同温度热压烧结制备的 SiBCN 块体陶瓷相比,HIP 烧结的块体陶瓷中 BN(C)相沿晶面有序度得到极大提高,这说明提高烧结压强有利于 BN(C)相的结晶析出。与 1900℃/80MPa/30min 热压烧结制备块体陶瓷相比,经热等静压烧结制备的块体陶瓷材料的致密度明显提高,致密度从 88.7%提高到 97.2%。

在 1800℃/40MPa 热压烧结条件下,近似球形的团聚体变形量很小,团聚体之间烧结迹象不明显(图 4-33)。1800℃/190MPa 热等静压烧结后,近似球形的陶瓷颗粒外形轮廓已经不复存在,烧结颈也消失。在高温高压条件下,原子扩散、陶瓷

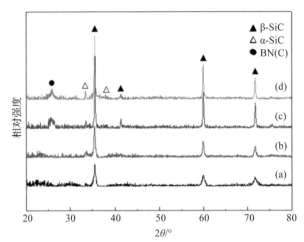

(a) HP1700℃/40MPa；(b)HP1800℃/40MPa；(c) HIP1700℃/190MPa；(d)HIP1800℃/190MPa

图 4-32 热等静压 HIP 和热压 HP 烧结制备 SiBCN 块体陶瓷材料 XRD[①] 图像

图 4-33 热等静压 HIP 和热压 HP 烧结制备 SiBCN 块体陶瓷 SEM[②] 断口形貌

①XRD：X 射线衍射(X-ray diffraction)。

②SEM：扫描电子显微镜(scanning electron microscope)。

颗粒滑动重排和蠕变等机制的共同作用引起了较大的变形,颗粒之间烧结充分,冶金连接部分显著增大,此时材料处于烧结的后期,基本实现了烧结致密化。

热等静压烧结制备 SiBCN 块体陶瓷体积密度和力学性能随着烧结温度的提高而增大(表 4-5)。烧结温度达到 1900℃时,SiBCN 块体陶瓷体积密度达到最高($2.80g/cm^3$),同时其抗弯强度、弹性模量、断裂韧性和维氏硬度均达到最大,分别为 471.5MPa、133.5GPa、5.13MPa·$m^{1/2}$ 和 11.0GPa。相对于热压烧结而言,热等静压烧结压强远远高于热压烧结,靠惰性气体传递压强且压强均匀,故材料密度大大提高,其力学性能的提高主要归结于块体陶瓷致密度的提高及材料内部缺陷的减少。

表 4-5　热压和热等静压烧结制备 SiBCN 块体陶瓷力学性能对比

序号	烧结工艺	相对密度/%	抗弯强度/MPa	弹性模量/GPa	断裂韧性/(MPa·$m^{1/2}$)	维氏硬度/GPa
1	HP1900℃	89.0	331.0±40.5	139.4±16.0	2.81±0.89	5.7±0.4
2	HIP1700℃	96.1	404.4±32.1	120.0±8.6	3.52±0.31	10.8±0.3
3	HIP1800℃	97.5	459.5±35.3	128.9±6.7	4.77±0.12	10.1±0.3
4	HIP1900℃	98.9	471.5±29.5	133.5±7.7	5.13±0.23	11.0±0.2

在已有基础上,针对 SiBCN 陶瓷韧性较低的问题,我们开展了一系列的韧化工艺研究。首先对于烧结助剂对 SiBCN 陶瓷材料致密度及力学性能的影响进行研究,发现在原有的 SiBCN 陶瓷粉末中添加少量烧结助剂后,陶瓷材料的致密度会进一步提高,同时,材料的抗弯强度和断裂韧性也获得了明显的提高(表 4-6)。

表 4-6　烧结助剂对 SiBCN 陶瓷材料致密度及力学性能的影响

试样	抗弯强度/MPa	弹性模量/GPa	断裂韧性/(MPa·$m^{1/2}$)	硬度/GPa
SiBCN	331.1±40.5	139.4	2.80±0.90	2.7±0.4
SiBCN+SM1	470.4±71.1	134.9	5.10±0.62	7.3±0.5
SiBCN+SM2	394.2±41.7	152.9	5.86±0.86	8.3±0.6

烧结助剂对 SiBCN 陶瓷高温力学性能也有明显的提升。在 1300℃空气中,添加 SM2 烧结助剂的 SiBCN 陶瓷的抗弯强度仍大于 300MPa,1500℃空气中的抗弯强度大于 200MPa。

在添加烧结助剂后,SiBCN 陶瓷的抗氧化性能仍非常优异。添加 SM2 烧结助剂的 SiBCN 陶瓷在 1100℃氧化 10h 和 20h 后的宏观形貌如图 4-34 所示。可见,表面基本没有发生明显的氧化起皮或气泡等现象。在 1300℃氧化 10h 后氧化层厚度小于 5μm,在 1500℃氧化 10h 后氧化层厚度小于 8μm。

图 4-34 添加 SM2 烧结助剂的 SiBCN 陶瓷在 1100℃氧化后的宏观形貌

为进一步提高 SiBCN 陶瓷材料在航天应用中的可靠性,我们对 SiC 短纤维增韧 SiBCN 陶瓷材料进行了研究,制备了 SiC 短纤维增韧的 SiBCN 陶瓷复合材料。相对于 SiBCN 陶瓷,SiC 短纤维的引入使得复合材料的力学性能略有提高(表 4-7)。

表 4-7 SiC 纤维表面涂覆 BN 后 SiCf/SiBCN 复合材料力学性能

编号	密度 /(g·cm^{-3})	抗弯强度 /MPa	弹性模量 /GPa	断裂韧性 /(MPa·m$^{1/2}$)
BN1860	2.62±0.01	149.4±13.3	2.50±0.56	92.9±3.6
BN1960	2.67±0.02	193.4±4.2	3.92±0.45	154.1±25.4
BN1980	2.70±0.03	208.0±5.7	3.32±0.26	114.3±10.2

采用 SiC 短纤维增韧的 SiBCN 陶瓷复合材料表现出了较优异的抗烧蚀性能。按照 GJB323A-96 的条件进行了烧蚀实验考核。烧蚀火焰温度为 2400℃,试样表面温度为 2100℃,材料的质量烧蚀率为 0.010g/s,线烧蚀率为 0.027mm/s。

4.4.2 基于 SiBCN 陶瓷材料的发动机喷管设计制造

针对 HAN 基 SiBCN 陶瓷催化床燃烧室喷管的一体化设计制造,通过高能球磨制备出非晶/纳米晶的 SiBCN 陶瓷粉体。对短切纤维预进行处理后,连同非晶 SiBCN 粉末按照一定的比例进行普通球磨混合均匀,得到短纤维增韧 SiBCN 复合粉体。通过热等烧结系统,制备出高致密短纤维增韧 SiBCN 复相陶瓷。后期进行抛光、切削处理,制备出适合组织结构和性能表征的试样。通过加工工装以及工艺优化,制备出典型的燃烧室样件。具体技术路线如图 4-35 所示。

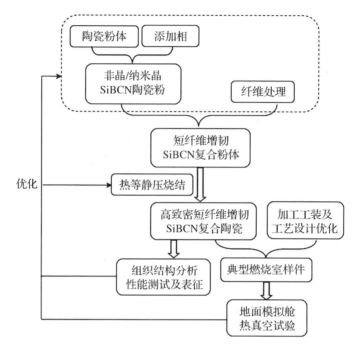

图 4-35　SiBCN 陶瓷催化床燃烧室喷管低成本轻量化设计技术路线

首先,我们对 SiBCN 陶瓷材料的材料体系进行优化设计。以高通量集成非晶高熵陶瓷材料设计计算体系代替长时耗费的经验研究模式,建立有效算法和材料设计数据库。结合高通量数值模拟结果,采用机械化学法,以硅粉、氮化硼粉、碳粉、锆粉或铪粉、氮化硅粉、碳化钛、碳化物等陶瓷粉末为原料,合成多种类、多功能 SiBCN 陶瓷粉体。其中,球磨时间为 20～40h;球料比为 20∶1;球磨速度为800～1200r/min。进而通过 HRTEM①、EELS②、XRD、XPS③、NMR④ 等技术手段,研究第二相的加入对 SiBCN 陶瓷粉末非晶化进程、化学键种类与相对数量、晶体析出种类与相对数量等的影响规律。

其次,实现高致密 SiBCN 陶瓷催化床燃烧室喷管一体化成型制备。采用热等静压烧结技术,制备不同成分、结构、性能匹配的高致密 SiBCN 陶瓷材料及构件,探讨烧结工艺对该系陶瓷材料致密化进程的影响规律,提出非晶致密化机理。致

①HRTEM:高分辨透射电子显微镜(high resolution transmission electron microscope)。
②EELS:电子能量损失谱(electron energy loss spectrum)。
③XPS:X 射线光电子能谱(X-ray photoelectron spectroscopy)。
④NMR:核磁共振(nuclear magnetic resonance)。

密化过程中升降温速率、保温时间、压力及气氛等是调控的关键参数。对热等静压烧结工艺参数进行控制。烧结温度为 1700～1900℃；烧结压力为 100MPa～200MPa；保温时间为 1～3h。最后对烧结后的复合材料进行密度测试，进一步验证成型后陶瓷催化床燃烧室喷管制备情况。

进而，通过 HRTEM、XRD、XPS 等技术手段研究材料成分和制备工艺对 SiBCN 陶瓷材料的组织及性能(包括力学性能、抗氧化性能、抗热震性能、抗烧蚀性能和热物理性能等)的影响规律。在此基础上，研究耦合条件下 SiBCN 陶瓷及复合材料的损伤行为及损伤机理研究。

最后，通过热真空点火实验，考察 SiBCN 陶瓷及复合材料催化床燃烧室喷管的变化情况，重点关注在点火结束拆解发动机后，催化床、燃烧室和喷管是否存在损伤行为，进一步分析原因并进行迭代改进，直至满足项目要求。

通过上述途径，最终实现 SiBCN 陶瓷发动机一体化制备，成功设计加工了基于 SiBCN 陶瓷材料的某型发动机的低成本轻质化样机，如图 4-36 所示。

图 4-36　基于 SiBCN 陶瓷发动机样机

4.5　研制案例

4.5.1　HAN 基发动机方案设计

为简化推进系统方案并降低推进系统重量，卫星推进系统一般采用落压式系统，箱压范围一般为 1.8MPa～0.5MPa。推进剂流量由式(4-1)计算：

$$q_m = \frac{F}{\eta I} \tag{4-1}$$

其中，q_m 为质量流量，kg/s；F 为真空推力，N；I 为理论比冲，N·s/kg；η 为推力器总效率，设计时按经验选取。

发动机一般由电磁阀、喷注器和推力室组成。电磁阀采用常闭直动式无摩擦结构，磁路采用吸入式结构，通过密封弹簧和复位弹簧的悬挂避免内部摩擦，如图 4-37 所示。

发动机喷注器采用毛细管式结构，喷注器采用传统的毛细管莲蓬式结构。为了防止局部床载过高,将毛细管按照两圈结构均匀分布。

使用多根毛细管与框形支架的隔热结构,采用 16 根毛细管,分别在两个圆周上均匀对称分布,内圆上布置 4 根毛细管,外圆上布置 12 根毛细管。喷注器毛细管的材料为 GH3030。

$$q_m = C_d A \sqrt{2\Delta P \cdot \rho} \qquad (4\text{-}2)$$

其中,q_m 为质量流量,kg/s;C_d 为流量系数;ΔP 为喷注压降,Pa;ρ 为 HAN 基推进剂的密度;kg/m³,A 为喷注孔总面积,m²。

在增加结构强度的基础上,对支撑架的开孔方式进行了设计布局,降低了热回浸对喷注器的影响。推力室采用高温合金材料。

发动机组件采用高活性催化分解的关键技术,前床采用细颗粒贵金属催化剂,该催化剂具有较好的机械强度和耐磨耗性能。后床采用粗颗粒非贵金属催化剂。细颗粒催化剂装填于催化床前床,粗颗粒催化剂装填于催化床后床。同时,在催化床后床下游增加一定长度和体积的燃烧室。发动机外形结构如图 4-38 所示。

图 4-37　电磁阀外形

图 4-38　发动机实物图

4.5.2　发动机点火热试准备

①发动机接口设计。HAN 基发动机与推进剂管路采用球头螺纹连接形式,接口为 M14×1.5-6g(60°内锥面密封),内锥面角度为 60°±15′,内锥面表面粗糙度要求 $R_a \leqslant 0.8$。推力器和电磁阀的接口采用铝垫片密封和 6 个 M4 螺钉连接结构。阀门驱动电压为 24～30V;电磁阀工作温度范围为 5～60℃。

②试车前准备。试车前后分别对测试、控制系统进行逐通道检测,保证测试控制系统准确可靠,并且所用测量器件都是在检定周期内的合格产品;实验前后分别对压力传感器进行参数标定,压力传感器、燃压测试通道、喷注压力测试通道

性能无明显变化,均满足热试车实验精度要求,燃压、喷注压力数据可靠。

4.5.3　地面点火热试车实验

(1)发动机可靠常温启动实验

HAN 基发动机需要外在预热才能实现启动,一般在催化床外设置加热装置。在无外在热源的情况下实现发动机的常温启动的关键就在于如何使 HAN 催化分解反应迅速启动。最直接的方式是通过不同的发动机点火程序来实现催化床预热,不断累积热量,达到发动机能够稳定启动的温度区间。

基于多年设计经验和多次地面模拟试车,我们采用表 4-8 所示的不同脉宽方案开展 HAN 基发动机可靠常温启动实验研究。该方案可有效缩短发动机建温和建压时间,同时可以保证发动机内催化剂受到的损伤最小。

表 4-8　试车程序

启动序号	箱压/MPa	时间/s	占空比	脉冲次数
1	2.4	0.05	2	10
2	2.4	0.05	2	10
3	2.4	0.05	2	10

可以看出,采用预脉冲点火的方式,发动机可以实现常温启动,发动机机身表面温度由 22℃增加到 283℃,增幅显著,这对完成 HAN 基发动机稳态工作、发挥催化剂性能起到了良好的作用。图 4-39 为首次室温启动 0.05s/2s×10 脉冲工况。

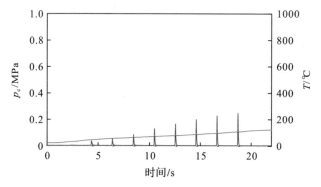

图 4-39　首次启动 0.05s/2s×10 脉冲工况

(室温启动,启动温度:22℃)

(2)发动机稳态点火实验

HAN 基发动机热试车首次启动为室温脉冲启动,测量并记录燃压、流量、温度数据。

如图 4-40 所示,HAN 基发动机在表 4-9 所示的试车程序下快速稳定启动,催化床外壁面温度达到 948℃左右,燃压粗糙度为 1.6%。计算结果满足发动机设计点要求,表明 HAN 基发动机设计较为合理。

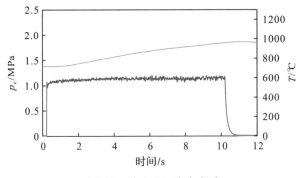

图 4-40　首次 10s 稳态启动

表 4-9　推力器稳态数据结果

启动序号	p_v(绝压)/MPa	工况	p_c(绝压)/MPa	I_s/s	R_8/%
4	2.60	10s	1.226	209.00	2.6
12	2.50	30s	1.134	201.07	3.3

由于外壁面传热存在一定的时间延迟,因此催化床外壁面热电偶温度测量值并不像燃烧压力表征那样迅速。在首次 10s 稳态启动过程中,催化床外壁面的温度一直在增加,随后缓慢降低。这可能是催化床多孔介质的蓄热特性所致。此外,推进剂催化分解和燃烧反应过程中能量的释放达到一定值后,由于外壁面的壁面散热和对流换热的影响,催化床温度有了一定的降低,但总体趋势较为平稳。

首次 10s 稳态以及在经历寿命 1500s 后发动机的稳态性能如表 4-9 所示。由表 4-9 和图 4-41 可以看出,HAN 基发动机在经历 1500s 长稳态考核后,发动机性能总体平稳;目前所采用的催化剂性能良好,并未失活;只是在经历寿命考核后,燃烧粗糙度有一定程度的增加。

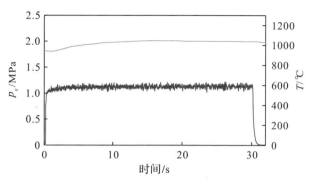

图 4-41　第 12 次启动 30s 稳态工况

(3)发动机脉冲点火实验

对发动机的脉冲工况进行了实验研究,包括 0.2s/1s、0.1s/1s、0.05s/1s 和 0.03s/1s 脉冲工况(脉冲工况平稳输出,如图 4-42 所示),并验证了在较短脉宽 30ms 条件下可以可靠点火。

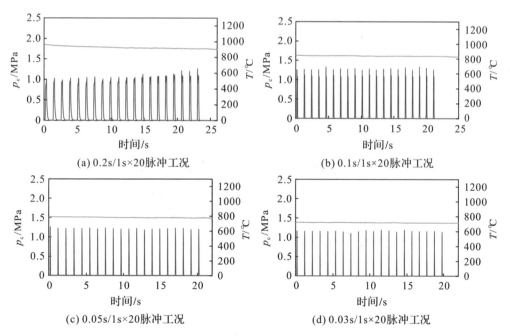

图 4-42　不同点火脉冲下,HAN 基发动机点火曲线

（4）发动机寿命点火实验

我们所设计的 HAN 无毒发动机，平稳完成了 1500s 长稳态工况（图 4-43），这证明发动机具备长稳态工作能力。试车过程中未出现异常情况，性能发挥稳定。

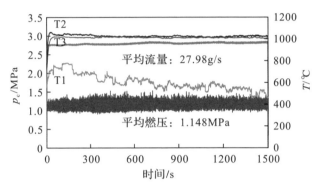

图 4-43　第 23 次启动 1500s 稳态工况

在准稳定状态下，HAN 基发动机推力室存在强烈的发光放热现象，如图 4-44 所示。寿命实验结果后，电磁阀、喷注器和推力室各部件外观及机械结构均无损坏，推力室内挡板、隔网均未见明显变形。试车前后，压力传感器测试通道性能无明显变化，均满足精度要求，喷注压力数据稳定可靠。

图 4-44　HAN 基发动机正在进行 1500s 长稳态工况

4.5.4　小　结

通过典型发动机案例的设计、实验、分析，可以得到以下几点结论：

①HAN 基发动机设计点得到了验证，较吻合；

②实现了 HAN 基发动机的常温启动，同时获得了 1500s 的长稳态点火数据；

③初始温启动后,可在 240℃条件下成功点火,并可在 400℃左右重复热启动;

④进行了 10s、30s、0.2s/1s、0.1s/1s、0.05s/1s 和 0.03s/1s 等多种工况的点火,均能成功点火;

⑤发动机累计启动次数为 23 次,脉冲启动次数为 11 次,总脉冲次数为 190 次,最长连续工作时间为 1500s,总工作时间为 1676.7s,试车过程中未出现异常情况。

参考文献

[1] Lee H，Thynell S，Lee H，et al. Confined rapid thermolysis/FTIR spectroscopy of hydroxylammonium nitrate[C]//33rd Joint Propulsion Conference and Exhibit，Seattle，WA，U. S. ，1997：3232.

[2] Vosen S R. Hydroxylammonium nitrate-based liquid propellant combustion-interpretation of strand burner data and the laminar burning velocity[J]. Combustion and Flame,1990,82(3-4)：376-388.

[3] Eloirdi R，Rossignol S，Kappenstein C，et al. Design and use of a batch reactor for catalytic decomposition of propellants[J]. Journal of Propulsion and Power,2003,19(2):213-219.

[4] Shaw B D，Williams F A. A model for the deflagration of aqueous solutions of hydroxylammonium nitrate[J]. Symposium (International) on Combustion,1992,24(1):1923-1930.

[5] Hisatsune K，Izumi J，Tsutaya H，et al. Development of HAN-based liquid propellant thruster [C]//2nd International Conference on Green Propellants for Space Propulsion，Caglisri，Italy,2004.

[6] Meinhardt D，Brewster G，Christofferson S，et al. Development and testing of new，HAN-based monopropellants in small rocket thrusters[C]//34th AIAA/ASME/SAE/ASEE Joint Propulsion Conference and Exhibit,Cleverland，OH，U. S. ,1998.

[7] Sackheim R，Masse R. Green propulsion advancement-challenging the maturity of monopropellant hydrazine[C]//AIAA/ASME/SAE/ASEE Joint Propulsion Conference，San Jose，CA，U. S. ,2013.

[8] Meinhardt D，Christofferson S，Wucherer E，et al. Performance and life testing of small HAN thrusters[C]//35th Joint Propulsion Conference and Exhibit，Los Angeles，CA，U. S. ，1999:2881.

[9] Azuma N，Hori K，Katsumi T，et al. Research and development on thrusters with HAN (hydroxyl ammonium nitrate) based monopropellant[C]//5th European Conference for Aeronautics and Space Sciences，Munich，Germany,2013:1-5.

[10] 鲍立荣,汪辉,陈永义,等.硝酸羟胺基绿色推进剂研究进展[J].含能材料,2020,28(12):1200-1210.

[11] Masse R，Overly J，Allen M，et al. A new state-of-the-art in AF-M315E thruster technologies

[C]//48th AIAA/ASME/SAE/ASEE Joint Propulsion Conference and Exhibit，Atlanta，GA，U.S.，2012：4335.

[12] Matsuo T，Furukawa K，Nakamura T，et al. Safety evaluation of HAN-based liquid propellant and its advantages applied to a spacecraft[C]//IAA 50th Anniversary Celebration Symposium in Nagoya-Climate Change/Green Systems，Nagoya，Japan，2010.

[13] Han H C，Liu J，Lin Q G，et al. Investigation on HAN engines for space propulsion[C]//5th International Space Propulsion Conference，Rome，Italy，2016.

[14] Hawkins T W，Brand A J，McKay M B，et al. Reduced toxicity， high performance monopropellant at the U.S. Air Force Research Laboratory[R]. Air Force Research Edwards AFB CA Propulsion Directorate，2010.

[15] Liu J，Liu C，Qiu X，et al. Towards satellite propulsion with HAN-based green monopropellants[C]//5th International Space Propulsion Conference，Rome，Italy，2016.

[16] Guo M L，Yao T L，Lin Q G. Experimental studies of the 150N HAN-based monopropellant attitude control thruster［C］//69th International Astronautical Congress， Bremen， Germany，2018.

[17] 於希乔. HAN 基单元发动机流动与传热性研究[D].上海：上海航天技术研究院，2018.

[18] Shchetkovskiy A，Mckechnie T. Development of metallic foam monolithic catalyst for green monopropellants propulsion[C]//Space Propulsion，Rome，Italy，2016.

[19] Reed B D. High-performance monopropellants and catalysts evaluated[R/OL]. (2004-05-01) [2022-05-01]. https://ntrs.nasa.gov/citations/20050192238.

[20] Amrousse R，Katsumi T，Azuma N，et al. Hydroxylammonium nitrate (HAN)-based green propellant as alternative energy resource for potential hydrazine substitution：From lab scale to pilot plant scale-up[J]. Combustion and Flame，2017，176：334-348.

[21] Li D，Jia D，Yang Z，et al. Principles， design， structure and properties of ceramics for microwave absorption or transmission at high-temperatures ［J］. International Materials Reviews，2021：1-32.

[22] 王梦，陈君，张涛，等.基于 SiBCN 陶瓷材料的无毒 ADN 基发动机点火实验研究[J].西北工业大学学报，2020，38(S1)：22-26.

[23] 李达鑫，杨治华，贾德昌，等.高压烧结致密非晶 SiBCN 块体陶瓷的组织结构演化与力学性能[J].自然杂志，2020，42(3)：157-169.

[24] 梁斌，杨治华，贾德昌，等.无机法制备 Si-B-C-N 系非晶/纳米晶新型陶瓷及复合材料研究进展[J].科学通报，2015，60(3)：236-245.

[25] 杨治华，贾德昌，周玉.新型长时间耐高温抗氧化 SiBCN 系亚稳结构陶瓷研究[C]//第十九届全国高技术陶瓷学术年会摘要集，北京，2016：93-94.

第 5 章 电–化学双模式离子液体推进技术

5.1 引 言

微纳星群的广域协同侦察、灵活空间攻防等应用任务,要求微纳卫星具备更加敏捷、精细的控制能力,特别是编队组网过程中精确的位置、姿态调控能力和长期轨道维持能力,进而对推进模块提出了重量、体积、功耗严格约束下的高集成、高精度等高效能动力输出需求。因此,亟须研究突破高效能微小型推进的模块化关键技术,为空间应用奠定技术和产品基础。

然而,随着卫星的重量下降,相应的推进系统重量也下降。在推进系统重量降低至公斤级时,由于传统工艺对产品布局设计、加工、焊接、安装等过程而言存在空间限制,其有效重量(推进剂量)占比从 85% 以上快速下降至低于 30%,推进系统能力不能满足业务卫星的应用需求。因此,之前发射的很多 50kg 以下的微纳卫星很少携带推进系统,推进系统的能力已经严重制约我国及国际卫星产业的发展。

微纳卫星重量范围覆盖 1kg 至 100kg 级,平台能够提供的功率也覆盖几瓦至百瓦级,平台的能力有很大跨度,且微纳卫星的任务设计多种多样……这些多样化特征对推进系统提出了多种多样的要求。归结起来,微纳卫星对其推进系统的要求主要体现在总冲量和推力(冲量)的大小与精度两方面。

①总冲量。对于推进系统,我们总是希望在尺寸、重量、功耗的约束条件下能够提供尽可能高的总冲量。一定体积和重量的推进系统,其总冲量与推进剂的比冲和推进剂的携带量直接相关。对于微纳卫星,随着整个系统尺度的缩小,支持其工作必需的部组件重量占比越来越大,推进剂占比也随之快速下降。因此在

总重量受限的情况下,降低干重占比,增加推进剂重量即有效利用质量,以提高模块的总冲量,成为微纳卫星推进系统突出的需求。其中比冲和推进剂携带量必须平衡考虑,例如电推进系统的比冲一般高于化学或冷气推进系统,但电推进系统中必须包括电源模块、发动机等的质量;冷气推进系统尽管比冲较低,但由于其结构简单,且在一定的质量约束下携带了更多推进剂,因此有可能提供更大的总冲量。

②推力(冲量)的大小和精度。对于特定的任务,需要有合适的推力量级。一方面,微纳卫星本身重量较小,需要的姿轨控推力也相应减小;另一方面,大量的微纳卫星组网、编队工作,使得保持高精度的编队和网络构型成为其突出的需求。因此,微纳卫星推进模块常常需要产生较小的脉冲冲量和较高的冲量精度,从而提高卫星编队的精度。但由于微纳卫星多种多样,其对推进系统的要求也是多样的,例如对于高精度的卫星编队任务,需要的推力等级可能低至 1mN 甚至微牛(μN)级,对于入轨误差消除和初始相位分布,则通常希望推力在数十毫牛量级,而针对紧急任务的快速机动,则可能需要更大的推力。因此微纳卫星对推力量级调节范围的需求,往往比常规卫星的要求更高。

此外,与传统的宇航任务相比,微纳卫星具有高度集成化、批量化、低成本、组网编队应用等一系列典型的特征,这对推进系统提出了独特的需求。

①高度集成化、模块化。发展即插即用的模块化推进技术是微纳卫星重要的发展趋势。模块集成控制驱动电路以及推进系统的所有部件,形成一个独立的微系统,实现与整星的快速连接,降低耦合性,可以为快速组装提供保障。同时,采用模块化设计,实现部件的高度集成,可以降低整个微推进系统的重量与体积。

②无毒、安全、可货架式管理。微纳卫星或部件批量化生产,可大大降低成本,因此要求推进剂具有环境友好、可货架式管理的特点,并且具有较高的储存安全性。

基于离子液体推进剂的电-化学双模式空间推进技术可以采用一种推进剂,同时可实现大推力的化学推进工作模式和高比冲的电推进工作模式,这显著提升了推进系统对微小卫星及星座多样性在轨任务的适应性。作为一种颇具技术潜力的新型空间推进技术,电-化学双模式离子液体推进技术的发展历史并不久远,目前世界各国均处于研究阶段,本章内容主要介绍其技术内涵和研究进展。

5.2　工作原理及技术实现方法

5.2.1　电−化学双模式推进技术任务总体规划

为了兼顾总冲量和快速机动的要求,同时尽量减少系统的复杂度,美国密苏里科技大学和美国空军研究实验室(AFRL)于 2010 年联合提出基于硝酸羟胺(HAN)和离子液体(如[Bmim][NO$_3$]、[Bmim][dca]、[Emim][EtSO$_4$]等)的混合物作为推进剂的双模式无毒推进技术,原理如图 5-1 所示。

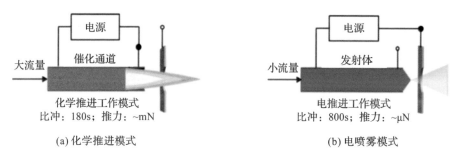

(a) 化学推进模式　　　　　　　　　　　　(b) 电喷雾模式

图 5-1　双模式离子液体推进系统

该系统使用一个既可以在化学模式下工作又可以在电喷雾模式下工作的微小空间发动机,共用同一种推进剂(HAN/[Emim][EtSO$_4$]双模式离子液体推进剂)。在化学模式下,推进剂催化燃烧,通过喷管喷出。在电喷雾模式下,经外加电场作用,推进剂被抽出并加速喷出。

双模式推进系统兼具化学推进系统和电推进系统的优点。在化学模式下,该系统可以提供较大的推力,一般可达到牛(N)级,适合于快速的轨道机动;在电推进模式下,该系统可以达到较大比冲(约 2000s),最大化推进剂的利用率,节省推进剂,但是其能达到的推力水平较低,一般仅为毫牛(mN)级,甚至是微牛(μN)级,适合长期的轨道保持。双模式推进系统可以弥补两个系统各自的短板,同时胜任两个系统的工作效能[1]。

双模式推进系统的核心理念就是化学推进模式和电推进模式使用同一种通用推进剂。其最直接的优势就是可以显著提高任务设计空间[2](图 5-2),与单一的或简单组合的化学推进系统和电推进系统相比,使用通用推进剂的双模式推进系统拥有更大的任务设计空间,其既可以在短时间内快速获得可观的速度增量,又可以在仅牺牲小部分速度增量的情况下持续工作很长时间。基于无水肼推进剂的电弧发动机与单组元发动机也可以基于一种推进剂实现类似功能,但电弧发动机结构复杂,尺寸较大,且需要与设计同样复杂的专用电源配合使用,仅适用于高轨大型卫星,与微纳卫星的使用需求并不匹配。

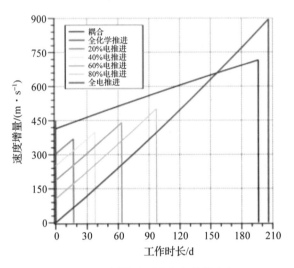

图 5-2   不同模式下的任务设计空间

使用通用推进剂可以根据需求在轨调整机动规划。与在地面事先加注了固定比例的化学和电推进剂的传统推进系统不同的是,传统推进系统在不同模式下可获得的最大速度增量是固定的,使用通用推进剂的系统可以不受限于预先设定的任务规划,实现更灵活的机动而不造成推进剂的浪费。应用双模式推进系统的航天器可以自由规划推进系统的工作模式,节省可观的推进剂[3]。

双模式推进系统使用的推进剂为含能离子液体燃料与氧化剂的混合物,即不需要额外携带氧化剂,而使用通用推进剂也意味着可以使用同一套推进剂贮箱、供给系统、管路以及阀门。如图 5-3 所示,喷管扩张段张角不同、推力级别不同的推进系统均可以通过共用喷管和集成化技术,减轻推进系统的质量(在推力水平较低时,减轻质量的效果较好[4]),降低系统复杂度,提高系统可靠性,不需要为其他推进剂考虑兼容性问题,不需要额外地设计贮箱及其他组件,因而可以缩短研制周期并降低研制成本[5]。

基于离子液体推进剂的电推进工作模式可以选择电喷雾的方法来实现。电

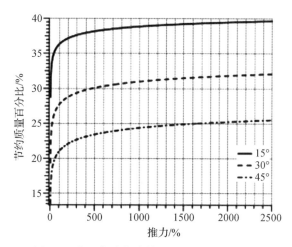

图 5-3　共用集成化喷管节省的推进系统质量

喷雾系统的发射器为毛细管,体积很小,可以实现更高的推力密度[6],通过简单地增减发射器的数量可以改变推力水平,同时保持与整星的接口不变[7]。

　　基于离子液体推进剂的化学推进工作模式可以选择催化点火的方法来实现,同时等离子体助燃等燃烧组织方式也具有一定的技术潜力。化学工作模式下的离子液体推进剂催化燃烧特性研究和催化组织方式优化是双模式离子液体推进系统的关键技术之一。作为航天器重要基础支撑技术,双模式空间推进技术的突破将对我国军用和民用航天器的发展起到重大促进作用。

5.2.2　电离喷雾推进技术

　　电-化学双模式离子液体推进系统的电推进工作模式以电喷雾的形式产生高速羽流,产生推力。该系统的推进剂以离子液体为主要成分,具有易电离、蒸发压极低、常温下保持液体的特性。在外加电场的拉伸作用下,推进剂破碎成带电微小液滴或纯离子,而后加速喷出。

　　在发射极和提取极之间施加高电压时,两者之间形成强电场,液体推进剂在此模型中主要受表面张力和电场力作用(微尺度下液体重力、动压、黏性力可忽略)。液体在电场力和表面张力的共同作用下形成泰勒锥(图 5-4)。由液体表面受力平衡可得法向电场强度为

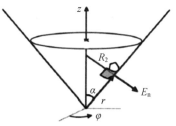

图 5-4　泰勒锥几何形貌

$$E_n = \sqrt{\frac{2\gamma\cot\alpha}{\varepsilon_0 r}}$$

当 r 趋近于 0 即趋近泰勒锥顶点时,局部液体驻留时间 t_{res} 与电荷弛豫时间 t_{rel} 相当。定义该特征尺度为电荷弛豫尺寸 r^*,此时锥面受力平衡被打破,变形成一股细长的射流,在射流的下游区,强电场使射流破碎成带电液滴,在电场作用下加速喷出,此模式为带电液滴模式,如图 5-5(a)所示。

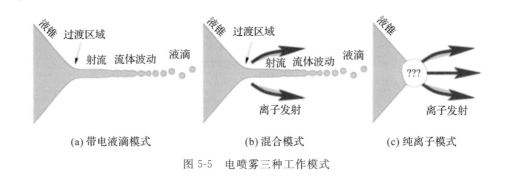

| (a) 带电液滴模式 | (b) 混合模式 | (c) 纯离子模式 |

图 5-5 电喷雾三种工作模式

在流量一定的情况下,根据流体质量的连续性,泰勒锥底部的流速低,电流主要表现为传导电流;而在射流中,流体流速急剧增加,表面电荷的对流电流占据主导。根据电流的定义,对流电流可以表示为

$$I_s = (2\pi r\sin\alpha)\sigma u_s$$

其中,σ 为表面电荷密度,u_s 为流速,$\sigma = \varepsilon_0 E_n$,

$$u_s = \frac{Q}{2\pi r^2(1-\cos\alpha)}$$

当接近锥射流过渡区时,$r \to r^*$,对流电流占主要部分,总电流约等于对流电流,结合对流电流公式可以得到胶体模式下电流为

$$I = f(\varepsilon)\sqrt{\frac{\gamma KQ}{\varepsilon}}$$

进而可以得到胶体模式下的理论荷质比:

$$\frac{q}{m} = \frac{I}{\rho Q} = \frac{f(\varepsilon)}{\rho}\sqrt{\frac{\gamma K}{\varepsilon Q}}$$

一般认为,离子液体电喷雾发动机中离子发射模式的理论模型为场蒸发模型(1976 年由 Iribarne 和 Thomson 提出),该理论认为离子蒸发电流密度可以表示为

$$j(E) = \frac{\sigma k T}{n} \exp\left(-\frac{\Delta G - \sqrt{\dfrac{q^3 E}{4\pi\varepsilon_0}}}{kT}\right)$$

对于大多数溶液,势垒 ΔG 通常为 $1 \sim 2 \mathrm{eV}$,可以计算得出离子发射的电场阈值为

$$E > \frac{4\pi\varepsilon_0 \Delta G^2}{q^3} \approx 1 \sim 2\,\mathrm{V/nm}$$

E 在泰勒锥顶部达到最大,可以表示为

$$E_{\max} = \frac{\gamma^{1/2} K^{1/6}}{\varepsilon_0^{2/3} Q^{1/6}}$$

可以看出,最大电场强度与溶液的电导率、表面张力及流量有关,若电导率足够大而流量足够小,电场强度可能满足离子发射的条件,从而产生离子发射。以常用的离子液体 EMIBF$_4$ 为例,$\rho = 1294 \mathrm{kg/m^3}$,$K = 1.3\mathrm{S/m}$,$\gamma = 0.052\mathrm{N/m}$,代入数据后,可以计算出,当流量小于 $3 \times 10^{-14}\,\mathrm{m^3/s}$ 时,满足离子发射的条件。假设离子发射区域为泰勒锥顶端的圆形半球,可以得到离子发射的电流为

$$I = 2\pi r^{*2} j$$

离子加速特性是电喷雾发动机推力、比冲性能的决定性物理过程。首先从电动力学和电磁学出发讨论离子/离子微团加速机制,以及加速离子的空间电荷效应。在此基础上,采用胞中粒子法(particle-in-cell, PIC)模拟离子运动过程及其对加速电场的影响,并统计单个发射极加速离子流场信息,获取比冲和推力的理论值。

5.2.3　离子液体化学推进技术

常用离子液体多为有机大分子,具有较为稳定的化学性质。为了使其能够以催化燃烧的化学推进模式工作,需要在纯离子液体中添加含能成分。目前,ADN、HAN 等成分与常见离子液体具有很好的相容性,混合后可保持导电、不易挥发、绿色无毒等特性,而且如前文所述,这两种绿色含能成分在空间推进中均有很好的应用。

与 ADN 基/HAN 基液体推进剂的配方相似,双模式离子液体推进剂也是由氧化剂、燃料和稳定剂按一定比例调配而成的。常见离子液体为有机物,可作为催化燃烧反应中的燃料组分,而氧化剂则采用 ADN 或 HAN 这样的无毒成分。

1-乙基-3-甲基咪唑硫酸乙酯（［Emim］［EtSO₄］）是一种有机盐，化学式为 $C_8H_{16}N_2O_4S$，密度为 1.25g/cm³，主要由硫酸乙酯阴离子和咪唑基阳离子构成，其中咪唑基的碳氮杂环具有较高的焓值，其结构式如图 5-6 所示。它是一种大质量、高含能、易电离的离子液体，在双模式离子液体推进技术中有良好的应用前景。目前研究者们对它的物理化学特性开展了较多研究，包括［Emim］［EtSO₄］

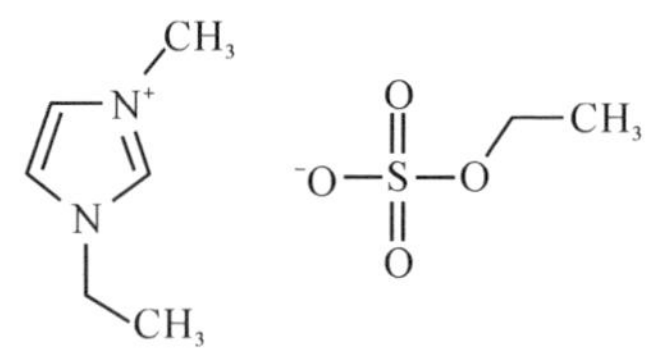

图 5-6　［Emim］［EtSO₄］结构式

离子液体在合成过程中的流动特性、二元混合物的热力学特性、乙醇与［Emim］［EtSO₄］二元混合物的密度及比热等特性等。

陈巧丽[8]和周颖[9]研究了［Emim］［EtSO₄］及其醇溶液的物性参数以及在微管道流动中的流动特性，研究了溶液浓度、管径、粗糙度、电黏性等因素对［Emim］［EtSO₄］在微管中流动特性的影响。该离子液体水溶液在微管中流动时摩擦系数（f）、泊肃叶数（$f \cdot Re$）与雷诺数（Re）之间的关系如图 5-7 所示。

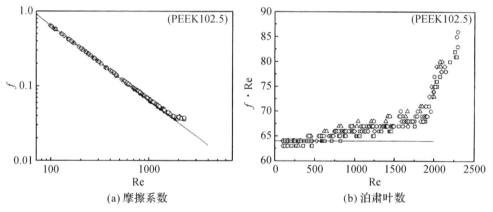

(a) 摩擦系数　　(b) 泊肃叶数

图 5-7　［Emim］［EtSO₄］水溶液在微管中流动时摩擦系数、泊肃叶数与雷诺数之间的关系

Saroj 等[10]利用热重分析法研究了不同比例聚合物电解质与［Emim］［EtSO₄］二元混合物在均匀缓慢受热情况下的质量损失特性（图 5-8），可见离子液体存在分步分解的趋势，其中咪唑硫酸乙酯阴离子的分解温度区间为 220～250℃，而在混合物中加入离子液体使得其中聚合物/盐配合物组分的分解温度降低，且随着离子液体质量分数的增加而幅度增大。

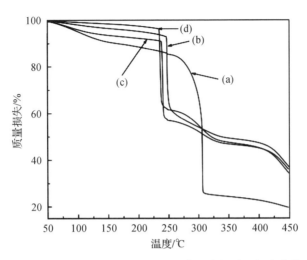

图 5-8　不同比例的聚合物/离子液体混合物质量损失曲线

Wheeler 等[11]利用红外光谱法研究了［Emim］［EtSO$_4$］在 25～100℃ 范围内的热稳定性（图 5-9）。在 75～100℃ 区间内，样品对波数为 1225cm^{-1}、1246cm^{-1}的红外吸收强度快速降低，这表明［Emim］［EtSO$_4$］中含硫基团发生分子结构改变。

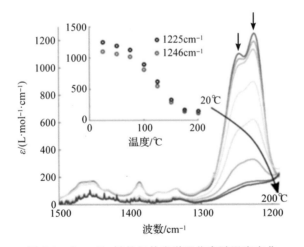

图 5-9　S$_{20}$—O$_{23}$ 键的红外光谱吸收率随温度变化

双模式离子液体推进系统正是基于离子液体本身高含能且易电离的特点，得以实现化学推进系统和电推进系统的统一。双模式离子液体推进系统这一概念在 2010 年才被提出，目前可查阅到的国外文献主要集中于美国密苏里科技大学的 Rovey 团队开展的系统性研究。其论证了离子液体双模式推进系统的可行性和优越性[1-2,12]，并针对相关工程应用开展了一些探索性工作。

Berg 等[2] 比较了如表 5-1 所示六种推进系统的运载能力，分析结果如图 5-10 所示。在使用同一种推进剂的三个系统即 ColdGas–Ion（CI）系统、ColdGas–PPT（CP）系统和 Monopropellant–Electrospray（ME）系统中，ME 系统的负载能力在任何电推进工作量比例下都保持在较高水平，具有良好的应用前景。

表 5-1　六种推进系统组成方案

工作模式	系统设计	类别	推进剂	比冲/s	推力/mN	效率/%
化学推进工作模式	CP	冷气	丁烷	60	100	
	CE	冷气	丁烷	60	100	
	CI	冷气	氙气	30	100	
	MP	单组元推进剂	AF-M315E	230	500	
	ME	单组元推进剂	HAN/[Emim][EtSO$_4$]	226	500	
	MI	单组元推进剂	AF-M315E	230	500	
电推进工作模式	CP	脉冲等离子体	丁烷	3000	0.05	6.7
	CE	电喷雾	[Emim][Im]	800	0.7	30
	CI	离子	氙气	2000	0.6	45
	MP	脉冲等离子体	特氟隆	600	0.14	20
	ME	电喷雾	HAN，[Emim][EtSO$_4$]	780	0.6	25
	MI	离子	氙气	2000	0.6	45

Berg[1] 比较了几种咪唑基离子液体/HAN 基推进剂的化学模式特性和电喷雾模式特性。由图 5-11 和图 5-12 可以看出，HAN/[Emim][EtSO$_4$]推进剂的密度比冲最大，而且在同样工作需求下所需的电喷雾发射器数量最少。因此，HAN/[Emim][EtSO$_4$]是一种较理想的组合。

HAN/[Emim][EtSO$_4$]推进剂燃烧温度较高，因此对发动机燃烧室材料的要求较高。Mundahl 等[13] 设计了一种新型[Cho][NO$_3$]/甘油推进剂，理论预测其燃烧温度比 HAN/[Emim][EtSO$_4$]低（前者为 1300K，后者为 1900K），且比冲更高（前者为 280s，后者为 250s）。

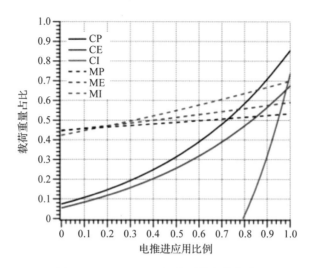

图 5-10　$\Delta V = 500\text{m/s}$，各系统负载能力

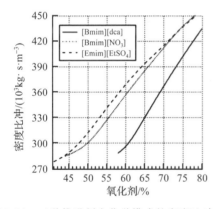

图 5-11　三种推进剂在化学模式的密度比冲

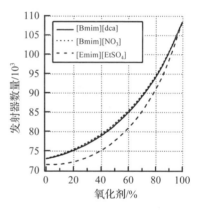

图 5-12　三种推进剂产生 5mN 推力所需的电喷雾发射器数量

Berg 等[14-15]还对 HAN/[Emim][EtSO$_4$]推进剂在热或催化剂表面的分解特性开展了研究，使用压力传感器或热电偶测量推进剂分解过程的压力和温度变化，得到了不同工况下的实验结果，如图 5-13 至图 5-15 所示。从实验结果可知，当其他条件相同时，温度越高，推进剂分解的延迟时间越短，分解速率越快；当工况相同时，铂的催化效果最好，可显著缩短点火延迟时间，提高分解速率，铼、铱、钛的效果次之，均优于无催化的热分解模式。

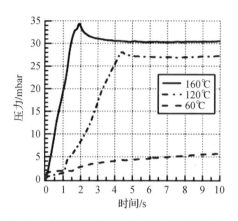

图 5-13 不同温度下，HAN/[Emim][EtSO₄]推进剂在铼表面催化分解过程

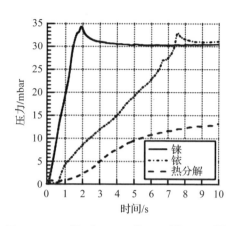

图 5-14 160℃下，HAN/[Emim][EtSO₄]推进剂在不同催化剂表面催化分解过程

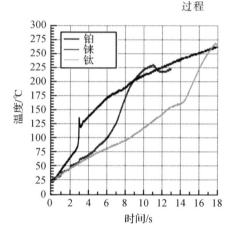

图 5-15 HAN/[Emim][EtSO₄]在不同催化剂表面的催化分解过程

Berg 等[16]发现，在 HAN/[Emim][EtSO₄]推进剂中加入纳米 Fe_3O_4 颗粒可以降低推进剂分解起始温度，缩短点火延迟，但随着 Fe_3O_4 含量增加，这种提高效果有限（图 5-16）。

Mundahl 等[17]和 Rasmont 等[18]测定了 HAN/[Emim][EtSO₄]离子液体推进剂的线燃速，发现它的线燃速与压强密切相关，在较低压力（0.5MPa～3MPa）下，随着压力的增高，线燃速几乎呈线性增长；在较高压力（3MPa～10MPa）下，增长幅度则小于低压阶段。

Donius 等[5]研究了 HAN/[Emim][EtSO₄]离子液体推进剂的电喷雾推进特

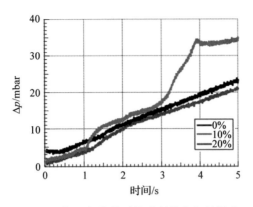

图 5-16　加入氧化铁对推进剂热分解的影响

性。其在实验中选用毛细管作为发射器,采用交替电极栅抽取并加速阴阳离子。结果表明,电喷雾系统需要大量的发射器,发射器的数量受多种因素影响。通常来说,在恒定发射电流的工况下,降低离子率、发射功率或者提高比冲,都可以使发射器需求数目降低;而提高发射电流,可以显著降低发射器需求数,但是受技术水平限制,难以达到 1mA 的发射电流水平。

Berg 等[19]针对 HAN/[Emim][EtSO₄]在 $100\mu m$ 毛细管中的电喷雾模式开展了一系列研究,通过角度解算方法获得了电流和质量流量数据,发现峰值全部出现在 $0°$ 位置或附近。流率增加,使得电流密度曲线峰值降低,角度范围变宽,总电流增强。在电喷雾模式下,推进剂质量集中于液滴,主要分布于中心线附近,离子的质量很小,因此发射电流的角度分布范围大于质量流的角度范围。

Berg 等还得到了电喷雾模式的性能数据。通过交替电极的方法,喷嘴可以交替喷出阴离子与阳离子。这种方法可以充分利用推进剂,而且不需要额外的中和器,提高了电喷雾模式的平均推力。随着流率的升高,推进剂并不完全以离子模式被喷出,而是有越来越多推进剂以液滴的形式喷出。这些液滴无法充分地被电场加速,比冲因此下降,但仍优于化学模式的比冲。

国内针对 HAN/[Emim][EtSO₄]离子液体推进剂的研究较少。中国科学院大连化学物理研究所的王文涛等[20]制备了一系列咪唑基离子液体,由实验测得[Emim][EtSO₄]室温下的密度为 1.235g/mL,黏度达到 100mPa·s,热分解温度为 278℃,与 HAN 相容性良好。通过点滴实验评价了 HAN/[Emim][EtSO₄]推进剂的点火性能,并通过化学反应平衡软件考察了 HAN 含量对推进剂含能特性的影响。在此基础上,北京控制工程研究所与清华大学对 HAN/[Emim][EtSO₄]离子液体推进剂催化燃烧及电喷雾条件下的机理及特性进行了研究。

5.2.4 双模式离子液体推进剂的研制

在离子液体推进剂制备初期,我们制备了多种功能化离子液体,分别和HAN、ADN复合形成离子液体推进剂,用于筛选合适的成分组合。

在 HAN 基的样品制备过程中,我们发现,[Emim][NO$_3$]、[Emim][BF$_4$]和1-(2-硝酰氧乙基)-3-甲基咪唑硝酸盐体系均出现固体沉淀物,原因可能是 HAN固体溶解度小,无法形成稳定均匀的推进剂体系。我们还发现,[Emim][Tf$_2$N]和[Emim][N(CN)$_2$]体系放置几天后逐渐变黄,且有气泡缓慢放出,原因可能是[Emim][Tf$_2$N]和[Emim][N(CN)$_2$]与 HAN 相容性较差,导致 HAN 缓慢分解。[Emim][EtSO$_4$]与 HAN 可以形成无色均匀透明体系,室温放置一个月,未有沉淀或颜色变化,这说明[Emim][EtSO$_4$]与 HAN 相容性良好。在 ADN 基的样品中,由于 ADN 在离子液体中的溶解度极其有限,室温条件下,上述离子液体混合物均有大量 ADN 颗粒物未溶解,无法形成均匀体系。

离子液体推进剂比冲和燃烧室温度等参数由 NASA-CEA 软件计算获得。该软件可以在给定热力学条件下,对膨胀过程中平衡流和冻结流的理论能量特性进行计算。本节计算初始假设条件如下:燃烧室压力设定为 1.5MPa,喷管的膨胀比为50:1。

HAN 质量分数与燃烧室温度及真空比冲的关系如图 5-17 所示。优化 HAN和离子液体[Emim][EtSO$_4$]配比,可以发现,随着 HAN 氧化剂质量分数增加,真空比冲和燃烧室温度逐渐上升,当 HAN 质量分数为80%时,真空比冲达到最大值280s,燃烧室温度为2665K。当进一步增加 HAN 氧化剂质量分数时,真空比冲

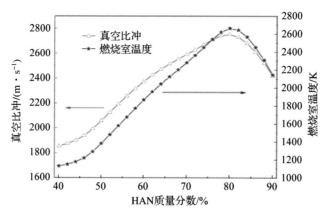

图 5-17　HAN 质量分数与燃烧室温度及真空比冲的关系

和燃烧室温度反而降低,这主要是氢气等小分子气体生成急剧减少,大量水及过量氧气生成所致。然而,实际操作过程受 HAN 溶解度限制,具体的可实用配方还需综合考虑。但分析可知,在 HAN 质量分数 40%～80% 范围内,HAN 质量分数和真空比冲及燃烧室温度是线性关系。

由燃烧产物分布计算结果(图 5-18)可以发现,随着氧化剂 HAN 质量分数增加,推进剂体系积碳量逐渐降低,当 HAN 质量分数在 60% 以上时,几乎观察不到积碳生成,而对比冲性能贡献最大的氢气,其生成量随 HAN 质量分数先逐渐增加,达到一个最大值后,逐渐减少。因此,综合分析可知,HAN 质量分数在 40%～60% 范围内比较适合。为便于研究对比,初步确定离子液体推进剂配方为 HAN 质量分数 60%,离子液体质量分数 40%,以此为基础,制备双模式离子液体推进剂样品。

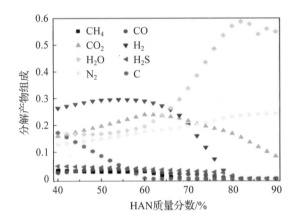

图 5-18　HAN 质量分数与分解产物组分关系

5.2.5　推进剂液滴催化燃烧

我们将从高处自由落体的液体推进剂样品滴向烧杯中的催化剂或氧化剂,同时用高速摄像机记录推进剂接触-分解-点火-燃烧过程。液体推进剂的点火延迟时间应尽可能短,避免推进剂积存在燃烧室内从而在启动时产生过高的压力峰或激发剧烈震荡燃烧,最终导致发生爆炸现象。需要注意,由于离子液体推进剂热稳定性好,HAN 氧化剂催化分解困难,催化剂需要预热到 300℃。离子液体推进剂的点滴测试结果如图 5-19 所示。从离子液体推进剂的液滴接触到预热的催化剂表面时开始记录,此时发生飞溅及剧烈的催化分解反应并产生易燃性小分子气体,释放大量热,局部温度升高,当温度达到燃点时,气体就会被点燃。由图 5-19

可以看出,当 $t=0$ms 时,离子液体推进剂和催化剂表面刚刚接触;当 $t=30$ms 时,由于催化分解作用,离子液体推进剂出现大量蒸气;当 $t=61$ms 时,离子液体推进剂开始有小火星冒出;当 $t=72$ms 时,火焰明亮,呈现橙红色,燃烧稳定充分。从整个点火过程来看,离子液体推进剂的点火时间较短(61ms),燃烧时间较长,能量较高,是一种具有应用前景的多任务模式离子液体推进剂。

图 5-19　离子液体推进剂点火延迟情况

5.3　离子液体推进剂催化燃烧分析

5.3.1　实验工况

在热重实验中,我们根据预实验采用氧化铝坩埚进行实验,保护气体为 20mL/min 氮气。在 20mL/min 氮气吹扫下,加热温度范围为 30～500℃,升温速率分别为 5K/min、10K/min 和 15K/min。针对每一种升温速率,设置空白对照组,并采集空白对照组的质量变化数据。每次实验推进剂质量约为 4.5mg。定义样本中推进剂质量分数 ω 为

$$\omega=\frac{M_\mathrm{p}}{M_\mathrm{p}+M_\mathrm{c}}$$

其中,M_p 为推进剂质量,M_c 为催化剂质量。实验控制的变量包括升温速率和推进剂质量分数 ω。

对于热重实验,需要控制实验过程的样品质量与升温速率。样品质量需要控制在较小范围内,以免样品在加热过程中发生迸溅,而且少量样品更易达到热平衡状态,有利于降低实验系统误差。升温速率过高,会加大样品爆燃风险,且容易出现样品升温滞后的现象;升温速率过低,则可能使某些物理或化学过程速率降

低,使失重台阶钝化,从而影响分析时的准确性。

各次实验的样本参数如表 5-2 所示,实验各工况均固定推进剂质量约为 4.5mg。其中工况 1~3 研究不同升温速率下双模式离子液体推进剂的热分解燃烧过程;工况 4~6 研究不同升温速率下双模式离子液体推进剂的催化分解燃烧过程,推进剂质量分数 ω 约为 55%;工况 7~10 研究不同催化剂质量分数下双模式离子液体推进剂的催化分解燃烧过程,通过催化剂质量来控制 ω,并且保持升温速率为 15K/min。

表 5-2　不同实验组的实验参数

工况	升温速率/(K·min^{-1})	催化剂	ω/%	工况	升温速率/(K·min^{-1})	催化剂	ω/%
1	5	无	100.00	6	15	有	54.57
2	10	无	100.00	7	15	有	31.96
3	15	无	100.00	8	15	有	45.97
4	5	有	54.68	9	15	有	62.63
5	10	有	55.08	10	15	有	89.98

实验采用联用的方式,利用热重分析仪和傅里叶变换红外光谱仪(FTIR)对 HAN/[Emim][EtSO$_4$]双模式离子液体推进剂的热分解和催化分解过程进行研究。热重实验产生的反应产物在氮气吹扫下进入 FTIR,传输管路与气体样品池恒定温度为 150℃。启动 FTIR 前,向其中注入足量液氮并静置 30min,使测试仪器充分冷却以降低噪声。在实验开始前采集 FTIR 中背景信息,以去除背景气体干扰。由于气体传输需要一定时间,FTIR 采集时间略长于热重实验持续时间。

5.3.2　双模式离子液体推进剂的热重实验研究

实验采用的 STA449F3 型热重分析仪(Netzsch Co.)是一种利用热重法检测物质质量随温度变化关系的仪器,包括温度控制系统、质量测量系统、热量测量系统三个主要系统。它拥有两个试样皿:一个为样品试样皿,添加待测试样;另一个为参比试样皿,为空。试样皿置于炉内,炉子可以通过温度控制器实现程序性升温与保温。炉膛内通入恒定流量的载气与保护气体,及时吹扫气体产物。同时,通过热电偶实时测量炉膛内温度。质量测量通过光学扭秤天平来实现,电机控制激光始终保持在零值位置。当试样皿中样品质量发生改变时,激光偏离零值,电机控制器会调整电流,驱动电机,使激光回到零值位置,此时输出的电流值代表了样品的质量损失。样品发生变化的过程往往伴随着能量变化,需要从外界吸收热量或放出热量,这导致样品试样皿与参比试样皿之间存在温度差异。功率补偿器可以对二者进行功率补偿,使二者温度保持一致,记录二者之间的输入功率差异即表征样品的放热量。由热重分析的结果,我们可以考察推进剂分解燃烧过程中的质量损失和放热过程,从而研究推进剂分解燃烧的特征过程并评价催化效果。该型热重分析仪的升温范围为30~1200℃,升温速率的调节范围为0~50℃/min,温度测量分辨率可达0.001K,质量测量分辨率可达0.1μg。

为了了解离子液体推进剂在室温、加热条件下以及有无催化剂条件下的一般反应特性,我们首先在四支不同试管中观察离子液体推进剂分解过程。推进剂在室温、无催化剂条件下比较稳定,没有气泡及其他现象产生,如图5-20(a)所示;推进剂在室温条件下接触催化剂后,产生大量气泡,但溶液颜色无明显变化,如图5-20(b)所示;在无催化剂、加热至250℃条件下,推进剂则会快速产生大量气泡,溶液颜色变黄,如图5-20(c)所示;在接触催化剂和加热至250℃条件共同作用下,则会剧烈反应并产生大量气体,甚至发生迸溅,但并未发生燃烧,如图5-20(d)所示。

(a)室温,无催化剂　　(b)室温,有催化剂　　(c)250℃,无催化剂　　(d)250℃,有催化剂

图5-20　不同条件下推进剂分解过程

为研究无催化剂时推进剂在不同升温速率下的热分解过程,我们进行了工况1~3三组实验。不同升温速率下热分解的TG和DSC曲线分别如图5-21和图5-22所示。

由图5-21的结果可知,HAN/[Emim][EtSO$_4$]离子液体推进剂热分解过程是一个连续失重的过程,可以划分为四个特征阶段(以图5-21中5K/min组的TG曲线为例)。第一阶段质量损失速率较低,质量损失速率缓慢增加,直至损失20%~30%,这个阶段主要发生的是水的蒸发。但是质量损失量大于推进剂中水的含量,这一现象可以由DSC曲线(图5-22)得到解释。在以5K/min速率升温的过程中,在200℃附近推进剂的反应过程出现第一个放热峰,对应着HAN发生热分解

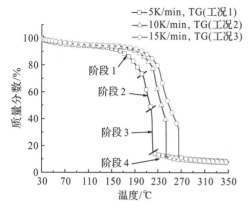

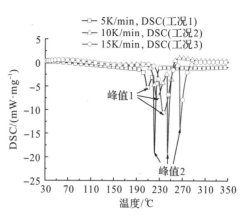

图 5-21　不同升温速率下热分解的 TG 曲线　　　图 5-22　不同升温速率下热分解的 DSC 曲线

释放热量,释放出气体,造成额外的质量损失。第二阶段的质量损失速率大于第一阶段,HAN 进一步快速分解,[Emim][EtSO₄]初步分解,第一、二阶段总的质量损失为 50%～60%。第三阶段是一个快速失重阶段,样品在数分钟内损失了 30%以上的质量,[Emim][EtSO₄]组分进一步分解燃烧。在文献[10]对某聚合物与[Emim][EtSO₄]二元混合物的热稳定性研究中,同样可以发现类似第三阶段的快速失重过程(图 5-23)。在第四阶段,残余物质缓慢分解,最后剩余质量 5%～8%。

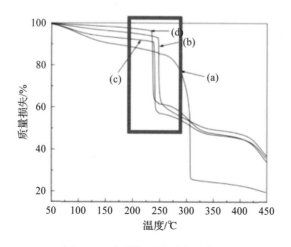

图 5-23　文献[10]中的实验结果

在其他升温速率下,推进剂分解过程具有类似的趋势。但在不同升温速率下,不同阶段的质量损失也不同。由图 5-21 可以看出,随着升温速率增加,第二阶段的质量损失增大,而第一、三阶段的质量损失减小。这是因为升温速率的增加使水更快蒸发,从而促进了反应向第二阶段过渡。在第二阶段中,HAN 的分解过程受升温速率影响变得更快,产生更多氧化性中间产物,这也促进了[Emim][EtSO₄]的初步分解过程。这一效应也增加了第二阶段的质量损失,减少了第一、三阶段的质量损失。实验结果表明,升温速率对剩余质量无明显影响。

由 DSC 曲线(图 5-22)可以观察到,在 180～300℃范围内,每条曲线均出现两个放热峰,分别对应 HAN 和[Emim][EtSO₄]的主要分解燃烧过程。结果表明,随着升温速率的增加,第一个放热峰的峰值逐渐增大,面积也逐渐增大,这意味着更多的燃烧反应在第二阶段发生,并且放出更多的热量。

工况 4～6 研究了保持推进剂与催化剂质量恒定,HAN/[Emim][EtSO₄]离子液体推进剂在升温速率不同时的催化分解燃烧过程。推进剂质量分数 ω 保持在 55%。不同升温速率下热分解与催化分解的 TG 和 DSC 曲线分别如图 5-24 和图 5-25 所示。

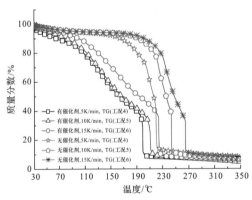

图 5-24　不同升温速率下热分解与催化分解的 TG 曲线

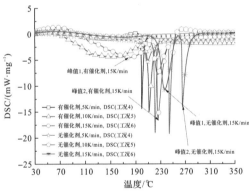

图 5-25　不同升温速率下热分解与催化分解的 DSC 曲线

图 5-24 的结果表明,不同升温速率下的推进剂失重过程体现出一个共同的显著特征:相比于推进剂的热分解过程,引入催化剂使得推进剂失重过程的四个特征阶段发生变化。水蒸发阶段与 HAN 分解阶段几乎融合,这是由于使用催化剂降低了 HAN 的分解活化能,HAN 分解起始温度降低,因此 HAN 的催化分解过程与水的蒸发过程发生重叠。同时,在不同升温速率的催化分解实验中,残余物

质的质量均比相应升温速率下热分解反应的残余质量低 3％左右。由不同升温速率下特征阶段的转变温度变化趋势可以发现，较高的升温速率可以加速推进剂催化分解燃烧的整体过程。

　　催化剂的加入对推进剂分解燃烧过程的 DSC 曲线也产生了影响（图 5-25）。与推进剂的热分解过程相比，使用催化剂后，HAN 的起始分解温度提前，推进剂催化分解反应的第一个放热峰被展宽，并且两个放热峰的峰值对应温度均减小。在 5K/min 的升温速率下，升温速率较慢，升温时间相应变长，推进剂催化分解反应的第一个放热峰几乎被拉平。当升温速率增长到 15K/min 时，第一个放热峰则更加明显。与热分解过程相比，在同样的升温速率下，加入催化剂可以使得两个放热峰的位置均向低温方向移动，且使第一个放热峰展宽。

　　为了探究催化剂质量分数对离子液体推进剂催化分解过程的影响，固定推进剂质量为 4.5mg，改变推进剂质量分数 ω，我们对表 5-2 中的工况 7～10 进行实验。升温速率为 15K/min 时，不同 ω 下催化分解的 TG 和 DSC 曲线分别如图 5-26 和图 5-27 所示。

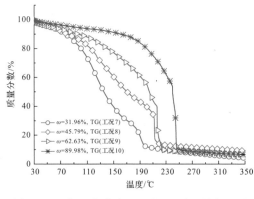

图 5-26　升温速率为 15K/min 时，不同 ω 下　　　图 5-27　升温速率为 15K/min 时，不同 ω 下
　　　　　催化分解的 TG 曲线　　　　　　　　　　　　　　　催化分解的 DSC 曲线

　　由图 5-26 可以看出，在催化剂质量分数较少的工况（$\omega=89.98\%$）下，推进剂催化分解的失重曲线整体特征与热分解过程相似。失重的四个特征阶段呈现得均比较清晰。随着催化剂质量分数逐渐上升，推进剂催化分解过程的特征阶段逐渐融合。当 $\omega=31.96\%$ 时，失重曲线第二、三两个特征过程的斜率几乎一致，且最快进入第四阶段。这说明在升温速率一致的前提下，较高催化剂质量分数更有利于推进剂催化分解燃烧反应的发生。

由图 5-27 的 DSC 曲线可以看出,与 TG 曲线对应,随着 ω 的降低,催化剂质量分数不断增加,DSC 曲线中第二个放热峰的位置不断向较低温度方向移动,这说明催化剂质量分数的提升促进了推进剂催化分解燃烧反应的整体进程。同时,随着 ω 从 89.98% 降低至 31.96%,推进剂 DSC 曲线中两个放热峰的形貌也在发生变化。随着 ω 的降低,推进剂催化分解燃烧过程的第一个放热峰逐渐拓展,这与推进剂失重曲线的特征阶段逐渐融合相对应。当 $\omega=89.98\%$ 时,DSC 曲线第二个放热峰的峰值、峰面积远大于第一个放热峰,主要热量释放集中在第二个放热峰处。而当 $\omega=31.96\%$ 时,DSC 曲线第二个放热峰的峰值、峰面积小于第一个放热峰,放热过程更早进行。这也说明催化剂质量分数的提升,使得推进剂催化分解燃烧反应的整体过程提前,反应速率加快。

5.3.3 推进剂分解产物分析

我们通过与热重分析仪联用的傅里叶红外光谱分析仪(TG-FTIR),实时测量离子液体推进剂加热过程中产物信息。推进剂分解燃烧产物通过恒温传输线送入气体样品池中,干涉光经过样品池后,由于分子的光吸收作用,部分干涉光被吸收,此时干涉光就带有了样本信息。通过测量气体样本对干涉光的吸收程度,再对干涉图像进行傅里叶变换,可以得到吸光度与波数的对应关系,其原理如图5-28所示。由于物质的基团仅对特定波长的红外光的吸收能力较强,因此可以通过测定气体产物的红外吸收光谱确定气体产物的组分,分析各种组分的变化趋势,研究推进剂的分解燃烧过程。

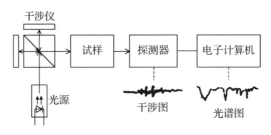

图 5-28 FTIR 原理简图

表 5-2 中的工况 1~3 是离子液体推进剂在无催化剂条件下的热分解过程。根据 TG 曲线,推进剂分解过程中的质量损失主要集中在第二、三阶段。损失的物质可以在 FTIR 中被检测出来,结合 HITRAN 数据库中的标准红外吸收光谱,可以鉴别出相应的物质。表 5-3 罗列了相关物质及其特征吸收峰的信息。

表 5-3　相关物质及其特征吸收峰

产物	波数/cm^{-1}	特征
H_2O	1300～1900,3400～4000	范围宽,吸收峰众多
CO_2	2360,2349	双峰
CO	2114,2179	双峰
N_2O	1270,1300,2205,2240	两组双峰
NO	1650～1950	吸收峰众多,存在两个主峰
NO_2	1600,1629	双峰
C—H 键	1282,2700～3000	一个尖锐峰与一个较宽的吸收范围
C＝C 键	910,990	两个尖锐峰
O—H 键	3650	一个尖锐峰

以工况 1 为例,图 5-29 展示了升温速率为 5K/min 时,推进剂热分解过程中,气体样品池内的样品对红外吸收强度的变化过程,表征了气体样本对全部测试波段的红外光的总的吸收情况。可以看出,吸收强度曲线上出现三个峰值,分别位于 32.6min、36.0min、38.5min 处,其中第二个峰值最高,且峰面积最大,这说明此时样品中存在大量的吸收红外波段的气体。

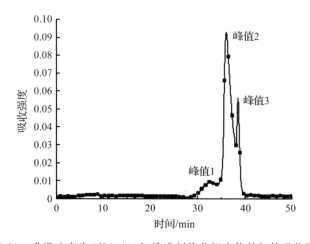

图 5-29　升温速率为 5K/min 时,推进剂热分解产物的红外吸收强度

取图 5-29 中三个特征点(三个峰值)的红外吸收光谱进行对比,结果如图 5-30所示,其中第一个峰值(峰值 1)曲线为 32.6min 时气体产物的吸收光谱。可以观

察到,在 $1244\sim1327cm^{-1}$ 处以及 $2174\sim2260cm^{-1}$ 处存在两组特征性双峰,与红外吸收光谱库中的谱线进行比对可知,这两组双峰为 N_2O 的特征吸收峰。在 N_2O 特征吸收峰附近即 $2300\sim2400cm^{-1}$ 处存在较弱的 CO_2 特征峰,在 $2070\sim2170cm^{-1}$ 处存在较弱的 CO 特征吸收峰,同时在 $1350\sim2000cm^{-1}$ 和 $3000\sim4000cm^{-1}$ 波段存在 H_2O 的特征吸收峰。这表明,此时 HAN 分解产物中 N_2O 占主导,HAN 分解的主要产物包括 N_2、H_2O 和 N_2O,其中 N_2 无法被红外光谱检测到,H_2O 的红外光谱为一系列复杂的小峰。

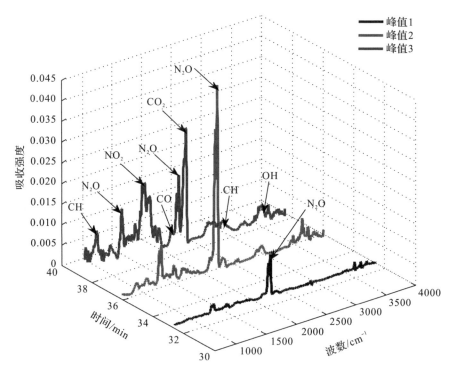

图 5-30　升温速率为 5K/min 时,推进剂热分解产物的红外吸收光谱

图 5-30 中第二个峰值(峰值 2)曲线为 36min 时气体产物的吸收光谱。可以看出,在 36min 时,气体产物中 N_2O 吸收峰峰值较 32.6min 时增加约 3 倍,而 CO、CO_2 的特征峰峰值仅增加 1 倍,并无其他新物质被检测到。考虑离子液体推进剂中的两种有效组分:HAN 仅含有氢、氧、氮三种元素,不含有碳元素;而[Emim][EtSO$_4$]含有碳、硫元素。在 36min 时,红外光谱仅检测到 H_2O、NO_2 以及少量的 CO 和 CO_2,可以推测在前 36min 内主要发生的是 HAN 的分解以及少量[Emim][EtSO$_4$]的初步分解。这对应着 TG 曲线阶段质量损失。

图 5-30 中第三个峰值(峰值 3)曲线为 38.5min 时气体产物的吸收光谱。此时的光谱与之前的差异较大,较为复杂,出现了多个新峰。在前一阶段大量检出的 N_2O,其特征峰峰值已降到 0.01,与 32.6min 时水平相当。此时 CO_2 的特征峰峰值却高达 0.025。同时,还出现了 CH_4、NO 的特征峰。这意味着[Emim][EtSO$_4$]组分在此阶段大量分解,但是并未分解完全,仍有 CO、CH_4 等分子未充分氧化。此阶段吸收强度曲线峰形尖锐,对应 TG 曲线中第三阶段的快速失重。

对比工况 1~3 可以分析升温速率对离子液体推进剂分解产物的影响。不同升温速率下,推进剂热分解气体产物的红外吸收强度如图 5-31 所示。吸收强度峰值出现的时间随着升温速率的提高而缩短,而且吸收强度曲线的第一、二个峰的形貌逐渐变得更加尖锐,这意味着对应的两个过程的反应速率显著提高。相对而言,第三个峰的形貌未随升温速率改变而发生明显变化,这一过程受升温速率的影响较小。

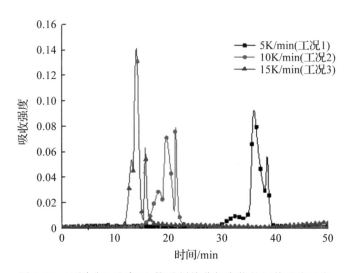

图 5-31 不同升温速率下,推进剂热分解产物的红外吸收强度

同样考察不同升温速率下,上述吸收强度曲线的三个峰值位置对应的红外吸收光谱,结果如图 5-32 所示。

由图 5-32(a)可以看出,N_2O 的吸收峰变化最大,随着升温速率从 5K/min 增加到 15K/min,N_2O 的特征峰位置的吸光度从 0.008 上升到 0.024。此外,当升温速率为 5K/min 时,仍存在微弱的 CO_2、CO 的特征峰;当升温速率为 10K/min 时,CO_2、CO 的特征峰峰值均略微下降,同时 H_2O 的特征峰峰值略微上涨;当升温速

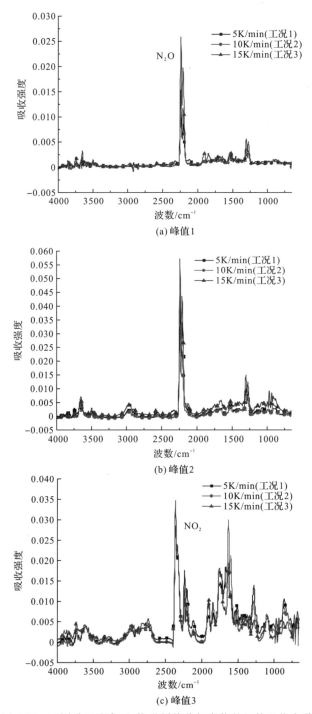

图 5-32 不同升温速率下,推进剂热分解产物的红外吸收光谱

率为 15K/min 时,则出现了 NO 的特征峰。这表明,随着升温速率的提升,HAN 分解效率提高,第一个吸收强度峰更多进行的是 HAN 的分解。$[Emim][EtSO_4]$ 在此阶段几乎不分解。

由图 5-32(b)可以看出,当升温速率为 5K/min 和 10K/min 时,二者吸收光谱差别不大;但是当升温速率为 15K/min 时,光谱上出现 C—H 键、C=C 键的特征峰,这意味着$[Emim][EtSO_4]$离子液体正在进一步分解。

图 5-32(c)中,在波数为 $2300cm^{-1}$ 以下的低频区域,推进剂分解剧烈,CO_2、N_2O、CO 等气体快速生成。对于三种不同的升温速率而言,此阶段内生成的 CO_2、CH_4 的量几乎相同,这与对应工况下 TG 曲线中第三阶段的失重量吻合。这一阶段是$[Emim][EtSO_4]$大量分解的阶段。当升温速率为 5K/min 时,此阶段 NO 生成量较低。值得关注的是,NO_2 的特征峰在图 5-32(a)、(b)中都几乎不存在,而在图 5-32(c)中则十分明显,NO_2 是这个阶段的特征产物。并且 NO_2 生成量的变化趋势与其他产物不同,其与升温速率的变化没有明显的相关性。当升温速率为 10K/min 时,NO_2 的吸光度峰值高达 0.028,高于另外两种工况下的吸光度(约为 0.017)。可以看出,升温速率不仅会影响化学反应的速率,还会影响化学反应路径,比如不同的氮氧化物之间的生成比例。对于复杂的离子液体推进剂而言,氮氧化物等中间产物成分变化会影响推进剂的性能。为寻求更稳定可靠的办法以实现推进剂的分解,使用催化剂便是一种常用的手段。

HAN 分解产生的氧化性中间产物和热量有助于离子液体$[Emim][EtSO_4]$的分解。使用催化剂可以降低 HAN 分解温度,大幅提高反应速率,常温下接触催化剂的离子液体推进剂便可产生大量气泡。因此,为探究催化剂对推进剂分解燃烧反应过程的影响,通过联用 TG-FTIR,对推进剂催化分解燃烧的热重实验生成的气体产物进行光谱分析。

首先对比推进剂热分解与催化分解的异同。如前文所述,在热重实验中,催化剂的引入降低了反应起始温度,促进了第一、二阶段的进程(第一、二阶段质量分数速率几乎一致),并间接促进了第三阶段的失重过程。光谱分析的结果同样可以佐证这一结论。以升温速率为 15K/min 时的情况为例,推进剂热分解和催化分解产物的红外吸收强度如图 5-33 所示。

可以看出,图 5-33 中无催化剂(热分解,黑色)组表现出三个吸收强度峰,如前文所述,分别进行 HAN 的初步分解、HAN 的进一步分解与$[Emim][EtSO_4]$的初步分解、$[Emim][EtSO_4]$的进一步分解燃烧。而在使用催化剂(催化分解,红色)组,吸收强度峰值出现时间提前,只呈现了两个吸收强度峰。其中第一个峰持续时间长,峰值较低,与无催化剂组存在较大区别;第二个峰则保持与无催化剂组一致的形貌特征。可以认为,引入催化剂推动了整个推进剂的分解燃烧过程。

考察热分解的第二个峰与催化分解第一个峰位置对应的红外吸收光谱,如图 5-34 所示。热分解第二个峰值处对应的谱线中可测得 CO、N_2O,还存在少量的 H_2O、NO_2、C═C 键和 C—H 键。产物中大量碳元素说明此时[Emim][EtSO$_4$]已经开始部分分解。催化分解的第一个吸收强度峰值对应的谱线中,CO_2、N_2O 的吸光度峰值大幅增加,H—O 键、C═C 键和 C—H 键的吸光度降低,这表明使用催化剂后 HAN 分解速率提高,会促进未充分氧化的含碳小分子进行充分氧化。在无催化剂组中,碳元素主要集中在第三个吸收强度峰处释放,此时 CO_2 吸光度大于氮氧化物,这表明此工况下,[Emim][EtSO$_4$]的分解过程滞后于 HAN 的分解。而在使用催化剂的实验组中,在第一个吸收强度峰位置即可检测到可观的 CO_2 含量,在第二个吸收强度峰位置,CO_2 的吸光度已低于 N_2O(0.037<0.061)。这表明[Emim][EtSO$_4$]更早进行逐步分解,催化剂对推进剂分解过程具有一定的提升效果。

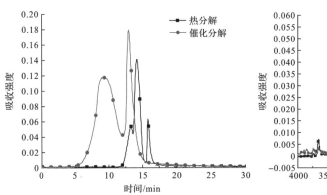

图 5-33　升温速率为 15K/min 时,推进剂热分解和催化分解产物的红外吸收强度

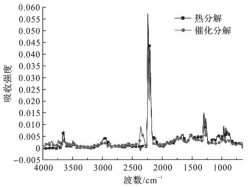

图 5-34　升温速率为 15K/min 时,推进剂热分解和催化分解产物的红外吸收光谱

图 5-35 对比了升温速率分别为 5K/min、10K/min、15K/min 时,推进剂催化分解的红外吸收强度。不同升温速率下峰值时刻变化的趋势与无催化剂组类似。但是第一、二个峰的形貌变化与无催化剂组存在区别,升温速率提高导致反应速率变快,使得峰的形貌同样变得更加尖锐。引入催化剂使得其第二个峰向第一个峰方向移动,且这个趋势受升温速率影响。当升温速率为 15K/min 时,第一、二个峰已经融合,这对应着热重实验中 TG 曲线和 DSC 曲线的融合。因此,第二个峰显得至关重要。第二个吸收强度峰(在 15K/min 组中,取融合峰的峰值位置)对应的红外吸收光谱如图 5-36 所示。

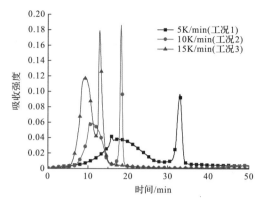

图 5-35　不同升温速率下,推进剂催化分解产物的红外吸收强度

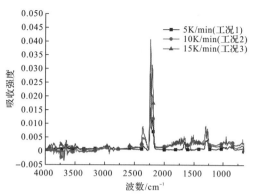

图 5-36　不同升温速率下,推进剂催化分解产物的红外吸收光谱

由图 5-36 可以看出,随着升温速率升高,受影响最大的产物是 CO_2 和 N_2O,二者的量均随着升温速率的升高而升高。N_2O 含量升高意味着更多 HAN 分解,产生热量,在越来越多的 N_2O 与热量的作用下,[Emim][EtSO₄]也越来越多地分解,产生更多 CO_2。这在宏观上就表现为第二个吸收强度峰不断向第一个靠近,最终融合。

除了升温速率对催化效果会产生影响,催化剂与推进剂的比例也会对催化效果产生较大影响。热重实验表明,当催化剂质量分数较大时,TG 曲线第二阶段得到拓展,且与第一、三阶段逐渐融合。当催化剂质量分数较少时,催化分解过程与推进剂热分解过程类似。红外吸收强度分析结果也表现出类似的趋势,如图5-37所示。

图 5-37 对比了升温速率为 15K/min 时,不同工况(即工况 3、9、6、7)下,推进剂分解产物的红外吸收强度。随着催化剂质量分数的增加,吸收强度峰的位置逐渐提前,且除最后一个峰外,其他峰的形貌均逐渐延展。工况 9 与工况 3 均有三个吸收强度峰。与不同升温速率下峰值位置移动趋势一致,催化剂促使吸收强度曲线的第二个峰向第一个峰移动,工况 6 的第一、二个峰已经融合。因此,提高升温速率与提高催化剂质量分数有着类似的作用。

类似地,对比吸收强度曲线第二个峰值位置(工况 6、7 则为第一个峰)的红外吸收光谱,结果如图 5-38 所示。工况 3 的吸收光谱与使用催化剂的三种工况不同,其中出现 O—H 键、C—H 键、CO 和 C═H 键的吸收峰,而几乎无 CO_2 的吸收峰,这意味着此时产物中存在较多的[Emim][EtSO₄]碎片产物,未能充分氧化,此外,N_2O 的含量也较高。而使用催化剂的工况 9、6、7 的吸收光谱较为清晰,主要

存在 CO_2、N_2O 的特征峰,且随着催化剂质量分数增加,其 CO_2、N_2O 特征峰的峰值也逐渐增大。这与改变升温速率带来的影响相似,引入催化剂,同样会使 HAN 更加快速地分解,生成氧化性中间产物,同时释放热量,$[Emim][EtSO_4]$ 又在二者的共同作用下更早地实现分解。这个趋势与 TGA 和 DSC 实验结果相互印证。

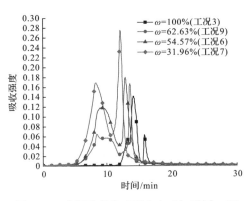

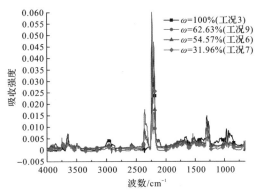

图 5-37　升温速率为 15K/min 时,不同 ω 下推进剂分解产物的红外吸收强度

图 5-38　升温速率为 15K/min 时,不同 ω 下推进剂分解产物的红外吸收光谱

5.3.4　离子液体推进剂分解特性

我们通过 TGA-DSC、TG-FTIR 方法详细研究了 $HAN/[Emim][EtSO_4]$ 离子液体推进剂的热分解与催化分解过程。从 TG 曲线来看,其热分解过程分为四个特征阶段:水分蒸发、HAN 的分解与 $[Emim][EtSO_4]$ 的初步分解、$[Emim][EtSO_4]$ 的进一步分解燃烧以及残余物质的缓慢损失。其中第二、三阶段表征了 HAN 和 $[Emim][EtSO_4]$ 的分解燃烧反应过程,是热重实验过程中主要的失重阶段。

不同的升温速率对热分解过程影响较小,各升温速率下失重曲线类似,更高的升温速率使得 HAN 更快分解。比较不同催化剂质量分数条件下的推进剂分解过程可以发现:当催化剂质量分数较低时,分解过程与热分解过程类似;当催化剂质量分数较高(如 $\omega=31.96\%$)时,催化分解过程与热分解过程存在较大差异,催化分解过程的前三个阶段失重曲线几乎融合,更多的质量损失集中在第一、二阶段。

从 DSC 曲线来看,推进剂热分解过程中存在两个显著的放热峰,主要放热量集中在第二个峰。HAN 分解速率随着升温速率的增加而增加,第一个放热峰的放热量也增加。引入催化剂则可以显著提高 HAN 分解速率,使得第一个放热峰大幅拓展。提高催化剂质量分数,可使第一个放热峰峰值提高,整个分解燃烧过程中放热量集中在第一个放热峰,第二个放热峰几乎消失。

　　总的来说,HAN/[Emim][EtSO$_4$]离子液体推进剂分解燃烧过程呈现分步分解特征,引入催化剂可以有效提高 HAN 组分的分解速率,进而促进反应的整体进程。

　　在 HAN/[Emim][EtSO$_4$]推进剂热分解过程中,气体产物红外吸收强度曲线存在三个峰值。第一个峰值位置的主要特征产物是 N$_2$O,以及少量的 CO$_2$、CO;第二个峰值位置的主要特征产物同样是 N$_2$O 和少量的 CO$_2$、CO,但是其含量较第一个峰值位置均有所提高;第三个峰值位置的主要特征产物则包括大量的 CO$_2$、NO$_2$、N$_2$O,以及较多未完全氧化的含碳小分子,如 CO 和烃类。第一、二个峰主要由 HAN 分解产生,且以第二个峰为主,这表明 HAN 在分解过程中存在多步分解。第三个峰则为[Emim][EtSO$_4$]主要分解阶段,此阶段产生大量的 CO$_2$、CO、NO$_2$,以及大量未充分氧化的有机物小分子。受升温速率影响较大的是 N$_2$O,其吸光度随着升温速率增加而增加,而主要在第三阶段产生的 CO$_2$ 则几乎不受影响。总的来说,改变升温速率未能改变推进剂热分解的模式。

　　引入催化剂后,HAN 的分解过程加快,前期 N$_2$O 生成量提高,得益于 HAN 分解释放的热量和氧化性产物,[Emim][EtSO$_4$]可以更早地进行初步分解。而且升温速率的提高使得 CO$_2$ 的吸光度增加,这说明催化剂加快了 HAN 的分解过程,促进了整体的分解燃烧进程。引入催化剂可以逐渐改变推进剂的分解模式,随着催化剂质量分数不断增加,推进剂分解过程从热分解的"三峰"模式逐渐向"双峰"模式转变。催化剂促进 HAN 分解从而推动[Emim][EtSO$_4$]的分步分解,这一机理起主要推动作用。随着催化剂质量分数不断增加,在第一个峰位置,[Emim][EtSO$_4$]分解得越来越充分,产生的 CO$_2$ 越来越多。

5.4　高空模拟热试车试验

5.4.1　试验对象

　　高空模拟热试车试验使用的主要试验设备是我们自行设计制造的 200mN 级 HAN/[Emim][EtSO$_4$]离子液体模型发动机,其试验段主要包括电磁阀、喷注器、催化床、燃烧室、喷管等结构,如图 5-39 所示。附属测量设备包括流量计、热电偶、测压管等,可以采集发动机工作过程中的贮箱压力、推进剂流量、催化床温度、燃烧室压力等相关参数,根据经验公式可以计算推进剂比冲等重要性能指标。热试车前,催化床预热至 300℃,真空舱环境压力保持在 72Pa 以下。

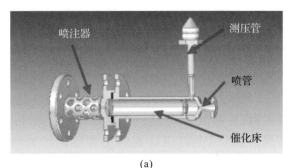

(a)

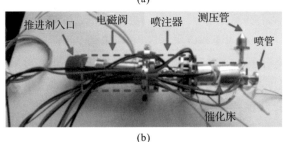

(b)

图 5-39　高空模拟热试车试验的模型发动机

5.4.2　高空模拟热试车试验结果

我们针对该模型发动机产品开展了一系列的真空舱内高空模拟热试车试验研究:改变推进剂贮箱的压力,在额定贮箱压力分别为 0.5MPa、0.9 MPa 和 1.4MPa 时,获得了发动机燃烧室室压、推进剂质量流量等关键性能指标。试验过程中推进剂贮箱实际压力变化情况如图 5-40 所示,试验过程中,推进剂贮箱压力基本稳定在额定压力值附近。在 10s、20s 和 100s 稳态下,考察了发动机的工作性能。图 5-41 展示了模型发动机连续稳态热试车试验中相关参数的测量结果。

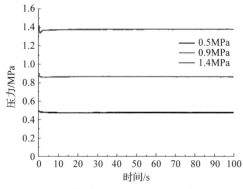

图 5-40　推进剂贮箱实际压力变化情况

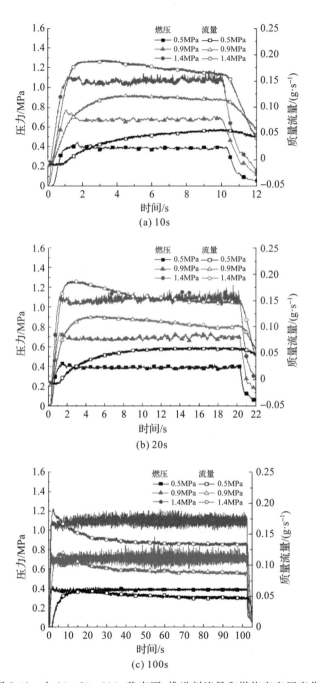

图 5-41　在 10s、20s、100s 稳态下，推进剂流量和燃烧室室压变化

以图 5-41(a)为例,在额定贮箱压力为 0.5MPa 的工况下,其推进剂流量逐渐增加,最高为 0.055g/s,直至点火程序终止。与之对应的是发动机的燃烧室压力在初期达到峰值 0.45MPa,而后逐渐降低至 0.38MPa。比较额定贮箱压力为 0.9MPa 工况下推进剂流量和燃烧室压力变化曲线,可以发现,推进剂流量逐渐增加至 0.12g/s 后维持稳定,燃烧室压力也在达到峰值 0.79MPa 后逐渐稳定在 0.67MPa。而在 1.4MPa 工况下,推进剂流量在达到峰值 0.188g/s 后逐渐降低,当点火程序结束时,推进剂流量为 0.159g/s,燃烧室压力在达到峰值后没有明显降低。

总的来说,在 10s 连续工作模式下,发动机均可以实现建压,并在工作期间保持一定的压力水平。但是点火过程相对较缓慢,$t_{90} \approx 0.77s$。当贮箱压力为 0.5MPa 时,这个时间延迟甚至超过 1s,这个效应在短时长工作模式下对测量结果的影响较为明显,但是并不影响发动机正常工作和试验结果的准确性。连续工作 20s 的试验结果如图 5-41(b)所示,不同贮箱压力的工况下,燃烧室压力均在 1s 内达到燃压峰值,随后降低并逐渐稳定在稳态值附近,而且燃压峰值、稳态值与连续工作 10s 时相应的值一致。连续工作 100s 的试验结果如图 5-41(c)所示,与短时长工作的工况(10s、20s)相比,工作状态总体平稳,燃烧室压力正常。

为验证离子液体发动机长期工作能力,进行 1000s 的点火试验,试验额定贮箱压力为 0.9MPa。工作期间燃烧室压力和推进剂流量测量结果如图 5-42 所示。发动机燃烧室的建压过程与短时长工况下建压过程一致,燃烧室压力在 2s 内达到一个峰值。随后由于流动、燃烧的不稳定性,燃烧室压力存在一定波动,但平均室压维持在一个较高的水平(0.72MPa),直到点火程序结束。推进剂流量曲线是与燃烧室压力变化对应的,在建压阶段,推进剂流量迅速达到峰值并完成建压,随后逐渐下降。在 400s 以后,推进剂流量基本稳定在 0.082g/s。

1000s 连续工作期间燃烧室温度测量结果如图 5-43 所示。由燃烧室温度测量结果可以看出,在工作前期的 100s 内,燃烧室温度快速升高,超过了最高温度的 90%,达 850℃,并在约 280s 时达到峰值 888℃。

点火试验总的稳态点火时长超过 1800s,试验结束后,模型试验发动机形态完好,未见明显形变和裂缝,焊缝完好。但是在试验后拆解模型试验发动机可以发现,发动机内部存在积碳现象,尤其是喷注器溅网、催化前床和催化床内壁出现较多的积碳(图 5-44 至图 5-46)。我们推测,喷注器溅网和催化床前端产生的积碳是工作程序中后期推进剂流量逐渐下降的一个原因。催化前床中部分催化剂颗粒相较于使用前发生颜色改变,由黑色变为灰白色,催化床内部催化剂颗粒基本完整、无破碎,但是经测定,其内部的比表面积降低,从 70m²/g 下降到 40m²/g,推进剂性能发生一定程度的降低。

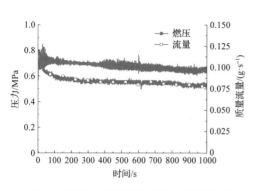

图 5-42　1000s 连续工作期间燃烧室压力和推进剂流量测量结果

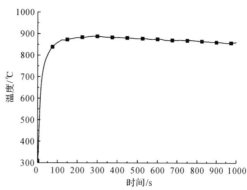

图 5-43　1000s 连续工作期间燃烧室温度测量结果

图 5-44　试验后喷注器状态

图 5-45　试验后催化前床状态

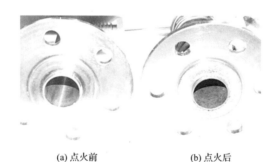

(a) 点火前　　　　　　(b) 点火后

图 5-46　点火前后催化床内壁状态对比

空间应用中姿轨控发动机不但需要长时间持续工作,很多情况下还需要脉冲工作。我们设计试验考察了 HAN/[Emim][EtSO₄] 离子液体模型发动机在脉冲工作模式下的工作状态,研究了不同贮箱压力下,采用 0.2s/1s 的脉冲工作模式时发动机的启动和工作过程,结果如图 5-47 所示。

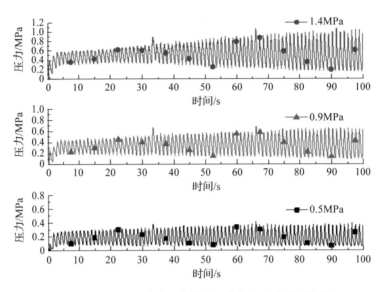

图 5-47　0.2s/1s 脉冲工作模式下燃烧室压力测量结果

由图 5-47 中 0.5MPa 的燃烧室压力曲线来看,可以发现:第一个脉冲时,燃压峰值仅达到 0.1MPa,低于持续工作时的平衡压力(0.38MPa),未能完成建压;第二个脉冲时,燃压峰值达到 0.26MPa,基本完成建压,随着脉冲次数增多,燃烧室压力峰值逐渐升高,超过 0.3MPa,直至点火程序结束,脉冲重复性都表现较好,燃压峰值变化平稳,无明显波动。在 0.9MPa 和 1.4MPa 贮箱压力下,发动机脉冲工作状态存在相似的变化趋势。

我们还研究了贮箱压力为 0.9MPa 时,0.05s/1s 短脉冲时间工作模式下发动机脉冲工作情况,燃烧室压力测量结果如图 5-48所示。可以看出,在这种工作模式下,建压过程更加缓慢,第一个脉冲基本未产生可观的压力,直到第四个脉冲才基本实现建压,且平均的压力峰值为 0.18MPa。

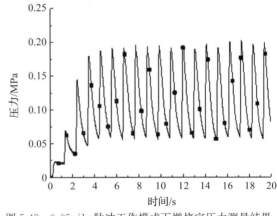

图 5-48　0.05s/1s 脉冲工作模式下燃烧室压力测量结果

5.5　双模式离子液体推进剂电喷雾验证

电-化学双模式离子液体推进剂在纯离子液体的基础上添加了 HAN 和稳定剂,与传统离子液体推进剂相比,在黏性、电导率、化学稳定性上有差别。因此我们开展了双模式推进剂的电喷雾可行性验证工作。

5.5.1　离子液体电喷雾工装及实验条件

推进系统的电发动机拟采用以多孔陶瓷作为发射极的技术路线。离子液体电喷雾样机主要由引出极调整架、引出极、多孔陶瓷发射极、推进剂集液腔和外壳组成(图 5-49)。

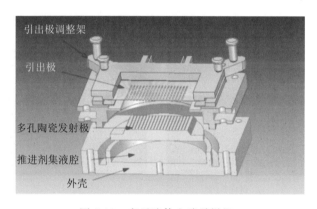

图 5-49　离子液体电喷雾样机

发射极的外表面由 20 条突起的棱状结构组成,每条棱长度为 20mm,顶角约为 60°。陶瓷结构孔径为 $1\sim10\mu m$,孔隙率为 $40\%\sim60\%$。发射极上方为金属薄片加工而成的引出极,具有 20 条镂空的栅孔,对准发射极的棱结构。栅孔的宽度 $d=0.70mm$,栅极板距离发射极顶点的距离 $h=0.5mm$。发射极下方通过金属片和导线(未画出)与电源相连。实验前,将陶瓷发射极完全浸润在离子液体中,待吸收饱和后,用高压气吹除表面残留推进剂,再组装整个样机进行电喷雾试验。

双模式离子液体电喷雾试验在真空舱内进行,舱内压力为 5×10^{-3} Pa。电源供电通过穿舱法兰连接,样机发射极接高压输出,引出极接地。

5.5.2　推进剂电喷雾试验结果

经测试,两种不同组分配方的推进剂能够从电喷雾样机稳定引出(表 5-4),如图 5-50 所示,工装表面可见蓝色发光,侧面可见羽流与舱壁相互作用的蓝色发光。当供电电压为 -3000 V 时,电路电流可达到 500μA 以上,具有良好的电流电压响应。该结果验证了[Emim][EtSO₄]与 HAN 组成的推进剂作为电喷雾工质的可行性。

表 5-4　两种不同组分配方

电压	推进剂配方 1	推进剂配方 2
-3000V	700μA	500μA
-3300V	—	1000μA

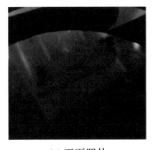

(a) 正面照片　　　　　　　　　(b) 侧面照片

图 5-50　双模式离子液体推进剂电喷雾试验

在本章中,我们在双模式离子液体推进剂与催化剂的研制方面,研究了不同氧化剂与离子液体燃料的匹配性,确定了以 HAN 为氧化剂、[Emim][EtSO₄]为燃料的推进剂制备路线,满足了双模式离子液体推进剂对比冲和电导率的需求。通过点滴试验与高速摄影技术,验证了催化剂对双模式离子液体推进剂具有良好的催化分解作用。

我们通过实验手段研究了双模式离子液体推进剂的分解过程与特性。在TG-FTIR 实验中,研究了 HAN/[Emim][EtSO₄]双模式离子液体推进剂的分解燃烧过程,将推进剂热分解过程分为四个特征阶段。推进剂热分解过程中存在两个放热峰,主要放热量集中在第二个峰。引入催化剂使得推进剂失重过程的四个特征阶段发生变化。水的蒸发过程与 HAN 的催化分解过程发生重叠,水的蒸发阶段与 HAN 的分解阶段几乎融合。光谱分析显示,热分解过程的吸收强度曲线上呈现三个峰,其中第二个峰值最高,且峰面积最大,此阶段气体产物主要是 N_2O,第三个吸收强度峰位置对应的吸收光谱出现了多个新谱线,除了在前一阶段检出的 N_2O、CO_2 之外,还出现了 CH_4、NO 的特征峰。这意味着 [Emim][EtSO$_4$] 组分在此阶段大量分解燃烧,此阶段吸收强度曲线峰形尖锐,对应 TG 曲线中第三阶段快速失重。引入催化剂后,红外吸收强度曲线变为两个峰,HAN 分解过程加快,N_2O 生成量提高。HAN 分解释放的热量和氧化性产物,使 [Emim][EtSO$_4$] 更早地进行初步分解。而且升温速率的提高使得 CO_2 的生成量增加,随着催化剂质量分数不断增加,在第一个峰的位置产生的 CO_2 越来越多,[Emim][EtSO$_4$] 分解燃烧越来越充分。这一机理推动推进剂分解过程从热分解的“三峰”模式逐渐向“双峰”模式转变。

通过在真空舱中模拟高空环境,我们进行了连续/脉冲点火试验,验证了 HAN/[Emim][EtSO$_4$] 双模式离子液体推进剂的化学点火模式。连续点火试验结果表明,该发动机在不同贮箱压力下均可以顺利完成建压,工作过程中燃烧室压力较为稳定,模型样机通过了 1000s 连续点火工况。在两种不同占空比脉冲工作模式下,模型样机工作正常。在长时间工作状态下,推进剂稳态比冲达到 190s。

双模式离子液体推进剂的电喷雾可行性通过电喷雾试验得到了验证。结果证明,HAN/[Emim][EtSO$_4$] 系列推进剂在高电压作用下可实现稳定电喷雾工作模式。

参考文献

[1] Berg S P. Development of ionic liquid multi-mode spacecraft micropropulsion systems[D]. Rolla,MO,U. S.：Missouri University of Science and Technology,2015.

[2] Berg S P, Rovey J L. Assessment of multimode spacecraft micropropulsion systems[J]. Journal of Spacecraft and Rockets,2017,54(3):592-601.

[3] Rexius T, Holmes M. Mission capability gains from multi-mode propulsion thrust profile variations for a plane change maneuver[C]//AIAA Modeling and Simulation Technologies Conference, Portland, OR, U. S.,2011.

[4] Berg S P, Rovey J. Performance analysis of an integrated multi-mode chemical monopropellant inductive plasma thruster[C]//49th AIAA/ASME/SAE/ASEE Joint Propulsion Conference, San Jose, CA, U. S.,2013:16.

[5] Donius B R, Rovey J L. Ionic liquid dual-mode spacecraft propulsion assessment[J]. Journal of Spacecraft and Rockets,2011,48(1):110-123.

［6］ Takao Y，Inoue N，Suzuki K，et al. Development of ionic liquid electrospray thrusters with a massive emitter array for higher thrust density［C］//36th International Electric Propulsion Conference，Vienna，Austria,2019:1-7.

［7］ de Grys K H，Wilson A C. Ionic liquid multi-mode propulsion system：WO-2010036291-A4［P］.2010.

［8］ 陈巧丽.微尺度下液体流动、传热特性及其应用研究［D］.杭州:浙江大学,2016.

［9］ 周颖.离子液体的物性估算及其醇溶液的微管流动特性研究［D］.杭州:浙江大学,2013.

［10］ Saroj A L，Singh R K. Thermal，dielectric and conductivity studies on PVA/Ionic liquid ［EMIM］［EtSO₄］based polymer electrolytes［J］. Journal of Physics and Chemistry of Solids，2012,73(2):162-168.

［11］ Wheeler J L，Pugh M，Atkins S J，et al. Thermal breakdown kinetics of 1-ethyl-3-methylimidazolium ethylsulfate measured using quantitative infrared spectroscopy［J］. Applied Spectroscopy,2017,71(12):1-6.

［12］ Rovey J，Lyne C T，Mundahl A J，et al. Review of chemical-electric multimode space propulsion［C］//AIAA Propulsion and Energy 2019 Forum，Indianapolis，IN，U. S.，2019.

［13］ Mundahl A J，Berg S P，Rovey J L，et al. Characterization of a novel ionic liquid monopropellant for multi-mode propulsion［C］//53rd AIAA/SAE/ASEE Joint Propulsion Conference，Atlanta，GA，U. S.，2017.

［14］ Berg S P，Rovey J L. Decomposition of monopropellant blends of hydroxylammonium nitrate and imidazole-based ionic liquid fuels［J］. Journal of Propulsion and Power,2013,29(1):125-135.

［15］ Berg S P，Rovey J. Decomposition of a double salt ionic liquid monopropellant on heated metallic surfaces［C］//52nd AIAA/SAE/ASEE Joint Propulsion Conference，Salt Lake City，UT，U. S.，2016:8.

［16］ Berg S P，Coleman B，Rovey J. Decomposition of ionic liquid ferrofluids for multi-mode spacecraft propulsion［C］//50th AIAA/ASME/SAE/ASEE Joint Propulsion Conference，Cleveland，OH，U. S.，2014:10.

［17］ Mundahl A J，Rovey J，Berg S P. Linear burn rate of monopropellant for multi-mode micropropulsion［C］//2018 Joint Propulsion Conference，Cincinnati，OH，U. S.，2018.

［18］ Rasmont N，Broemmelsiek E J，Rovey J L. Linear burn rate of green ionic liquid multimode monopropellant［J］. Combustion and Flame,2020,219:212-224.

［19］ Berg S P，Rovey J，Prince B，et al. Electrospray of an energetic ionic liquid monopropellant for multi-mode micropropulsion applications［C］//51st AIAA/SAE/ASEE Joint Propulsion Conference，Orlando，FL，U. S.，2015:12.

［20］ 王文涛,马智勇,丛伟民,等.一种多任务模式离子液体推进剂的制备、表征及催化分解研究［J］.推进技术,2020,41(2):455-466.

第6章　绿色液体空间微推进技术

6.1　引　言

微机电系统（micro-electro-mechanical system，MEMS）和光学微机电系统（micro-opto-electro-mechanical system，MOEMS）的微纳技术的发展，使微卫星（microsat）、纳卫星（nanosat）和皮卫星（picosat）等微小卫星的实现成为可能。目前国际上较为通用的按质量进行的卫星分类以及典型卫星如图 6-1 所示。美国航空航天公司（Aerospace Corporation）于 1993 年在一份研究报告中首次提出纳卫

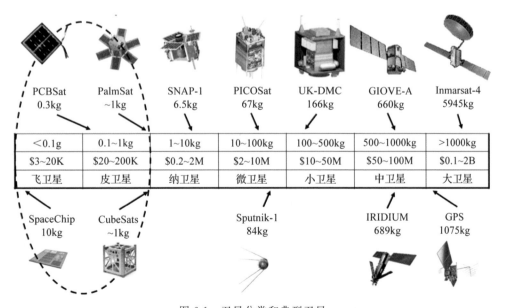

PCBSat	PalmSat	SNAP-1	PICOSat	UK-DMC	GIOVE-A	Inmarsat-4
0.3kg	~1kg	6.5kg	67kg	166kg	660kg	5945kg

<0.1g	0.1~1kg	1~10kg	10~100kg	100~500kg	500~1000kg	>1000kg
$3~20K	$20~200K	$0.2~2M	$2~10M	$10~50M	$50~100M	$0.1~2B
飞卫星	皮卫星	纳卫星	微卫星	小卫星	中卫星	大卫星

SpaceChip	CubeSats		Sputnik-1		IRIDIUM	GPS
10kg	~1kg		84kg		689kg	1075kg

图 6-1　卫星分类和典型卫星

星的概念,这为广义的小卫星(smallsat)的设计思想带来了根本变革。广义的小卫星根据质量规模,可分为狭义的小卫星(minisat,100~500kg)、微卫星(10~100kg)、纳卫星(1~10kg)、皮卫星(0.1~1kg)以及飞卫星(femtosat,<0.1kg)。"微纳卫星"是一个泛称,通常指<100kg的小卫星,尤指<50kg的小卫星。微纳卫星是基于微电子技术、微机电技术、微光电技术等微纳技术而发展起来的,体现了航天器微小化的发展趋势。为了降低发射费用,微纳卫星多采用一箭多星的搭载方式发射。微纳卫星技术研究及其组网应用技术是国际卫星技术研究的热点之一,属高新技术探索范畴,主要应用在通信、军事、地质勘探、环境与灾害监测、交通运输、气象服务、科学实验、深空探测等方面[1]。

在当今商业社会,技术更新的周期已缩短到 6 个月,小卫星由于研制周期短、成本低,已成为新技术、新概念的演示验证的重要平台。1999 年,加州理工学院和斯坦福大学提出了"立方体"卫星标准,尺寸为 10cm×10cm×10cm,质量约为 1kg 的卫星称为立方体卫星(简称立方星,CubeSat,常用 1U 表示)[2-3]。立方星具有普通卫星所有的基本功能,包括姿态确定和控制、星地通信、星上数据处理和存储,以及一些技术验证模块、传感器或相机等。立方星还可以扩展成 2U、3U、6U 以及 12U 立方星等。多单元立方星可以由其中一个单元提供常规卫星所需要的基本功能,而其他单元根据用户需求提供服务功能,如对地观测、大气测量、宇宙射线检测等。

立方星的主要特点和优势在于其具有标准的发射接口、低廉的制造和发射成本以及极短的研制周期,便于新技术的及时应用。立方星在技术探索和单项技术试验方面发挥了独特作用,未来军事应用潜力巨大。美国国家侦察局(NRO)曾表示,立方星将带来新一轮的技术革命并将很快引发新的空间竞赛。

随着立方星技术和标准逐渐成熟,美国军用和民用航天部门均制订了大规模的基于立方星的空间试验验证计划。以美国国防部高级研究计划局(DARPA)为代表的美国军方提出"群落"(Colony)、纳卫星空间态势感知等一系列低成本立方星计划。"群落"计划是 NRO 为降低侦察卫星的研制风险,启动的一项利用立方星作为空间试验平台进行新技术验证的项目,首批订购了 12 颗立方星,后续将继续订购 20~50 颗立方星,每颗立方星价值约 25 万美元。"群落"计划将一年制造 10 颗立方星,每两年对卫星平台进行更新,每年对有效载荷进行重新挑选,以保证新技术的及时应用。"群落"计划第一阶段主要关注立方星平台技术,如低成本高精度控制力矩陀螺、即插即用姿态控制系统等;第二阶段重点关注载荷技术,如超光谱相机、无结构天线等。

2011—2019 年,微纳卫星的发射数量增加了 10 倍。2020 年,SpaceWorks 公

司网站发布第十版《微纳卫星市场预测报告》,给出了微纳卫星市场的最新观察与趋势分析,并对 2020—2024 年微纳卫星的市场发展进行预测,认为未来五年仍将保持高速增长态势,将有 1800～2400 次微纳卫星发射;到 2024 年,全球对 1～50kg 微纳卫星的年需求量最高可达 459 颗。2000—2012 年,微纳卫星的平均年增长率为 8.6%。根据已公布的数据,2013—2020 年微纳卫星的平均年增长率达到 16.8%,每隔五年(2001—2005,2006—2010,2011—2015),微纳卫星的年发射数量增加 2 倍。目前公布的 2013—2030 年期间的微纳卫星计划如表 6-1 所示。微纳卫星过去及未来的应用统计如图 6-2 所示。

表 6-1　目前公布的 2013—2030 年期间的微纳卫星计划

计划名称	启动时间	组织机构	数量
美国"鸽群"卫星	2013 年	美国 Planet Labs	298
中国"天格计划"	2018 年	天仪研究院/清华大学	24
美国"狐猴"星座	2020 年	美·施派尔公司	29
美国"鹰眼 360"星座	2019 年	美国鹰眼 360 公司	18
中国"灵鹊"星座	2018 年	零重空间/华讯方舟	132
中国"珠海一号"星座	2017 年	珠海欧比特宇航科技股份有限公司	34
加拿大卫星物联网星座	2018 年	开普勒通信公司	140
中国"吉林一号"星座	～2030 年	长光卫星公司	134
大气低热层探测 QB50 计划	2015 年	欧盟	36

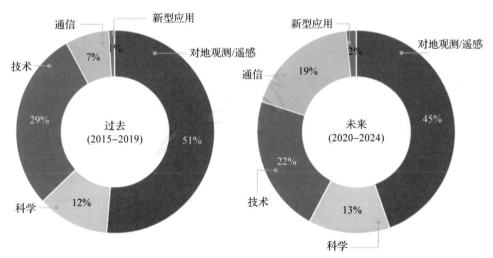

图 6-2　微纳卫星过去及未来的应用统计

2017 年有超过 300 颗微纳卫星发射升空,这项数据超出了 SpaceWorks 的深度市场潜力预测,相比 2016 年的发射数量增长 205 个百分点。2017 年 2 月,PSLVC37 创下一箭 104 星的记录,其中大部分是微纳卫星。Planet 公司收购了 TerraBella 公司,发射了 146 颗卫星,实现了每日重访覆盖。命运多舛的 QB50 计划也正式实施,在轨部署了 36 颗微纳卫星,截至 2020 年,累计发射 1000 余颗微纳卫星。

微纳卫星的发展主要由民用领域主导,但国防和情报领域对微纳卫星的兴趣和参与度正在逐步提升。微纳卫星未来将在科学、技术、对地观测/遥感方面得到广泛应用(图 6-2)。

微纳卫星应用中的"微推进"包含两层含义:推力或冲量微小;体积、质量和功耗微小。这意味着整个推进系统制作得非常精细,并且功率消耗微小,可用于受体积和功耗限制的立方星任务。微推进并不专属于微小卫星,许多大卫星的高精度控制任务也需要微推进实现;而立方星受体积和功耗的限制,必须采用微推进。

近年来,立方星从科学验证、数据采集等简单的任务出发,利用编队飞行、组网等,向具有实质性功能的遥感遥测、侦察、预警等方向发展。越来越多的立方星要求推进系统具有微小推力(mN 级或 μN 级)、小冲量元($\mu \cdot$ Ns)、高总冲的工作特性,并要求达到尽可能高的推重比。推进系统模块一般采用增材制造、金属 MEMS 或常规方法进行微小型化。

6.2 系统模块设计

6.2.1 增材制造微推进技术

单组元微推进模块采用微小型单组元空间发动机[4],采用 ADN 或肼作为推进剂,集成了加注阀、贮箱、压力传感器、发动机等。一般利用 3D 打印技术实现模块主体结构或常规管路连接的集成。

针对微纳卫星高总冲的需求,Aerojet Rocketdyne 公司于 2011 年 4 月开始,在自主研发基金支持下,基于增材制造技术,开始研制肼推进剂的立方星高总冲可扩展模块化推进系统[5],相对于冷气系统,该系统总冲量有巨大提高,对比同样体积的冷气系统,约提高 10 倍,可提供滚转、俯仰、偏航控制以及单轴的轨道控制。

2014 年该公司研发的主要产品为 MPS-120 和 MPS-130。MPS-130 与 MPS-120 结构相似,MPS-130 采用了高能无毒推进剂,MPS-120 采用了肼推进剂,主体结构采用 3D 打印技术实现[6]。

在 MPS-120 的活塞式推进剂贮箱之前,该公司研制了一种使用球形推进剂贮箱的推进器,如图 6-3 所示。以下为球形推进剂贮箱的图片及通道等布局:利用 3D 打印技术,制作上下两部分;利用机械加工方法,处理与气体部件接口和界面,最后再将各部分组装在一起。增材制造单组元微推进模块如图 6-4 所示。

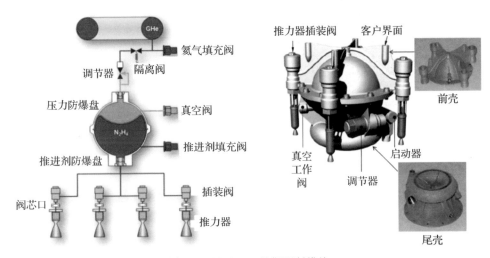

图 6-3　MPS-120 早期研制模块

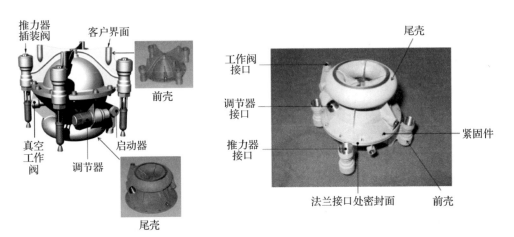

图 6-4　增材制造单组元微推进模块

后续研制的 MPS-120 单组元系统如图 6-5 所示。发动机推力为 0.5～1N,总冲量达到 600N·s,系统重量为 1.6kg。

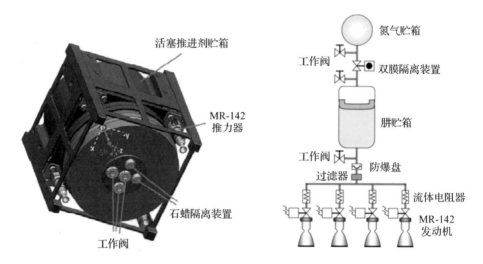

图 6-5　MPS-120 单组元系统

2016 年 5 月,NASA 同 Aerojet Rocketdyne 公司签订了研制合同。该合同属于 NASA 利用公私合作方式推进临界点技术计划的一部分,旨在进一步提高该项技术的成熟度。在此合作下,Aerojet Rocketdyne 公司于 2017 年 12 月交付一套完整的 MPS-130 绿色推进系统,开展飞行演示验证[7]。

MPS-130 为基于增材制造的模块化单组元推进系统,体积为 1U(100mm×100mm×113mm),采用 HAN 基推进剂 AF-M315E,该推进剂主要组分为硝酸羟胺(HAN)、硝酸羟乙基肼(HEHN)和水。该系统由氮气气瓶、服务阀、隔离阀、活塞式推进剂贮箱、过滤器、流阻器件、4 台 MR-143 发动机组件等组成。贮箱以及安装接口均通过增材制造实现。

MPS-130 主要设计指标如下。

- 外廓尺寸:100mm×100mm×113mm。
- 重量:干重<1.3kg,总重量<1.6kg。
- 总冲量:600N·s。
- 额定推力:1.5N。
- 工作温度范围:5～50℃。
- 阀门功率:启动功率<4W,工作维持功率<1W。

- 阀门启动电压：6～8V，工作维持电压 1～2V。
- 加热功率：7W。

MPS-130 单组元系统如图 6-6 所示。MPS-130 系统采用了绿色高能无毒推进剂，系统干重为 1.3kg，总重量为 1.7kg。携带推进剂为 400g，推力为 0.24～1N，模块体积为 1U(100mm×100mm×113mm)，总冲量达到 780N·s。为了满足较高总冲量的需求，支持模块扩展，可将两个 1U 模块扩展为 2U、4U 等。

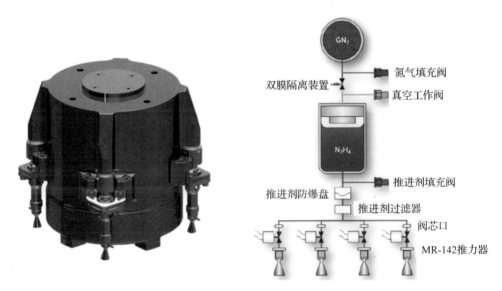

图 6-6　MPS-130 单组元系统

同时，Aerojet Rocketdyne 公司通过增材制造成功制备了 MPS-120 整套系统（图 6-7），并且完成了整套系统的点火试验，总冲量为 515N·s。

图 6-7　增材制造 MPS-120 系统点火验证

6.2.2 金属 MEMS 微推进模块

VACCO 公司采用金属 MEMS 技术形成了微推进模块制造工艺。VACCO 公司的绿色单组元推进剂微推进系统(Micro Propulsion System, MiPS)为完全独立的立方星姿态控制和主推进系统提供了高度可靠的解决方案。喷气推进实验室(JPL)的 Lunar Flashlight 计划将使用 VACCO 公司为 ADN 绿色推进剂配置的 MiPS 来执行其月球测量任务。MiPS 的体积约为 3U,使用四个 100mN 的空间发动机来实现 3320N·s 的总冲量,为 14kg 立方星提供 237m/s 的速度增量。每个发动机独立运行,执行由集成微处理器控制器控制的 Delta-V 和 ACS 操作。VACCO 微推进模块如图 6-8 所示,其运行参数和流程如图 6-9 所示。

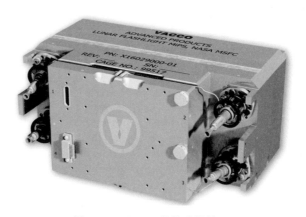

图 6-8　VACCO 微推进模块

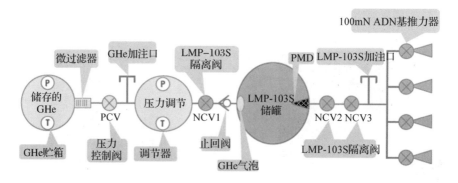

图 6-9　VACCO 微推进模块运行参数和流程

6.2.3　常规管路连接微推进模块

MOOG 公司于 2013 年设计了基于常规方法的 1U 微推进模块(图 6-10),系统重量为 1.65kg,总冲量为 1130N·s,推进剂采用肼,比冲为 245s,推力为 0.1~0.5N[8]。

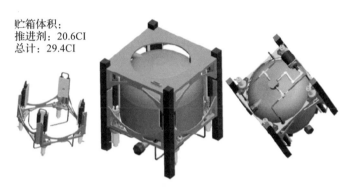

贮箱体积:
推进剂:20.6CI
总计:29.4CI

图 6-10　MOOG 微推进模块

BUSEK 公司于 2016 年开展了 1U 微推进模块技术研究,研制了 BGT-X5 推进模块(图 6-11),布置一台发动机,采用 CO_2 冷气发生器在模块入轨后进行增压。由 CO_2 冷气发生器产生气体,产生 3.1MPa 气体进行增压。总冲量为 565N·s,系统重量为 1.5kg,采用 AF-M315E 推进剂。

图 6-11　BUSEK 无毒单组元模块及发动机组件

该模块在 2.7MPa 工作时,推力为 500mN,比冲为 220~225s,脉冲冲量为 0.03N·s。该模块集成了控制驱动电路,通过 RS-422、I2C 等通信。BGT-X5 推进模块点火试验曲线及图像如图 6-12 所示。

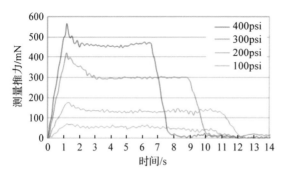

图 6-12　BGT-X5 推进模块点火试验曲线及图像

Stellar 探索公司发展了单组元微推进模块(图 6-13),采用肼推进剂,模块重量为 1kg 左右,推力为 1.5N,总冲量为 500N · s。

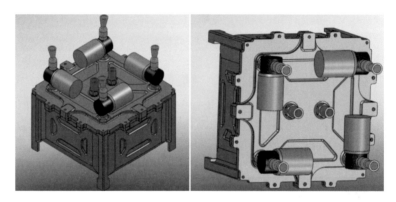

图 6-13　方体贮箱结构

国内高总冲模块化推进系统研究处于起步状态,北京控制工程研究所针对皮纳卫星需求,完成了基于常规管路连接方法的微推进系统模块化研究,并已完成在轨应用。

常规管路连接的微推进系统如图 6-14(a)所示,额定真空推力为 0.2N,最小冲量为 0.006N · s,模块系统干重为 1.65kg,功率为 4W,体积为 500mm×300mm×100mm。该系统已在轨飞行。

同时,北京控制工程研究所基于固体冷气增压技术,研制了高集成度单组元无毒微推进模块,如图 6-14(b)所示。单组元微推进模块由固体冷气发生器产生气体并进行推进剂挤压,室压工作范围为 2.0MPa～1.0MPa。当气室内压力低于 1.0MPa 时,触发下一个发生器工作,从而可以保持较高的室压,推力器的性能得

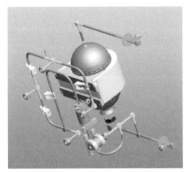

(a) 常规管路连接的微推进系统

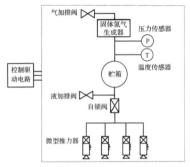

(b) 基于固体冷气的高集成度单组元微推进模块

图 6-14　单组元推进系统

以提高。模块配置 4 台 200mN ADN 基推力器，这 4 台推力器组件对称安装、配对使用。微纳星入轨后，发生器开始工作，其产生的高压气体注入气室内；当有轨道控制需求时，星载计算发出控制指令，对称分布的两台推力器同时工作并产生冲量。气室可以保持较高室压工作，有利于提高推力器性能。

6.3　推力器优化设计

6.3.1　发动机总体结构方案

　　高性能微小型发动机是模块化单组元推进系统的重要组成部件。在绿色无毒发动机方面，系统的高集成度、尺寸的微小型化对空间发动机的研制提出新的要求，例如小流量下的推进剂稳定输运、发动机热流管理等[9-10]。

  Aerojet Rocketdyne 公司的微推进模块采用 AF-315E 高能绿色无毒推进剂,设计了一款发动机(图 6-15)。该发动机采用铼铱喷管以及催化床,推力为 0.26~2.8N。

  BUSEK 公司开展微型高能无毒发动机技术研究,采用 AF-315 推进剂,功率为 15W,推力为 500mN(图 6-16)。

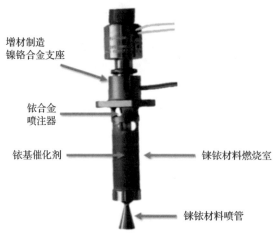

增材制造
镍铬合金支座

铱合金
喷注器

铱基催化剂

铼铱材料燃烧室

铼铱材料喷管

图 6-15 MR-142 发动机

图 6-16 0.5N ADN 基发动机

  Honeywell 公司研制了一种微型双组元推进系统,氧化剂和燃料分开贮存,101.6mm 的硅片上放置 104 个微发动机,每个微发动机的推力为 10mN,比冲预计达 200s,脉冲冲量为 $3\mu N \cdot s$,整个系统重量为 2.4g。

  NASA 的 Goddard 空间飞行中心研制了 H_2O_2 单组元微发动机(图 6-17),其采用微加工技术加工发动机本体,使用适当催化剂(如硅结构镀银、氧化铝镀铂)

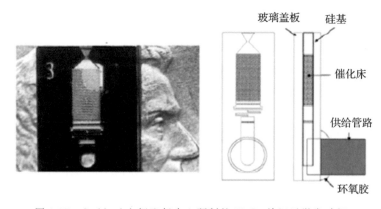

玻璃盖板 硅基

催化床

供给管路

环氧胶

图 6-17 Goddard 空间飞行中心研制的 H_2O_2 单组元微发动机

将 H_2O_2 分解为水和氧,气相产物通过喷管产生推力。微推系统主要性能如下:推力 0.01~1mN,冲量元 0.001~1mN·s,比冲 130s,功率小于 1W,寿命 2 年。这种技术方案最大的问题是过氧化氢的储存,储存时间一般很难超过 1 年。

美国 JPL 研制了两种类型的以肼为推进剂的液体单组元微发动机:最小冲量发动机(MI)和 mN 级肼发动机(HmNT)。这两种发动机均通过快速阀控制冲量的大小。样机照片及相关性能指标分别如图 6-18、图 6-19 和表 6-2 所示。技术困难主要是阀门功率相对过高带来的热效应对推进剂输运过程的影响。

图 6-18　JPL 研制的 MI 单组元微发动机

图 6-19　JPL 研制的 HmNT 单组元微发动机

表 6-2　JPL N_2H_4 单组元微发动机性能

发动机	推力/N	功率/W	质量/g	最小冲量/($\mu N \cdot s$)
MI 发动机	0.75	8	116	100
HmNT 发动机	0.02	8	40	20

麻省理工学院研制了以液氧/酒精为推进剂的液体双组元微发动机,设计目标如下:推力 15N,流量 5g/s,推力与重量比 1000:1,比冲 290s,推力室和喷管由 6 个晶片粘贴而成。其系统、发动机结构和点火图片如图 6-20 所示。

韩国科学技术院利用 MEMS 工艺研制绿色推进剂液体微推进系统,制作了多种微发动机。为了保证足够推进剂分解和克服过多的热量损失,选择低导热特性的光敏玻璃作为催化床,采用硅制造微型喷管。五层玻璃与发动机各部件封装组成发动机(图 6-21),催化剂选用铂作为活性材料、氧化铝作为载体。催化剂装入推力室后,进行全玻璃层集成封装。韩国科学技术院采用三种不同的推进剂进行了试验:纯过氧化氢,少量乙醇混合过氧化氢,以及 ADN 基推进剂。为了改善热应力引起的玻璃破碎问题,通过 MEMS 工艺在发动机上加装了冷却通道(图 6-22),将温度从 1000℃ 左右降至 600℃,降温效果良好。

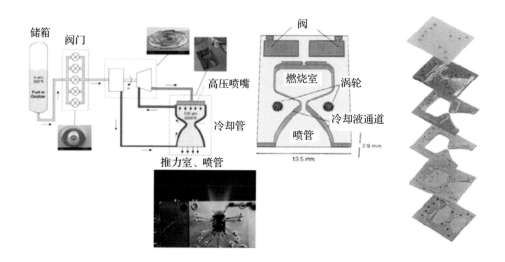

图 6-20 液体双组元系统、发动机结构和点火图片

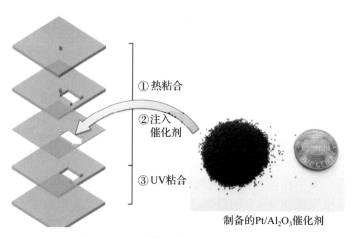

图 6-21 无冷却通道 MEMS 发动机

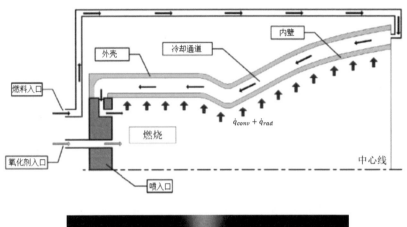

图 6-22　带冷却通道 MEMS 发动机

德国宇航中心等单位合作研发了一套基于 MEMS 技术的单组元推进系统（μCPS）。首先研制单独的微型阀、微型加热器和微型发动机，其次将各个微型部件通过先进制造技术和接口封装技术进行集成以实现最终的高集成度、完整的 μCPS 系统。集成化的 H_2O_2 单组元微发动机如图 6-23 所示。

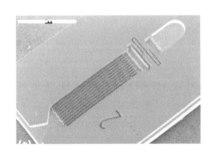

图 6-23　H_2O_2 单组元微发动机

6.3.2 热设计及管理

如前文所述,在小推力(百毫牛量级)液体化学空间发动机的研制和试验测试当中易出现由热管理问题带来的推力不稳定现象。在小推力条件下,一般采用内径接近 10^{-1} mm 的毛细管作为推进剂供给流道,受到下游发动机内催化燃烧放热影响,上游毛细管内部(图 6-24)可能会发生相变进而引起流动波动甚至气阻。ECAPS、BUSEK 等公司的微小推力发动机产品一般也都会采用专门的热控措施来缓解和抑制由热流带来的流体输运不稳定问题。对于这一问题,北京控制工程研究所从机理的解释和解决角度开展了相关研究工作[11]。

图 6-24　发动机热管理结构

在微尺度流道内的两相流动和相变流动特性数值模拟研究方面,Wu 等[12]采用格子玻尔兹曼(Lattice-Boltzmann)方法对受限微尺度空间内的流体相变问题进行了研究。Shams 等[13]采用 VOF(体积分数)模型求解了微尺度流道内的气泡分布和运动过程。Tryggvason 等[14]采用 DNS 方法对微流道内的气泡生成过程进行了模拟,探讨了气泡生成机理。大连理工大学的孙童童[15]采用分子动力学方法对微尺度通道内的液体相变过程进行了研究。

采用 VOF 方法的两相连续流模拟方法对 ADN 基推进剂在毛细管内的多相流动过程进行建模仿真,是评估分析毛细管下游强化散热措施、入口条件等因素对抑制毛细管流动相变效果的一个有效途径。

具体的算法选择如下:压力-速度耦合采用 SIMPLE 算法,其中压力项为 PREST 算法,二阶迎风格式。壁面为无滑移和流固热耦合边界。计算时间步长

设定为 $1.0 \times 10^{-7} \text{s}$，可以保证计算过程中的库朗数低于 0.6。

计算域包括喷注器、毛细管。对该计算域的网格划分如图 6-25 所示。整个计算域包括流体域和固体域两个部分。流体域为毛细管内空腔和毛细管出口部分锥台形空间。为提高两相流动的计算精度，流体区域采用以六面体为主，配合少量五面体的网格划分形式。固体域仅需求解能量方程，对网格形体的要求相对较低，采用四面体网格，并在与流体域连接区进行了渐变网格加密，以保证对该区域温度梯度的求解精度。流

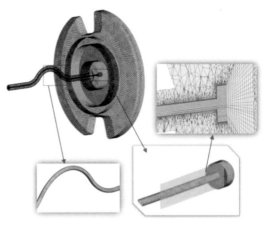

图 6-25　计算域与网格划分

体域和固体域的平均网格尺度分别为 $12 \mu\text{m}$ 和 $246 \mu\text{m}$。

计算域左侧为推进剂的质量流量入口（基准值为 0.1g/s），流体域的最右侧为压力出口。设定发动机内的燃烧压力为 1.0MPa。计算毛细管内径为 0.15mm，毛细管长度为 25mm。假定环境为真空，将固体材料辐射发射率设为 0.2。固体和流体域的初始温度均为 300K，将喷注器与发动机连接处假定为温度边界。根据试验测量，本次计算将该值设定为 1000K。同时，假定初始时刻毛细管内充满推进剂液体。

图 6-26 和图 6-27 分别给出了计算开始后 4ms 时喷注器和毛细管外/内表面的温度分布。图 6-26 显示，发动机壳体的高温向上游传导，喷注器圆盘形结构的

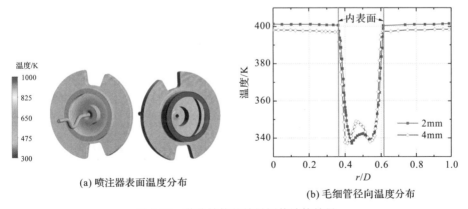

(a) 喷注器表面温度分布

(b) 毛细管径向温度分布

图 6-26　散热结构的效果评估计算结果

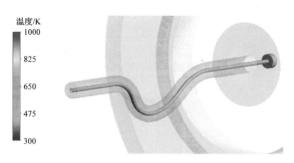

温度/K
1000
825
650
475
300

图 6-27　毛细管的温度分布计算结果

辐射散热作用降低了向毛细管的传热量。距离毛细管出口约 3mm 处的外表面温度约为 351K,与试验结果(340K)接近,仿真误差为 3.23%。图 6-26(b)给出了距离毛细管出口 2mm、4mm 上游区域截面的径向温度分布(D 为毛细管外径)。结果显示,受到推进剂的冷却作用,两处统计的毛细管内表面温度要略低于外表面。

　　4ms 时毛细管的内部气泡分布如图 6-28 所示。在毛细管弯管区域存在少量小尺度气泡,气泡沿着毛细管轴向下游方向逐渐增大,如图 6-28(a)所示。毛细管壁面的热传导造成了内部气泡的形成与发展。局部气泡形态和两个截面处的温度与切向速度分布如图 6-28(b)所示。温度云图上限为 390K,切向速度上限为 8.5m/s。结果显示,气泡对毛细管内流体流动造成了一定的影响,气泡周围的流体速度存在显著的非均匀分布。流场的非均匀性和脉动又会对气泡的生长和输运造成影响。这种气泡-流动的相互作用不但会影响毛细管的有效流通特性,而且会对毛细管出口气液体积比、射流扰动特性等造成影响,进而影响下游发动机的工作特性。

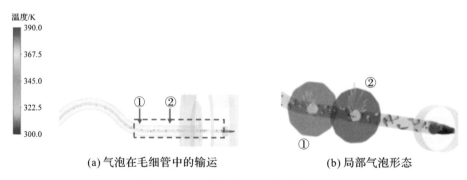

温度/K
390.0
367.5
345.0
322.5
300.0

(a)气泡在毛细管中的输运　　　　(b)局部气泡形态

图 6-28　毛细管的气泡分布计算结果

气泡出现后(约 2ms),毛细管出口截面的速度、压力以及毛细管内部气泡总体积随时间变化如图 6-29(a)所示。毛细管内部存在明显的流场波动。通过对图6-29(a)中的三种数据波动进行快速傅里叶变换(FFT)分析,得到如图 6-29(b)所示的频谱结果。速度和压力的峰值波动频率均出现在 1.6kHz 附近,而气泡体积分数振动的三处峰值频率出现在约 2.2kHz、4.3kHz 和 18.5kHz 位置。相对于速度和压力的峰值频率,气泡体积分数的振动频率更高。流体黏性可能会造成上述频率偏差。计算获得的毛细管出口流动速度、压力和气液体积分数结果可作为下游射流破碎分析和仿真的重要输入参数或边界条件。

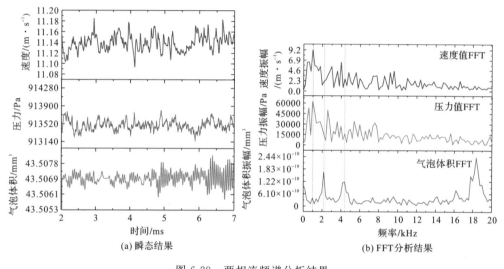

图 6-29　两相流频谱分析结果

为了保障发动机能够稳定工作,设计层面可以在毛细管下游增加散热结构。通过热传导的形式将热量导出,以降低毛细管下游的温度,抑制毛细管内两相流产生。散热结构导热截面积为 2.5mm²,导热功率为 3W。该导热面标注为图 6-30中的"强化传热散热面",向外传热的热流密度经计算为 1200kW/m²。有/无散热结构条件下的毛细管内轴向截面的速度和气体体积分数分布如图 6-30 所示。结果显示,两种情况的速度分布形态接近,但有散热结构的速度峰值增加,且毛细管内的气泡体积降低。这说明散热装置对于抑制气泡形成、降低流阻有一定的效果。

为了定量对比散热结构对相变特性的影响,我们对毛细管出口截面的瞬时气体面积进行了统计,如图 6-31 所示。图中每一个尖峰横坐标和纵坐标分别代表气

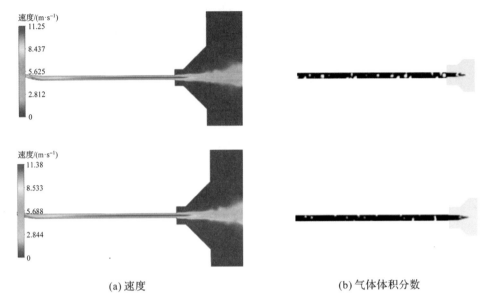

(a) 速度　　　　　　　　　　　　　(b) 气体体积分数

图 6-30　毛细管内速度和气体体积分数分布(上图为无散热结构,下图为有散热结构)

泡流经出口的时间和气泡瞬时总截面积 S_g。S_g 由下式求得:

$$S_g = \sum_{i=1}^{n} \alpha_i A_i$$

其中,n 为毛细管出口截面上的单元面数量,α_i 和 A_i 分别为单元面 i 上的气相体积分数和面积。可以看到,采用散热结构后,毛细管出口的气泡瞬时总截面积值低于无散热结构的结果。

　　有/无散热结构条件下的毛细管内瞬态气泡体积如图 6-32 所示。采用散热结

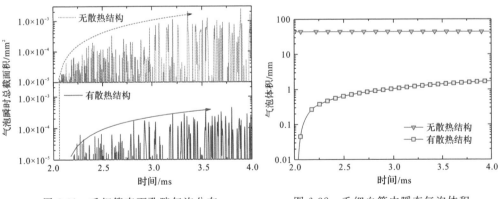

图 6-31　毛细管表面孔隙气泡分布　　　　图 6-32　毛细血管内瞬态气泡体积

构后,毛细管内的气泡体积显著降低。与无散热结构相比,毛细管内气泡产生的时间推迟且气泡体积降低超过 1 个数量级。散热结构可疏导热量,有效降低对上游毛细管的热回浸作用,从而抑制推进剂的相变。

推进剂质量流量的不同会影响流固传热和液体升温,从而改变毛细管内的流动与相变特性。在试验研究中,我们也发现在不同工况下,毛细管瞬态流阻或压降存在差异。假定入口质量流量值分别为 0.06g/s、0.08g/s、0.1g/s、0.12g/s 和 0.14g/s。其他边界条件均维持基准值。不同质量流量条件下的毛细管内气泡分布情况(4ms)如图 6-33 所示。结果显示,随着质量流量的增加,毛细管内的气泡数量和体积均明显减少;当质量流量较低时,气泡形成的区域更加靠近上游。在当前研究的质量流量条件范围内,气泡均在毛细弯管段上游形成。

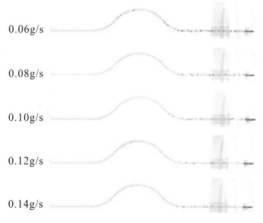

图 6-33　不同质量流量条件下毛细血管内气泡分布

毛细管出口截面的气泡瞬时总截面积如图 6-34 所示。可以看到,随着质量流量的增加,出口截面气体量明显减少。2～7ms 毛细管内质量流量与气泡体积的关系如图 6-35 所示。随着质量流量的增加,毛细管内的气泡体积显著减少。原因在于入口质量流量的增加提高了推进剂在毛细管内的平均流速,降低了流固传热时间,进而降低了流体温升,从而弱化了液体相变。计算结果表明,提高推进剂的质量流量(速度)可显著降低推进剂在毛细管内的相变。

接下来评估热回浸温度对毛细管内推进剂流动状态的影响。将发动机工作温度设定在 800K、900K、1000K 和 1100K,并将该温度值设置为热回浸温度(喷注器温度边界条件)。不同温度条件下的毛细管内气泡分布(4ms)如图 6-36 所示。

随着热回浸温度的增加,毛细管内的气泡体积显著增加,气泡形成区向毛细管上游移动。

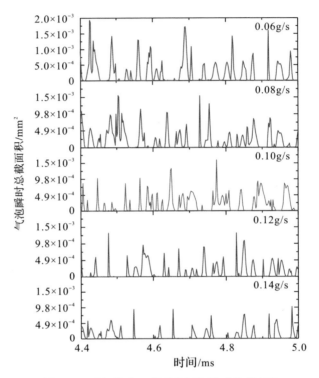

图 6-34 毛细管出口截面的气泡瞬时总截面积

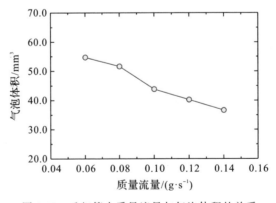

图 6-35 毛细管内质量流量与气泡体积的关系

图 6-36　毛细管内注入气泡温度的影响

　　毛细管出口截面的气泡瞬时总截面积如图 6-37 所示。结果显示，随着下游热回浸温度的增加，气泡瞬时总截面积的峰值明显增加。

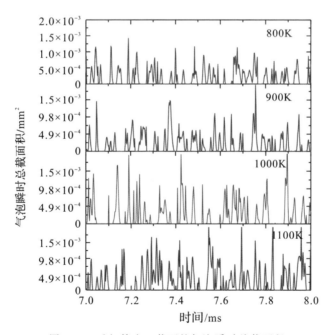

图 6-37　毛细管出口截面的气泡瞬时总截面积

　　2～7ms 毛细管内温度与气泡体积的关系如图 6-38 所示。随着下游温度的增加，毛细管内的气泡体积显著上升。热回浸温度从 800K 上升到 1100K，毛细管出口气泡体积增加128％。更高的热回浸温度导致毛细管内的气泡量增加,两相流动更加剧烈。显然,降低热回浸温度是抑制毛细管内推进剂相变和气泡发展的途径之一。热回浸温度增加,将增强毛细管段的流固传热,使得推进剂相变问题加剧。因此,为了抑制相变,有必要降低发动机向喷注器的传热,提升毛细管的散热作用,从而降低热回浸温度。

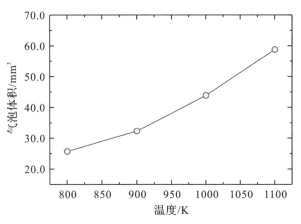

图 6-38　毛细管内温度与气泡体积的关系

6.3.3　催化燃烧匹配性研究

ADN 基推力器催化床中流体流动和传热极其复杂[16]。首先,在燃烧室上游的催化床中填充了数百个催化颗粒。其次,ADN 基推进剂从上游毛细管注入催化床中。通过催化分解产生的氧化物包括氮氧化物、O 和 O_2。最后,使用欧拉-拉格朗日方法对推力器内的流动和反应过程进行建模。离散相模型(DPM)用于模拟液体流动。Ergun 方程(如下所示)用于预测流动压降,该方法通常用于单相多孔介质或填充床中。

$$-\frac{\mathrm{d}p}{\partial z}=\frac{\mu}{K}J+\frac{\rho}{\eta}J^2=\frac{150(1-\varepsilon)^2\mu}{d_p^2\varepsilon^3}J+\frac{1.75(1-\varepsilon)\rho}{d_p\varepsilon^3}J^2$$

其中,$\mathrm{d}p/\mathrm{d}z$ 为沿着催化床轴向压力梯度,方程右侧的第一项和第二项分别为黏性损失和惯性损失,μ 和 ρ 为流体动力黏度和密度,J 为流体的表面速度,K 和 η 为常数,d_p 为催化颗粒的平均直径,ε 为床的孔隙率。

剪切应力传递(SST)k-ω 湍流模型用于模拟湍流项的闭合。本节采用非平衡传热模型,建立并求解了流体区域和固体矩阵区的两组能量方程。在非平衡情况下,控制方程组需要附加的闭合模型,包括流体热扩散(各向同性)、固体热扩散(各向同性)和流体-固体界面处的交换系数。流体和固体能量方程式如下:

$$\frac{\partial}{\partial t}(\varepsilon \rho_f E_f) + \nabla \cdot [\boldsymbol{u}(\rho_f E_f + p)] = \nabla \cdot (\varepsilon k_f \nabla T_f - \sum_i h_i J_i + \overline{\overline{\tau}} \cdot \boldsymbol{u}) + S_f^h + h_{fs} A_{fs}(T_f - T_s)$$

$$\frac{\partial}{\partial t}[(1-\varepsilon)\rho_s E_s] = \nabla \cdot [(1-\varepsilon)k_s \nabla T_s] + S_s^h + h_{fs} A_{fs}(T_f - T_s)$$

ADN 基推力器由催化床、燃烧室和拉瓦尔喷管组成。推力器标准状态如下:催化床的长度和直径分别为 14.8mm 和 6.0mm,燃烧室的长度为 7mm;床孔隙率为 0.65,其随粒径的增加而增加,以往研究表明,床孔隙率对流动和反应有很大的影响;入口质量流量为 0.1g/s,出口边界设置为真空条件。假定喉咙截面为圆形,壁面光滑。二维轴对称推力器如图 6-39 所示。

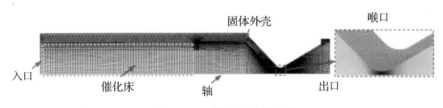

图 6-39　二维轴对称推力器

沿轴线横截面推力室内的温度、速度和质量分数等值线如图 6-40 所示,关键组分的空间分布紧密相关。催化床使用固定在推力器外部的加热器预热到 200℃,当 ADN 流入催化床中时,HN_3O_4 快速生成。甲醇在催化床的中部也被消耗,并且在同一位置形成 HCOOH。在高 OH 值的高温区域,具有高活化能的反应 $CO + OH \Longrightarrow CO_2 + H$ 加强了 OH 和 CO 的消耗。根据模拟,燃烧压力达到 1.02MPa,与实验值(1.06MPa)吻合良好,误差为 3.77%。

随着燃烧室长度变化,催化床上游发生的反应过程也受到影响。图 6-41(a)显示,随着燃烧室长度从 7mm 增加到 11mm,ADN 分布面积会缩小。但是,当燃烧室长度为 5mm 时,ADN 分布面积会再次显著增加,如图 6-41(b)所示。燃烧峰值温度基本相同,约为 1580K。

仿真结果表明,当燃烧室长度增加到 11mm 时,推力性能得到改善,最大推力为 0.205N,最佳比冲为 206s(表 6-3)。

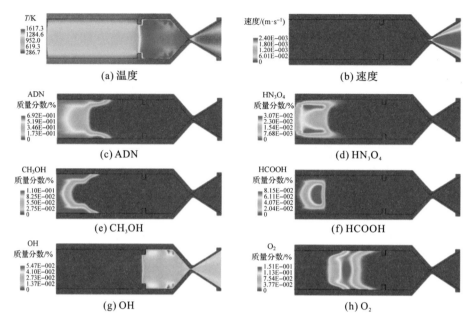

图 6-40　沿轴线横截面推力室内的温度、速度和质量分数等值线

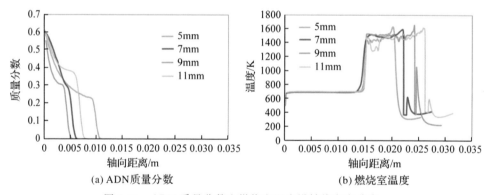

图 6-41　ADN 质量分数和燃烧室温度沿轴线方向分布

表 6-3　不同燃烧室长度下的模拟工作性能

燃烧室长度/mm	燃压/MPa	推力/N	比冲/s	燃烧室长度/mm	燃压/MPa	推力/N	比冲/s
5	0.984	0.186	186	9	1.025	0.204	205
7	1.021	0.202	203	11	1.026	0.205	206

为了优化催化床直径,我们总共选择了 6 个案例进行进一步研究。催化床直径的变化范围是 5~7.5mm,仿真结果如图 6-42 所示。当催化床直径为 7mm 时,推力器性能达到最优。在这种情况下,推力和比冲分别达到最大值 0.2061N 和206.1s。

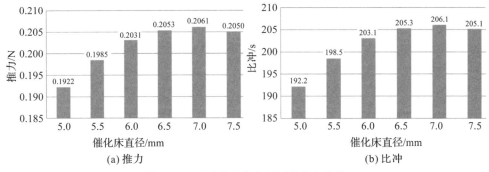

图 6-42 不同催化床直径下的推力性能

6.4 ADN 基 0.2N 推力器研制案例

ADN 基 0.2N 推力器组件主要应用于基于常规系统的微推进系统以及微推进模块中。推力器组件外包络尺寸按照模块化、微型化要求进行约束设计。

在设计思路上,ADN 基 0.2N 推力器组件采用高度微型化、催化分解燃烧技术及产品化的设计理念,在此基础上,我们进行了产品微型化以及微流量条件下的适应性优化研究,将 ADN 基 0.2N 推力器组件打造成通用产品,面向工程需求,主要开展推力器组件微型化设计、热控优化等。经过设计以及试验,ADN 基 0.2N推力器组件设计状态如下:

①采用中等能量配方 ADN 基推进剂;
②额定工作点箱压为 1.3MPa;
③采用催化分解燃烧技术,催化剂颗粒为 30~40 目;
④喷注器压降取 0.35MPa~0.45MPa;
⑤采用微型化电磁阀;
⑥喷注器采用导热铜片及铜丝散热结构;
⑦加热器采用螺旋状结构,单只铠装具备备份能力;
⑧设计床载取 3.6,计算得到催化床直径为 6mm,催化床长度为 15mm。

根据包络要求及停留时间,计算得到燃烧室长度为 5mm。ADN 基 0.2N 推力器组件技术状态如表 6-4 所示。

表 6-4   ADN 基 0.2N 推力器组件技术状态

组件	技术状态
推进剂	中等能量配方 ADN 基推进剂
额定工作点	额定推力:200mN 额定工作点箱压:1.3MPa 额定工作点燃压:0.9MPa 额定工作点的流量:0.1g/s
热接口	推力器温启动温度:≥200℃

ADN 基 0.2N 推力器组件组成如图 6-43 所示,主要包括电磁阀、喷注器、推力器和热控装置等。

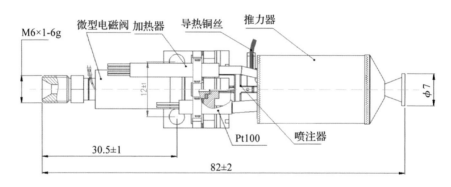

图 6-43   ADN 基 0.2N 推力器组件组成

6.4.1   喷注器设计

ADN 基 0.2N 推力器流量微小,流量控制的难度很大。我们借鉴单组元推力器的设计方案,最终采用了单根毛细管直流式喷注器结构。该结构采用毛细管作为流量的主要控制单元,但毛细管孔径不能太小。若孔径过小,工艺难度大,也容易引起小孔堵塞。为了兼顾毛细管孔径和流量要求,采用了全螺旋结构的毛细管结构。

设计喷注器压降在 0.35MPa～0.45MPa。

喷注器计算公式:

$$\Delta P = 0.5\rho\omega^2\left(H + \frac{0.3164l}{R_e^{0.25}d}\right) \quad R_e = \omega d/\nu$$

其中,ν 为流体运动黏性系数;ω 为流体平均流速;ρ 为流体密度;d 为毛细管内径;

l 为毛细管长度;H 为流阻系数。

根据推进剂流量为 0.1g/s 时,毛细管内径为 $0.14^{+0.03}_{-0.03}$mm,毛细管长度为 25mm,计算出压降为 0.2729MPa。考虑成型后,压降增加 0.1MPa 左右,最终压降为 0.37MPa 左右,喷注器毛细管的材料为 GH3030。

为了提高热阻,降低催化床向电磁阀处的传热,喷注器热设计采用花篮结构,如图 6-44 所示。花篮壁厚 0.7mm,花篮支撑处宽 1.5mm,具有较高的热阻。

图 6-44 喷注器结构

对推力器工作过程热回侵进行计算,结果如图 6-45 所示。通过数值计算,推力器工作 100s,考虑毛细管对流换热,计算出电磁阀初始温度为 25℃,阀座处温度达到 34.4℃,温升为 10℃左右,热设计良好。

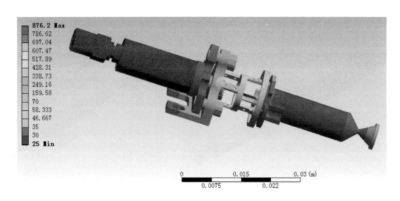

图 6-45 推力器工作过程热回侵计算

6.4.2 热控器件加热研究

我们采用新研制的螺旋状加热器供电进行催化床预热,单独在铠装加热器内进行了备份设计,使螺旋状结构有利于提高热交换效率,使外廓尺寸较铠装管式加热器更小,并且将加热器固定在催化床的前端,实现对催化床的快速加热。加热器设计供电电压为 5V,功率为 3W。加热器的结构如图 6-46 所示。

图 6-46 ADN 基 0.2N 推力器加热器结构

设置初温为20℃,进行加热计算,催化床温度达到249℃(图6-47)。

图6-47 室温加热云图

模拟空间环境,设置电磁阀温度为5℃,推力器温度为−45℃。加热器加热30min后,温度达到232℃(图6-48)。通过计算验证得到,该功率加热器可以实现低温的催化床预热。

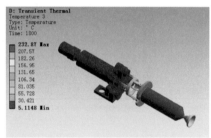

图6-48 低温环境加热

6.4.3 推力器工作寿命

寿命技术是一项较为综合的技术项目。0.2N推力器组件作为单组元催化分解发动机的一种,与寿命相关的部组件主要为电磁阀开关寿命、催化剂温启动次数和脉冲次数寿命及热控装置寿命。

(1)微型阀门

针对电磁阀寿命,我们将采用已有微型阀(该电磁阀已完成了10万次开关寿命),并且在固体冷气微推进模块上已经进行了飞行验证。该电磁阀在5V供电、2MPa压力条件下,开关时间均小于5ms,重量仅为20g左右。

（2）催化剂研究

针对催化剂寿命，我们一方面在催化剂研制时，通过技术手段提高活性金属的高温稳定性，以及耐高低温交变、耐持续高温冲刷和脉冲冲刷能力，降低损耗特性；另一方面，通过主动热控技术，尽可能地提高发动机的预热温度。较高的预热温度可以降低催化剂所承受的高低温交变负荷，同样可以降低催化剂的损耗特性。

北京控制工程研究所与中国科学院大连化学物理研究所合作，针对推力器流量小、催化点火温度高的特点，开展专项攻关，使催化剂具有足够的比表面、机械强度及耐冲刷能力。为了适应微型推力器催化效率需求，催化剂需要采用更高目数。设计的催化剂目数为 30～40 目，催化剂牌号为 WD-121，比表面积为 $50m^2/g$。WD-121 型催化剂完成了 334 次温启动，5 万次脉冲试验，寿命末期的发动机性能良好。

（3）推力器工作寿命验证试验

推力器组件在毛细管处增加了铜丝散热结构，完成了推力器寿命考核试验，完成温启动 334 次，脉冲次数 50200 次，累计时间 12340s，工作箱压范围为 2.0MPa～1.2MPa。

6.4.4　推力器研制试验

在试验验证方面，北京控制工程研究所设计制造了一种使用 ADN 基推进剂的 0.2N 空间发动机，重量为 50g，如图6-49 所示。该发动机分为电磁阀、喷注器、推力室和热控组件四个主要部分。电磁阀实现推进剂的开关控制；喷注器起到阻隔推力室热量和进行流量压降控制的作用，采用单根毛细管喷注导热结构；推力室包括催化床和燃烧室，催化

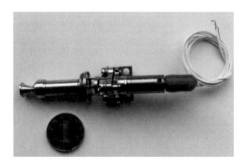

图 6-49　0.2N 空间发动机

床中装填颗粒状催化剂，起到催化分解推进剂作用，催化剂为贵金属型，燃烧室位于催化床的下游，进一步进行燃烧反应；热控组件包括铠装加热器和测温铂电阻[17]。

发动机设计额定真空稳态推力为 200mN，额定流量为 100mg/s，额定真空比冲大于 200s。

由于受到微发动机材料耐高温性能限制，选择中等能量配比 ADN 基推进剂，

推进剂真空理论比冲为 225s,理论燃温为 1130℃。

微发动机虽然选择中等能量配比 ADN 基推进剂,但催化床及燃烧室温度仍高达 1000℃以上,点火过程中热量会急剧向上游传导,作为推进剂供给流道的毛细管会被加热。微流量下,推进剂流经毛细管对其强制冷却效果有限,毛细管中推进剂会被加热,从而可能发生汽化,导致微发动机推力不稳定。因此,调控毛细管工作温度,增加导热通道,抑制发动机高温段向毛细管导热,是保证微发动机稳定工作的关键。

同时,ADN 基推进剂催化分解相比无水肼需要更高的催化分解温度,因此,当微发动机快速温启动时在催化床加热保温和工作过程中提高导热效率间的平衡设计也是微发动机设计的关键之一。

ADN 基推进剂进行催化分解及燃烧反应,需要相对较高的预热温度,设定启动前催化床预热温度为 200℃。

ADN 基 0.2N 微发动机催化床尺寸较小,为了在较低加热功率下达到温启动温度要求,我们采用螺旋结构加热器,增大加热器与催化床的接触面积,提高加热效率,同时,安装催化床包覆套筒,减小加热过程中催化床的热耗散。

在不同功率下对 ADN 基 0.2N 微发动机进行加热试验,确定最佳加热功率。加热试验在带热沉的真空罐中完成,真空度优于 1.3×10^{-3} Pa,微发动机安装在试验工装上,模拟实际安装状态,初始安装边界温度 -45℃,微发动机分别在 2W、3W、4W 加热功率下进行温启动加热性能试验,催化床温升曲线如图 6-50 所示。2W 功率下加热 30min,催化床温度稳定在 180℃。4W 功率下加热 12min,催化床

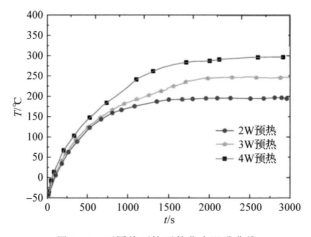

图 6-50　不同热环境下催化床温升曲线

温度达到 200℃；加热到 40min，催化床温度稳定在 297℃。3W 功率下加热 20min，催化床温度达到 200℃；继续加热到 30min，催化床温度达到 245℃。因此，为满足发动机 30min 内达到工作温度 200℃的要求，3W 是目前的首选功率。

随后对 0.2N ADN 微发动机进行高空模拟热试车试验。实验系统主要由三部分组成：①真空测量系统；②待测目标 ADN 基 0.2N 微发动机及其推进剂供给系统；③控制系统。实验系统如图 6-51 所示。

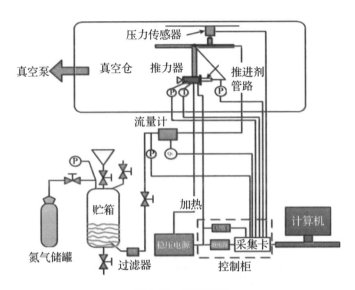

图 6-51　实验系统

真空舱内设有推力架，微发动机安装在推力架上，通过推力架直接测量推力。推进剂管路与微发动机入口连接，并与舱外的推进剂供给装置相连。供给装置主要由推进剂贮箱、流量计、秤以及带减压阀的氮气瓶组成。

微发动机的电磁阀、加热器和测量喷注压力的传感器通过真空舱接口与控制系统相连。

微发动机上安装有 5 处测温热电偶，分别位于电磁阀根部、喷注器毛细管、前室、催化床和燃烧室。微发动机测温点分布如图 6-52 所示，测温热电偶通过补偿线接入控制系统中。

试验在真空状态下进行，真空度优于 20Pa。控制系统完成对微发动机电磁阀、加热器开关控制以及工作过程中流量、压力、温度、推力等信号的采集。

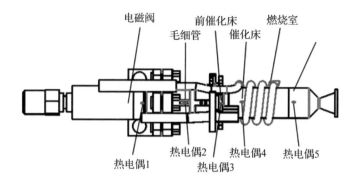

图 6-52　微发动机测温点分布

　　由于 ADN 基 0.2N 微发动机推进剂流量小,工作过程中推进剂流过毛细管产生的对流冷却效果相对较弱,这会使得毛细管末端的推进剂温度偏高,过高的温度会导致推进剂汽化,从而导致微发动机工作不稳定,因此,微发动机设计的关键在于使其具备良好散热能力的喷注器结构,在微发动机工作过程中实现合理的温度分布。可以通过点火热试车对 ADN 基 0.2N 微发动机性能进行验证(图 6-53)。

图 6-53　0.2N 微发动机在真空舱中的热试车试验

　　在试验过程中,微发动机稳态和脉冲工作工况如表 6-5 所示。在所有的试验工况中,实时记录微发动机各部位温度、推力、流量。

表 6-5　发动机试验工况

序号	运行模式	ON/OFF	脉冲数
1	稳态	50s	—
2	稳态	100s	—
3	脉冲	100ms/400ms	100
4	稳态	1000s	—

微发动机点火前,铠装螺旋加热器将催化床加热至 200℃。50s 稳态工况下发动机推力和温度以及催化前床等状态如图 6-54 至图 6-56 所示。

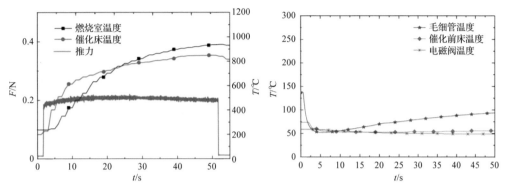

图 6-54　50s 稳态工况下发动机的推力和温度　　图 6-55　50s 稳态工况下催化前床、毛细管、电磁阀的温度

微发动机在 50s 稳态工况下,喷注压力为 1.4MPa,开电磁阀后,推力快速达到稳定,稳态推力为 203mN,稳态流量为 102mg/s,稳态比冲为 203s,启动响应时间 T_{90} 为 205ms,关机响应时间 T_{10} 为 136ms,启动过程中无推力峰,催化床、燃烧室温度快速上升,燃烧室温度最高达到 941℃。

前室位置初始温度为 137℃,在推进剂对流换热作用下,温度迅速下降,约 5s 时降到最低值(约 52℃)。受燃烧室高温热传导,前室温度开始逐渐上升,50s 时温度上升到 95℃。

50s 稳态热试车点火后,电磁阀根部热回浸温度如图 6-57 所示。在推进剂对

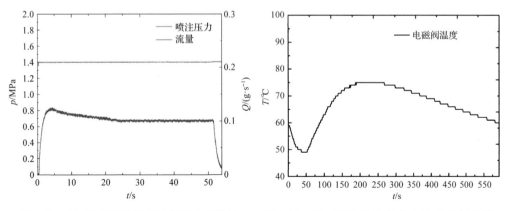

图 6-56　50s 稳态工况下的喷注压力和流量　　图 6-57　50s 稳态热试车点火后电磁阀根部热回浸温度

流换热作用下,电磁阀在 50s 稳态热试车过程中温度降低到 47℃,关机后,发生热回浸,电磁阀积液腔温度逐渐上升,最高达到 75℃。

在 50s 稳态工况下,微发动机燃烧室温度未达到热平衡状态,进一步进行了100s 稳态热试车。100s 稳态工况下发动机推力和温度以及催化前床等状态如图6-58 至图 6-60 所示。

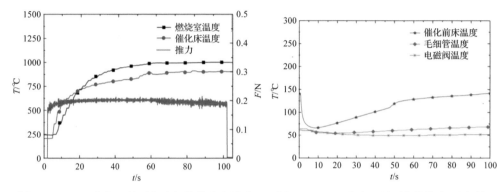

图 6-58　100s 稳态工况下发动机的推力和温度　　图 6-59　100s 稳态工况下催化前床、毛细管、电磁阀的温度

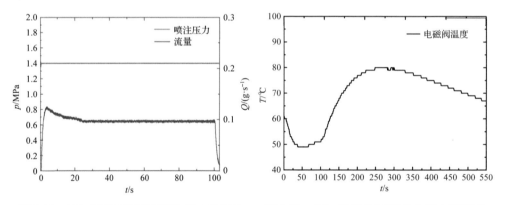

图 6-60　100s 稳态工况下的喷注压力和流量　　图 6-61　100s 稳态热试车点火后电磁阀根部热回浸温度

微发动机在 100s 稳态工况下,推力稳定,稳态推力为 199mN,稳态流量为99mg/s,稳态比冲为 205s,启动响应时间 T_{90} 为 253ms,关机响应时间 T_{10} 为119ms,启动过程中无推力峰,催化床、燃烧室温度快速上升,燃烧室最高温度达到1007℃,已达到热平衡状态。

前室位置初始温度为 148℃,在推进剂对流换热作用下,温度迅速下降,最低值为 65℃,随后前室温度逐渐上升,逐步基本达到热平衡,100s 时温度为 144℃。

100s 稳态热试车点火后,电磁阀根部热回浸温度如图 6-61 所示。电磁阀在 100s 稳态热试车过程中温度降低到 50℃,关机后,发生热回浸,电磁阀积液腔温度逐渐上升,最高达到 81℃。

微发动机工作模式包括稳态模式和脉冲模式,典型脉冲工况为:ON/OFF＝100ms/400ms。该工况下发动机推力和温度以及催化前床等状态如图 6-62 至图 6-64所示。

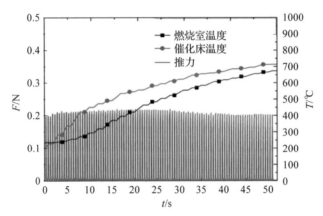

图 6-62　ON/OFF＝100ms/400ms 脉冲工况下发动机的推力和温度

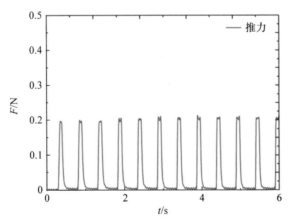

图 6-63　ON/OFF＝100ms/400ms 脉冲工况下前十个脉冲推力

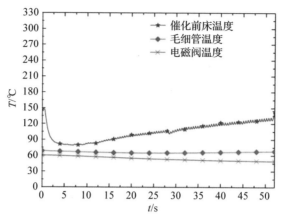

图 6-64　ON/OFF＝100ms/400ms 脉冲工况下催化前床、毛细管、电磁阀的温度

微发动机在脉冲工况下启动响应快,脉冲一致性、重复性良好,前十个脉冲的平均冲量为 22.6mN·s,无推力峰产生。这表明催化剂现有的粒度和活性满足推进剂的充分反应要求。

催化床最高温度达 710℃,燃烧室温度较催化床温度上升慢。前室位置初始温度为 147℃,在推进剂对流换热作用下,下降到 83℃,然后逐渐上升。与稳态工况相比,脉冲工况下降温度较小,升温更快,这主要是因为脉冲条件下推进剂对发动机上游的换热冷却效果减弱。

为进一步验证微发动机长稳态点火稳定性,我们进行了 1000s 长稳态热试车。1000s 长稳态工况下发动机推力和温度如图 6-65 所示。

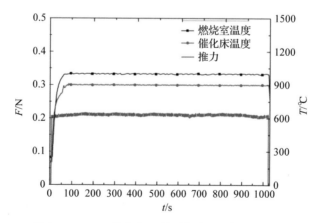

图 6-65　1000s 长稳态工况下发动机的推力和温度

　　微发动机顺利完成了 1000s 长稳态热试车,工作过程中推力稳定,稳态推力为 204mN,燃烧室温度最高达到 1016℃。

　　综上,四种工况下,ADN 基 0.2N 微发动机工作均正常,启动响应快,推力稳定,微发动机设计的合理性得到验证。由试验可知,前室位置的温度在热试车过程中先下降后上升,过高的温度会导致毛细管中推进剂在进入催化床前发生汽化,导致推力不稳定。我们研制的 ADN 基 0.2N 微发动机前室位置的温度不超过 144℃,从而避免了推进剂温升后发生推力不稳定问题,保证了微发动机正常工作。

参考文献

[1] NASA Ames Research Center. Small Spacecraft Technology State of the Art[R]. NASA/TP-2014-216648/REV1.

[2] ISO 17770：2017 Space systems Cube Satellites (CubeSats)[S].

[3] California Polytechnic State University. CubeSat Design Specification Rev. 12[R].

[4] Liu X，Shen Y，Yao J，et. al. The research on ADN based non-toxic micro propulsion technology for deep space exploration CubeSats[C]//Global Space Exploration Conference (GLEX 2017)，Beijing，China，2017.

[5] Schmuland D T，Masse R K，Sota C G. Hydrazine propulsion module for CubeSats[C]//25th Annual AIAA/USU Conference on Small Satellites，2011.

[6] Morris D，Noble R. CubeSat advanced technology propulsion system concept[C]//28th Annual AIAA/USU Conference on Small Satellites，2014.

[7] Driscoll E，Masse R，Allen M. High performance propulsion options for small satellites[C]//67th International Astronautical Congress，Guadalajara，Mexico，2016.

[8] Maly J. SEPA CubeSat accommodations and qualification of 6U mount(SUM)[C]//10th Annual CubeSat Developer's Workshop，2013.

[9] Mueller J，Hofer R，Ziemer J. Survey of propulsion technologies applicable to CubeSats[C]//Joint Army-Navy-NASA-Air Force (JANNAF)，Colorado Springs，Colorado，2010.

[10] Lemmer K. Propulsion for CubeSats[J]. Acta Astronautica，2017，134：231-243.

[11] 刘旭辉,虞育松,付拓取,等. ADN 基推力器热回浸对毛细管微尺度流动特性影响的数值模拟研究[J]. 推进技术,2020,41(1):101-108.

[12] Wu S，Yu C，Yu F，et al. Lattice Boltzmann simulation of co-existing boiling and condensation phase changes in a confined micro-space[J]. International Journal of Heat and Mass Transfer，2018，126(B)：773-782.

[13] Shams M，Raeini A Q，Blunt M J，et al. A numerical model of two-phase flow at the micro-scale using the volume-of-fluid method[J]. Journal of Computational Physics，2018，357：159-182.

[14] Tryggvason G，Lu J. Direct numerical simulations of flows with phase change[J]. Procedia IUTAM，2015，15：2-13.

[15] 孙童童.微尺度液-汽相变传热的分子动力学模拟[D].大连：大连理工大学,2016.

[16] Liu X，Fu T，Guan C. Research on multiphase flow and catalytic-combustion reaction of microthruster with ADN-based monopropellant[C]//Space Propulsion Conference,2021.

[17] 付拓取,刘旭辉,张伟,等.一种绿色无毒单组元微推力器性能试验研究[J]. 推进技术,2020, 41(1):85-91.

第7章　绿色液体空间发动机
主动点火技术

7.1　引　言

绿色液体空间发动机具有高比冲、无毒以及低成本等优点,是未来空间推进领域的发展方向。目前已经进行测试和实现在轨验证的绿色液体空间发动机是基于催化燃烧技术路线实现的。在试验以及应用过程中,我们发现基于催化燃烧技术路线的空间发动机存在一系列缺点:①高燃烧温度易导致催化剂失活,缩短发动机寿命,因此限制了大推力绿色液体空间发动机的发展;②催化床在发动机启动前需预热,因此无法实现发动机冷启动。瑞典的 1N 空间发动机采用 10W 加热器将催化床预热到目标温度需要 30min,如果预热不足,会发生点火延迟,造成推进剂大量流进催化床,引发硬启动而产生危险。针对目前基于催化燃烧技术路线的绿色液体空间发动机存在的问题,有必要开展基于主动点火技术的绿色液体空间发动机的研究。

主动点火技术不使用催化剂,因此可以有效避免催化剂失活问题,使绿色液体空间发动机向百牛级大推力方向发展。此外,主动点火不需要预热,发动机可以冷启动,从而有效实现快速响应。空间发动机的主动点火技术主要包括电阻式点火技术、电解式点火技术、电弧式点火技术、热点火技术和激光点火技术等。国内外学者针对以 ADN 基推进剂、HAN 基推进剂为代表的新型绿色无毒推进剂的主动点火技术开展研究。北京交通大学学者[1-4]针对 ADN 基推进剂开展了电阻加热点火实验,详细研究了 ADN 基液体推进剂电阻式点火的基础点火特性及燃烧过程变化规律。Izato 等[5]研究了 ADN 在二甲基亚砜(DMSO)中的电解作用,通过电化学方法评估了 ADN 的各种基本电解性能,并基于量子化学方法研究了其相关机理。Risha 等[6]提出了一种直流低压($2\sim30\text{V}$)电解式点火方式,并对悬挂的 HAN 基推进剂液滴进行电解式点火实验,研究发现电解式点火比催化床点火耗电少,点火延迟时间短,适用于微小型发动机。南京理工大学学者[7]设计开发了一种环形序列脉冲电点火装置,此装置可以较好地实现多点点火,有利于提高 LP1846 液雾点火可靠性。Marius 等[8]采用火炬点火和热棒辅助点火两种热点火方法对 ADN 基液体推进剂 FLP-106 和 LMP-103S 进行了热点火实验。结果表明,火炬点火存在 ADN 基推进剂分解不完全以液体形式喷出等现象,热棒辅助点火有大量烟雾产生,ADN 基液体推进剂燃烧不充分。

本章针对近年国内外在绿色液体空间发动机主动点火技术方面的研究,重点介绍了新型绿色无毒推进剂的电阻式点火技术、电解式点火技术、电弧式点火技术、热点火技术以及激光点火技术的研究进展。

7.2 电阻式点火技术

本节以 ADN 基液体推进剂为例,介绍电阻式点火在绿色空间液体推进剂主动点火过程中的应用。我们对 ADN 基液体推进剂电阻式点火技术做了大量的研究工作[1-4]:搭建了基于电阻式点火技术的电点火燃烧实验系统,利用加载电压下电流的热效应点燃了 ADN 基液体推进剂,在国际上率先成功实现了基于电点火方式的 ADN 基液体推进剂的点火燃烧,通过高速摄像结合纹影系统以及直接高速摄像系统研究了电点火电压、液滴粒径、背景气体氛围和环境压力对 ADN 基液体推进剂电点火及燃烧特性的影响规律,研究了流动状态下,基于电点火方式的 ADN 基液体推进剂点火与燃烧规律。相关研究对于后续开发基于电点火方式的 ADN 基液体空间发动机具有重要指导意义。

7.2.1 工作原理

ADN 基液体推进剂和 HAN 基液体推进剂属于离子溶液,本身具有导电性。当电流通过推进剂液体时,推进剂液体能够在电流热效应的作用下迅速分解燃烧。在电阻式点火过程中,电能只是对推进剂进行导电加热,能量消耗小。

7.2.2 绿色液体推进剂电阻式点火实验系统

我们建立了如图 7-1 所示的 ADN 基液体推进剂单液滴电阻式点火实验系

统[1]。该实验系统主要包括定容燃烧弹、进排气系统、点火系统、图像采集系统、控制系统以及电源系统。定容燃烧弹两端安装有一对石英玻璃视窗,用以观察和拍摄点火与燃烧过程。在定容燃烧弹正上方的端盖上接有高压管路,通过高压管路清洗燃烧弹内部废气。

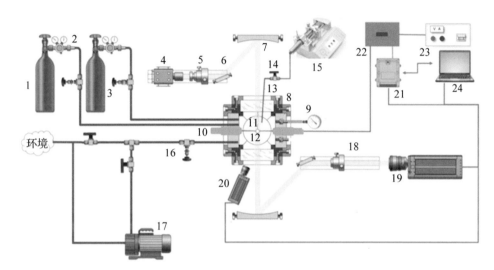

1—空气瓶;2—减压阀;3—氮气瓶;4—光源;5—狭缝;6—平面镜;7—凹面镜;8—定容燃烧弹;9—压力表;10—点火电极;11—玻璃棒;12—液滴;13—注射针;14—高压球阀;15—注射泵;16—高压针阀;17—真空泵;18—刀口;19—高速相机;20—高速相机;21—同步触发器;22—点火开关;23—直流稳压电源;24—笔记本电脑

图 7-1　ADN 基液体推进剂单液滴电阻式点火实验系统

点火延迟时间和燃烧持续时间是液滴点火过程中经常被研究的特性,对燃料性质研究和燃料化学动力学反应机理研究有着重要的意义。在不同的实验环境中或者不同实验工况下,两者有着不同的定义方法:基于电路接通到液滴开始燃烧的时间差定义了点火延迟时间,基于液滴开始点火到火焰开始消失且不再发展和出现的时间差定义了燃烧持续时间。进行多次重复实验后,点火延迟时间和燃烧持续时间均取多次实验结果平均值,其误差带基于结果数据计算得到的标准差。

点火延迟时间是指纹影图像中从电路接通到 ADN 基推进剂液滴某侧第一次形成较为清晰明亮的火焰轮廓所用的时间。如果后续没有观察到清晰明亮的火焰轮廓,则认为液滴未正常点燃。点火延迟时间图片如图 7-2 所示,液滴在 0.776s

以后能形成清晰明亮的火焰轮廓,在 0.776s 以前是没有明亮火焰轮廓的,因此液滴在 0.776s 时开始被点燃,0.776s 为点火延迟时间。

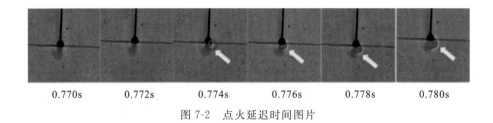

| 0.770s | 0.772s | 0.774s | 0.776s | 0.778s | 0.780s |

图 7-2　点火延迟时间图片

燃烧持续时间是指纹影图像中从液滴被点燃开始到火焰不再向外扩展并且后续无明亮火焰轮廓时所经历的时间。燃烧持续时间图片如图 7-3 所示,火焰发展到 1.500s 以后火焰边缘开始变暗,从 1.500s 到 1.502s 火焰基本不再向外扩展,到 1.504s 时火焰已经明显变暗,可以认为 1.500 为火焰发展终止时刻,结合图 7-2 所示的点火开始时间,燃烧持续时间为 0.724s。

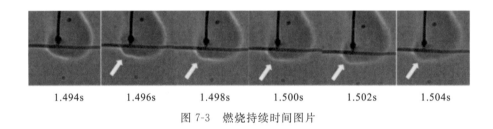

| 1.494s | 1.496s | 1.498s | 1.500s | 1.502s | 1.504s |

图 7-3　燃烧持续时间图片

7.2.3　不同点火电压下 ADN 基液体推进剂电点火特性的实验研究

我们研究了不同电压下 ADN 基液体推进剂电点火特性[1]。不同加载电压下 ADN 基推进剂液滴燃烧过程如图 7-4 所示。研究结果显示,推进剂液滴通电后开始发生蒸发、分解,液滴内部有大量气泡生成;随着反应过程的进行,微小气泡在液滴内部积聚,集合成更大的气泡,并从液滴内部运动到液体表面,最终克服液滴表面张力而破碎,气态产物从气泡中释放出来。这些气态产物不仅是 ADN 分解的产物,还含有一些水蒸气和气态甲醇。

ADN 基推进剂液滴的燃烧过程更为强烈,与其他燃料液滴完全不同。在液滴燃烧过程中,气泡最早在电极附近产生,这是因为电极附近的温度更高,更利于气泡的产生。气泡的增加和破碎导致液滴形态不断变化,液滴体积在液滴燃烧前

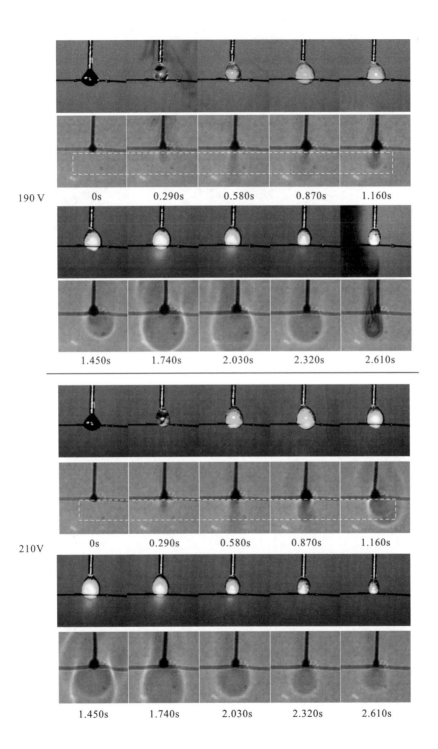

190 V

0s　　0.290s　　0.580s　　0.870s　　1.160s

1.450s　　1.740s　　2.030s　　2.320s　　2.610s

210V

0s　　0.290s　　0.580s　　0.870s　　1.160s

1.450s　　1.740s　　2.030s　　2.320s　　2.610s

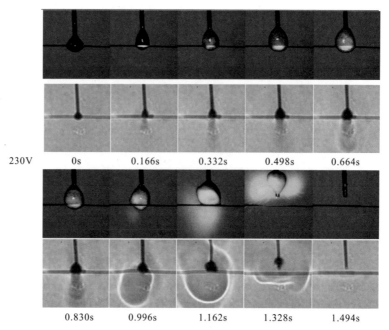

图 7-4　不同加载电压下 ADN 基推进剂液滴燃烧过程

逐渐增大,此时液滴内部热量快速积累,当热量积累到足以引燃液滴时,液滴开始燃烧。液滴燃烧放出大量热量,进一步促进了液滴的蒸发和分解,液滴内反应加剧。气泡的燃烧造成液滴的消耗,液滴体积在液滴燃烧后总体呈现逐渐减小趋势。随着加载电压增大,可以观察到液滴的点火时间开始得更早,这表明提高加载电压可以缩短推进剂液滴的点火延迟时间[1]。

ADN 基推进剂液滴点火延迟时间随加载电压的变化规律[1]如图 7-5 所示,点火延迟时间总体上随加载电压的升高呈现下降趋势。当加载电压为 210V 时,点火延迟时间突然变长。出现这种现象的原因有两方面:①此时推进剂液滴燃烧效果更好,液滴燃烧使电极被烧红,液滴下端温度较高,液滴剧烈蒸发,液滴向上偏移,与点火电极接触面积减少,热量积累变慢,导致液滴点火延迟时间变长;②此时推进剂液滴蒸发和分解更迅速,液滴蒸发和分解产生的气体从液滴内部带出了部分热量,液滴燃烧过程中热量积累变慢,导致点火延迟时间变长。

ADN 基推进剂液滴燃烧持续时间随加载电压的变化规律[1]如图 7-6 所示,燃烧持续时间随加载电压增加呈现下降趋势。当加载电压增大时,电流的热效应增强,输入液滴的能量增加,液滴温度升高得更迅速,内部反应速率提升,推进剂的消耗变快,导致燃烧持续时间缩短。

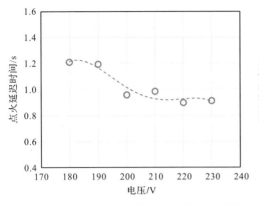

图 7-5　ADN 基推进剂液滴点火延迟时间随加载电压的变化规律

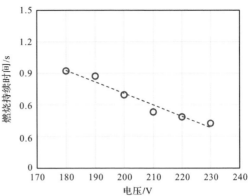

图 7-6　ADN 基推进剂液滴燃烧持续时间随加载电压的变化规律

不同加载电压下推进剂液滴直径(体积)随时间的变化规律[1]如图 7-7 所示。在同一加载电压下,液滴体积先增大后减小,这一变化规律不同于其他燃料液滴燃烧时的体积变化规律。液滴在点火前发生了蒸发和分解现象,液滴内部有大量气泡生成,气泡破裂时气体从气泡内部逸出,逸出的气体包括水蒸气、甲醇蒸气和 ADN 分解产物。燃烧初期,液滴内气体逸出速率小于气体形成速率,液滴体积增大。随着液滴内气体逸出加剧,液滴内气体逸出速率大于液滴内气体形成速率,液滴破裂并伴有少量液体飞溅,液滴体积略有减小。当液滴开始燃烧时,液滴燃烧产生大量热量,导致液滴消耗速率加快,液滴体积减小。

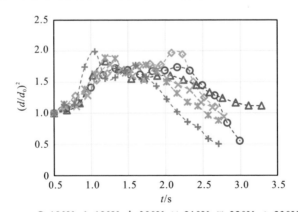

图 7-7　不同加载电压下推进剂液滴直径随时间的变化规律

不同加载电压下推进剂液滴燃烧过程电流和能耗随时间的变化规律[1]如图 7-8 所示。由图 7-8(a)可以看出,在液滴燃烧过程中电流逐渐减小。这是因为随着液滴的蒸发、分解和燃烧,液滴内部产生大量气泡,增大了液滴的电阻,导致电流逐渐减小。由图 7-8(b)可以看出,随着电压升高,液滴燃烧所需的能耗逐渐降低。当电压增加时,液滴会燃烧得更剧烈,然后离开电极,使电路断开,电加热过程也将停止,液滴通电时间缩短,液滴燃烧过程中消耗的能量减少。

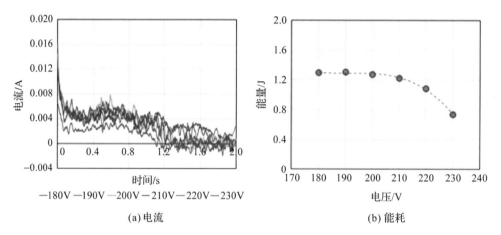

(a)电流　　　　　　　　　(b)能耗

图 7-8　不同加载电压下推进剂液滴燃烧过程电流和能耗随时间的变化规律

ADN 基推进剂液滴燃烧过程总反应时间随电压的变化规律[1]如图 7-9 所示。总反应时间为液滴从通电开始到燃烧反应完成所用的时间。研究发现,总反应时间随加载电压升高而缩短。当电压升高时,加载到液滴上的能量增大,这促进了液滴的蒸发、分解和燃烧过程,从而缩短了液滴燃烧过程的总反应时间。

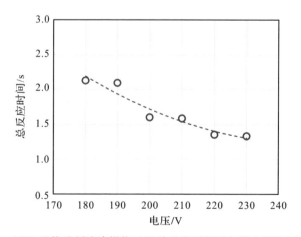

图 7-9　ADN 基推进剂液滴燃烧过程总反应时间随加载电压的变化规律

7.2.4　不同液滴初始体积的 ADN 基液体推进剂电点火特性的实验研究

我们研究了不同液滴初始体积的 ADN 基液体推进剂电点火特性[1]。不同初始体积的 ADN 基推进剂液滴在 210V 加载电压下的燃烧过程如图 7-10 所示。推进剂液滴的点火燃烧过程相似：液滴通电后在电流的热效应下先发生蒸发、分解，

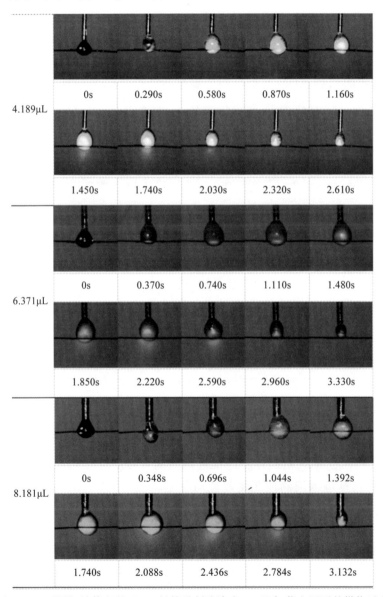

图 7-10　不同初始体积的 ADN 基推进剂液滴在 210V 加载电压下的燃烧过程

随着输入液滴的能量积累,液滴温度逐渐升高,最后实现燃烧。当液滴初始体积增大时,液滴中能产生更大的气泡。由图 7-10 可以看出,随着液滴初始体积增大,点火现象出现延迟,因为液滴需要积聚更多的能量才能实现燃烧。

不同初始体积的 ADN 基推进剂液滴点火延迟时间随加载电压的变化规律[1]如图 7-11 所示,点火延迟时间随着加载电压的升高而逐渐减小。在相同加载电压下,随着液滴初始体积的增加,点火延迟时间逐渐增加。当液滴初始体积增加时,液滴升高到相同的温度需要更多能量,在相同加载电压下需要通电的时间更长,因此点火延迟时间更长。

不同初始体积的 ADN 基推进剂液滴燃烧持续时间随加载电压的变化规律[1]如图 7-12 所示。随着液滴初始体积的增加,液滴的燃烧持续时间增大,体积为 8.181μL 的液滴燃烧持续时间大于体积为 4.189μL 的液滴燃烧持续时间。

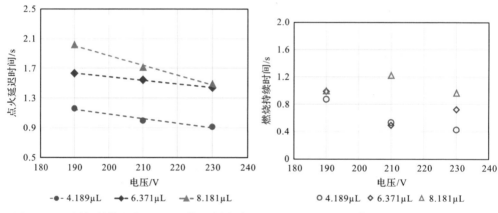

图 7-11　不同初始体积的 ADN 基推进剂液滴　　图 7-12　不同初始体积的 ADN 基推进剂液滴
　　　　点火延迟时间随加载电压的变化规律　　　　　　　燃烧持续时间随加载电压的变化规律

加载 210V 电压时,不同初始体积的 ADN 基推进剂液滴直径随时间的变化规律如图 7-13 所示。不同初始体积的推进剂液滴直径的变化趋势基本相同,随着燃烧过程的进行,推进剂液滴体积呈现波动变化。

7.2.5　不同气体氛围下 ADN 基液体推进剂电点火特性的实验研究

ADN 分解过程中有 NO_2、N_2O、NO 等产物生成,这些热分解的中间产物可以作为后续发生氧化还原反应的基础反应物,对推进剂后续燃烧有着重要的影响。我们对空气、O_2、N_2O、NO 等不同气体环境中 ADN 基液体推进剂的点火和燃烧

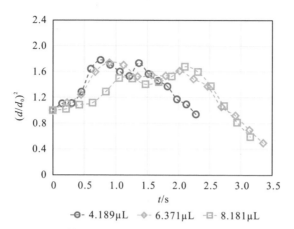

图 7-13　不同初始体积的 ADN 基推进剂液滴直径随时间的变化规律

过程进行了实验研究[2]，探索了不同气体氛围下 ADN 基液体推进剂的电点火特性。

空气氛围下 ADN 基推进剂液滴燃烧过程[2]如图 7-14 所示。推进剂液滴通电

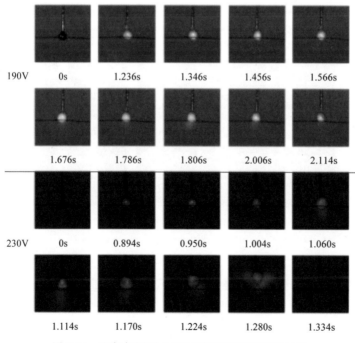

图 7-14　空气氛围下 ADN 基推进剂液滴燃烧过程

后,液滴开始被加热,推进剂中的甲醇和水先蒸发,然后 ADN 开始分解,点火延迟期后,液滴开始燃烧。液滴燃烧期间,液滴内部出现气泡并扩散到液滴表面,气泡演变导致推进剂液滴体积剧烈变化。

纹影仪结合高速摄影拍摄的空气氛围下 ADN 基推进剂液滴燃烧过程[2]如图 7-15 所示。液滴通电后,液滴开始蒸发、分解,点火延迟期后,液滴被点燃,燃烧期间火焰轮廓逐渐增大。当加载电压为 190V 时,推进剂液滴通电后约 1.2s 时开始产生火焰,随后火焰逐渐扩大,1.676s 后火焰保持稳定。当加载电压为 230V 时,液滴燃烧变得剧烈,在通电后约 0.894s 时开始产生火焰,随后火焰迅速扩大,1.114s后火焰保持稳定。

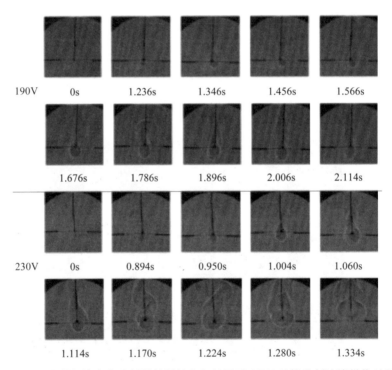

图 7-15　纹影仪结合高速摄影拍摄的空气氛围下 ADN 基推进剂液滴燃烧过程

空气氛围下 ADN 基推进剂液滴点火延迟时间随加载电压的变化规律[2]如图 7-16 所示。点火延迟时间包括物理延迟时间和化学延迟时间,物理延迟时间是推进剂蒸发和混合过程所经历的时间,化学延迟时间是推进剂分解和化学反应过程所经历的时间。研究发现,在空气氛围下,提高加载电压可以缩短 ADN 基液体推进剂点火延迟时间。

空气氛围下 ADN 基推进剂液滴燃烧持续时间随加载电压的变化规律[2]如图 7-17 所示。研究发现,在空气氛围下,提高加载电压可以缩短 ADN 基推进剂燃烧持续时间。当加载电压从 180V 增大到 230V 时,燃烧持续时间从 0.9s 缩短到 0.4s。

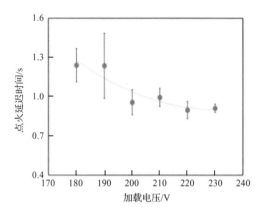

图 7-16　空气氛围下 ADN 基推进剂液滴点
火延迟时间随加载电压的变化规律

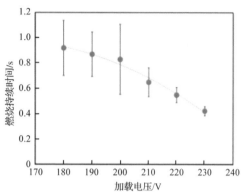

图 7-17　空气氛围下 ADN 基推进剂液滴燃
烧持续时间随加载电压的变化规律

O_2 氛围下 ADN 基推进剂液滴燃烧过程[2]如图 7-18 所示。推进剂液滴在 O_2 氛围下的燃烧火焰比空气氛围下的燃烧火焰更明亮。燃烧期间,气泡在液滴内部产生并向外扩散,液滴大小的变化比空气氛围下更剧烈。研究发现,在 O_2 氛围下,随着加载电压的升高,液滴点火延迟时间缩短。当加载电压为 190V 时,液滴通电后在 1.158s 时开始燃烧。当加载电压为 230V 时,液滴通电后在 0.056s 时开始燃烧,点火延迟时间远短于加载电压为 190V 时的情况。在 O_2 氛围下,推进剂液滴离开电极时能实现自维持燃烧。

纹影仪结合高速摄影拍摄的 O_2 氛围下 ADN 基推进剂液滴燃烧过程[2]如图 7-19 所示。图像显示,推进剂液滴燃烧时,火焰将液滴包裹,火焰体积比液滴大得多。随着加载电压升高,推进剂液滴燃烧时产生的火焰面积增大。

空气和 O_2 氛围下 ADN 基推进剂液滴点火延迟时间随加载电压的变化规律[2]如图 7-20 所示。研究表明,提高加载电压可以缩短推进剂在空气和 O_2 氛围下的点火延迟时间。在空气氛围下,随着加载电压升高,液滴点火延迟时间下降比较平缓;然而,在 O_2 氛围下,当加载电压达到 230V 时,点火延迟时间急剧下降。

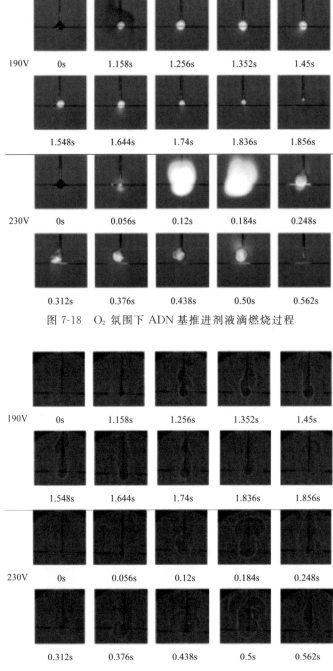

图 7-18 O_2 氛围下 ADN 基推进剂液滴燃烧过程

图 7-19 纹影仪结合高速摄影拍摄的 O_2 氛围下 ADN 基推进剂
液滴燃烧过程

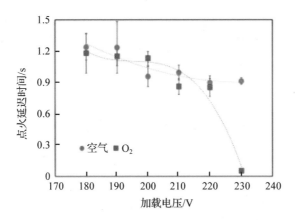

图 7-20　空气和 O$_2$ 氛围下 ADN 基推进剂液滴
点火延迟时间随加载电压的变化规律

空气和 O$_2$ 氛围下 ADN 基推进剂液滴燃烧持续时间随加载电压的变化规律[2]如图 7-21 所示。在空气氛围下,推进剂液滴燃烧持续时间随着加载电压的升高而缩短,当加载电压从 180V 升高到 230V 时,燃烧持续时间从约 0.9s 下降到 0.4s;在 O$_2$ 氛围下,燃烧持续时间大致保持稳定,在 0.4～0.6s 范围内波动。

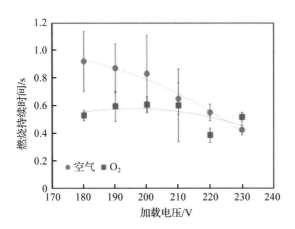

图 7-21　空气和 O$_2$ 氛围下 ADN 基推进剂液滴
燃烧持续时间随加载电压的变化规律

N$_2$O 氛围下 ADN 基推进剂液滴燃烧过程[2]如图 7-22 所示。N$_2$O 氛围下的液滴燃烧也很剧烈,但燃烧持续时间远比空气和 O$_2$ 氛围下小。当加载电压为 210V 时,液滴在约 0.896s 时被点燃,在 1.152s 时结束燃烧,燃烧持续时间约为 0.256s。

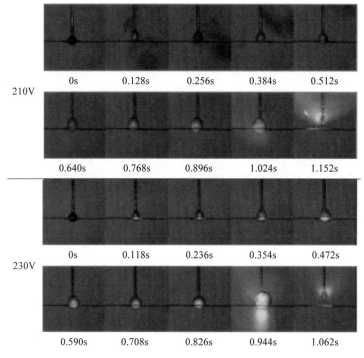

0s   0.128s   0.256s   0.384s   0.512s

210V

0.640s   0.768s   0.896s   1.024s   1.152s

0s   0.118s   0.236s   0.354s   0.472s

230V

0.590s   0.708s   0.826s   0.944s   1.062s

图 7-22 N_2O 氛围下 ADN 基推进剂液滴燃烧过程

空气和 N_2O 氛围下 ADN 基推进剂液滴点火延迟时间随加载电压的变化规律[2]如图 7-23 所示。空气和 N_2O 氛围下的推进剂液滴燃烧过程与点火延迟时间基本相同,并且提高加载电压可以缩短 ADN 基液体推进剂的点火延迟时间。

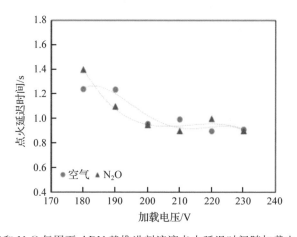

图 7-23   空气和 N_2O 氛围下 ADN 基推进剂液滴点火延迟时间随加载电压的变化规律

　　空气和 N$_2$O 氛围下 ADN 基推进剂液滴燃烧持续时间随加载电压的变化规律[2]如图 7-24 所示。空气和 N$_2$O 氛围下的推进剂液滴燃烧持续时间的变化规律有所不同。在空气氛围下,随着加载电压从 180V 增加到 230V,燃烧持续时间从 0.9s 下降到 0.4s;在 N$_2$O 氛围下,随着加载电压的升高,燃烧持续时间大致稳定在 0.25s。

　　NO 氛围下 ADN 基下推进剂液滴燃烧过程[2]如图 7-25 所示。NO 氛围下的

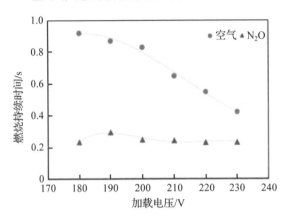

图 7-24　空气和 N$_2$O 氛围下 ADN 基推进剂液滴燃烧持续时间随加载电压的变化规律

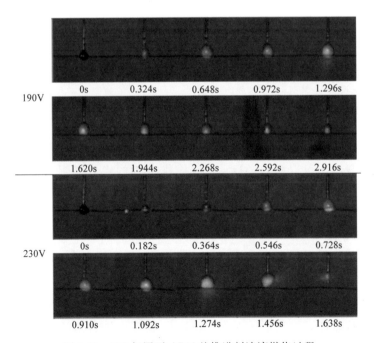

图 7-25　NO 氛围下 ADN 基推进剂液滴燃烧过程

液滴燃烧现象与空气氛围下相似,但 NO 氛围下的液滴燃烧过程不像 O_2 和 N_2O 氛围下那样剧烈。与加载电压为 190V 时相比,当加载电压为 230V 时液滴燃烧反应更剧烈,较高的加载电压可以缩短点火延迟时间和燃烧持续时间。

　　空气和 NO 氛围下 ADN 基推进剂液滴点火延迟时间随加载电压的变化规律[2]如图 7-26 所示。提高加载电压可以缩短 ADN 基液体推进剂在空气和 NO 氛围下的点火延迟时间,且空气和 NO 氛围下推进剂的点火延迟时间基本相同。

　　空气和 NO 氛围下 ADN 基推进剂液滴燃烧持续时间随加载电压的变化规律[2]如图 7-27 所示。一般情况下,NO 氛围下的推进剂液滴燃烧持续时间比空气氛围下长,这一现象与 O_2 和 N_2O 氛围下的情况不同。

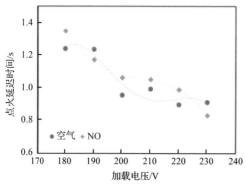

图 7-26　空气和 NO 氛围下 ADN 基推进剂液滴点火延迟时间随加载电压的变化规律

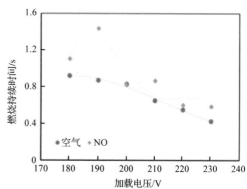

图 7-27　空气和 NO 氛围下 ADN 基推进剂液滴燃烧持续时间随加载电压的变化规律

　　不同气体氛围下 ADN 基推进剂液滴点火延迟时间对比如图 7-28 所示。研究表明,提高加载电压可以缩短 ADN 基液体推进剂的点火延迟时间。当加载电压在 180V 与 220V 之间时,不同气体氛围下的点火延迟时间差异较小。然而,当加载电压为 230V 时,O_2 氛围下的点火延迟时间急剧下降。

　　不同气体氛围下 ADN 基推进剂液滴燃烧持续时间对比如图 7-29 所示。研究表明,不同气体氛围下的推进剂液滴燃烧持续时间存在较大差异。推进剂液滴在 N_2O 氛围下的燃烧持续时间比其他气体氛围下要短得多,这说明 N_2O 可以明显缩短推进剂燃烧过程。提高加载电压可以降低 NO 和空气氛围下推进剂液滴的燃烧持续时间,而提高加载电压对 O_2 和 N_2O 氛围中推进剂液滴燃烧持续时间的影响不大。

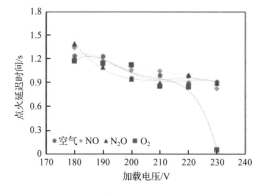

图 7-28　不同气体氛围下 ADN 基推进剂
液滴点火延迟时间对比

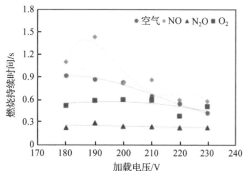

图 7-29　不同气体氛围下 ADN 基推进剂
液滴燃烧持续时间对比

不同气体氛围下 ADN 基推进剂归一化液滴直径随时间的变化规律如图 7-30 所示。燃烧过程中,液滴直径先增大,随后有一段时间波动变化,然后减小,直到燃烧结束。这种现象不同于大多数燃料的燃烧情况。推进剂液滴通电后,液滴开始被加热,推进剂中的甲醇和水先蒸发,然后 ADN 开始分解成小分子氮氧化物,分解产物发生化学反应,推进剂实现燃烧。

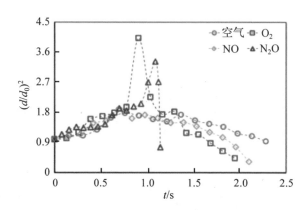

图 7-30　不同气体氛围下 ADN 基推进剂归一化液滴直径随时间的变化规律

液滴点火延迟期间,不同气体氛围下推进剂液滴直径的变化规律几乎呈现出相同的趋势。液滴燃烧期间,不同气体氛围下推进剂液滴直径的变化规律明显不同。在空气和 NO 氛围下,推进剂液滴直径先增大,后缓慢减小;在 O_2 氛围下,推进剂液滴直径先逐渐增大,随后急剧增大,然后缓慢减小,直到燃烧结束。在 N_2O 氛围下,推进剂液滴直径先逐渐增大,然后突然增大,后又急剧减小。推进剂液滴在 N_2O 氛围下的燃烧反应非常剧烈,燃烧持续时间比在其他气体氛围下要短得多。

7.2.6 不同环境压力下 ADN 基液体推进剂点火特性的实验研究

我们研究了不同环境压力下 ADN 基液体推进剂点火燃烧特性[3]。加载电压为 210V 时不同环境压力下 ADN 基推进剂液滴燃烧过程如图 7-31 所示。在不同环境压力下,推进剂液滴燃烧过程相似。液滴通电后,在电流的加热效应下,液滴温度迅速升高,推进剂开始蒸发、分解,然后在液滴内部形成气泡,气泡不断演变,最后逸出液滴表面而破裂。随着环境压力的增加,液滴点火延时间和燃烧持续时间缩短,燃烧反应也更剧烈。

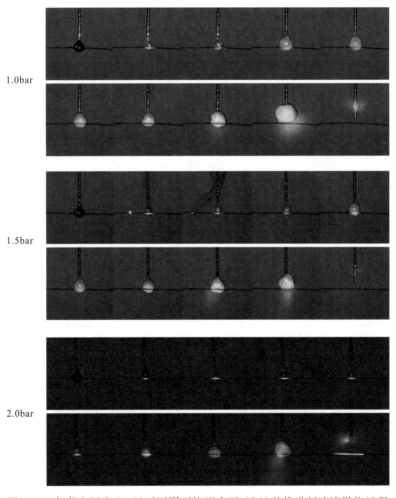

图 7-31 加载电压为 210V 时不同环境压力下 ADN 基推进剂液滴燃烧过程

不同环境压力下 ADN 基推进剂液滴点火延迟时间随加载电压的变化规律如图 7-32 所示。当环境压力为 1.0bar 时,液滴点火延迟时间随着电压的升高而逐渐缩短。当环境压力为 1.5bar 时,液滴的点火延迟时间基本保持在 0.8s 左右,波动较小。当环境压力为 2.0bar 时,液滴点火延迟时间在加载电压较低时波动,但在 210V 后基本稳定在 0.6s 左右。当环境压力从 1.0bar 增加到 1.5bar 时,点火延迟时间缩短了约 16%。当环境压力从 1.0bar 增加到 2.0bar 时,点火延迟时间缩短了 30%~60%。由此可见,提高环境压力可以缩短点火延迟时间。

不同环境压力下 ADN 基推进剂液滴燃烧持续时间随加载电压的变化规律如图 7-33 所示。当环境压力为 1.0bar 时,液滴燃烧持续时间随电压升高而逐渐缩短。当环境压力为 1.5bar 时,不同加载电压液滴燃烧持续时间保持在 0.35s 左右。当环境压力为 2.0bar 时,液滴燃烧持续时间随电压升高而下降,除加载电压为 190V 时外,其余均稳定在 0.2s 左右。与 1.0bar 相比,当环境压力升高到 1.5bar 和 2.0bar 时,液滴的燃烧持续时间分别降低了 10%~60% 和 50%~70%。

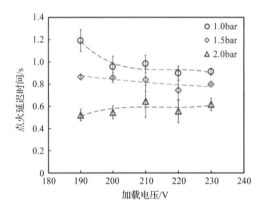

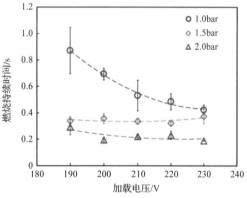

图 7-32　不同环境压力下 ADN 基推进剂液滴　　图 7-33　不同环境压力下 ADN 基推进剂液滴
　　　　点火延迟时间随加载电压的变化规律　　　　　　燃烧持续时间随加载电压的变化规律

不同环境压力下 ADN 基推进剂液滴总反应时间随加载电压的变化规律如图 7-34 所示。当环境压力为 1.0bar 时,总反应时间随电压升高而逐渐缩短。当压力增加到 1.5bar 和 2.0bar 时,总反应时间分别稳定在 1.17s 和 0.8s 左右,总反应时间随加载电压无明显变化。在相同加载电压下,环境压力为 1.5bar 和 2.0bar 时总反应时间与环境压力为 1.0bar 时相比分别减少了 10%~40% 和 40%~60%。因此,提高环境压力能有效促进推进剂液滴的分解和燃烧。

不同环境压力和加载电压下 ADN 基推进剂液滴直径随时间的变化规律如图 7-35 所示。不同环境压力下,液滴的直径均经历先增加后减小的过程,这是因为随着反应进行,液滴先发生蒸发、分解,液滴内部有大量气泡产生,液滴体积增加,随着气泡的演变,气泡膨胀破碎,气体从液滴内部逸出,液滴直径减小。当环境压力为 1.0bar 时,随着加载电压的升高,液滴直径没有显著变化。当环境压力升高到 1.5bar 和 2.0bar 时,液滴直径迅速增加,后又迅速减小,这说明较高压力环境下液滴燃烧反应更剧烈。

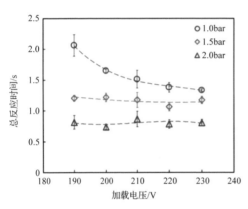

图 7-34　不同环境压力下 ADN 基推进剂液滴总反应时间随加载电压的变化规律

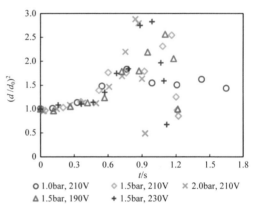

图 7-35　不同环境压力和加载电压下 ADN 基推进剂液滴直径随时间的变化规律

不同环境压力和加载电压下 ADN 基推进剂液滴燃烧过程中电流随时间的变化规律如图 7-36 所示。随着推进剂液滴燃烧反应进行,电流先迅速下降,然后稳定下来,又开始下降,直到反应结束。推进剂液滴通电后,其温度迅速升高,液滴分解产生的气泡导致液滴电阻增加,所以电流迅速减小。之后,液滴开始稳定分解,液滴的电阻变化较小,产生的电流稳定。随着液滴开始燃烧,液滴内部的气泡增加,导致液滴的电阻增加,所以电流又开始下降。

不同环境压力下 ADN 基推进剂液滴燃烧过程的能耗随加载电压的变化规律如图 7-37 所示。当环境压力为 1.0bar 时,随着加载电压的升高,液滴燃烧能耗逐渐减少。当环境压力为 1.5bar 和 2.0bar 时,液滴燃烧能耗分别约为 1.0J 和 0.5J。当环境压力为 2.0bar 时,液滴燃烧能耗显著降低,这说明在高压环境下进行液滴电阻点火更节能。

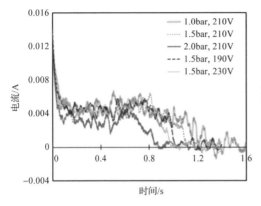

图 7-36 不同环境压力和加载电压下 ADN 基推进剂液滴燃烧过程中电流随时间的变化规律

图 7-37 不同环境压力下 ADN 基推进剂液滴燃烧过程的能耗随加载电压的变化规律

7.2.7 不同电极材料下 ADN 基液体推进剂电点火特性的实验研究

我们研究了不同电极材料下 ADN 基液体推进剂电点火燃烧特性[4]。不同加载电压下 ADN 基推进剂液滴在不同电极材料下点火时的燃烧过程如图 7-38 所示。从图像来看,采用钨电极和钼电极时液滴点火过程基本相似,随着电压升高,液滴燃烧过程逐渐加剧。整个燃烧过程总时间相差较小,在 1.5s 左右。从图像中也可以看出,随着电压升高,钨电极液滴燃烧速率逐渐加快,而钼电极液滴燃烧速率变化较小。总体来看,当采用钨电极时,提高加载电压能明显提升液滴的燃烧速率,而且能加剧液滴反应。

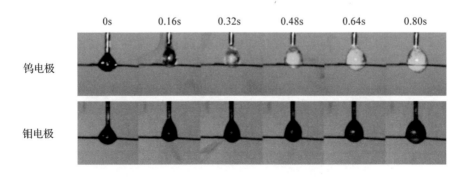

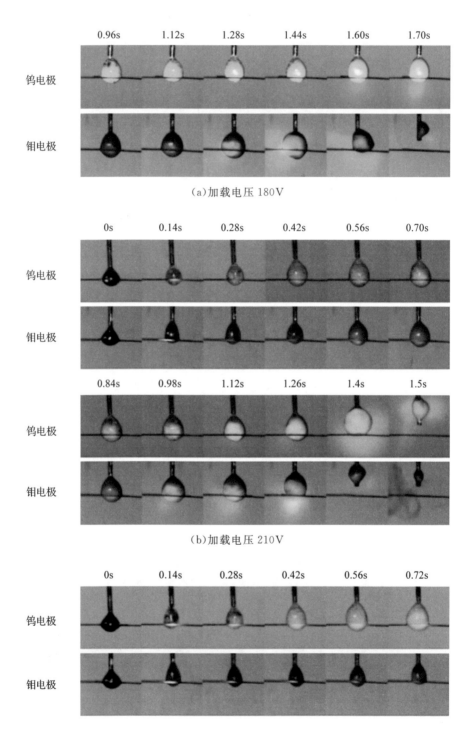

（a）加载电压 180V

（b）加载电压 210V

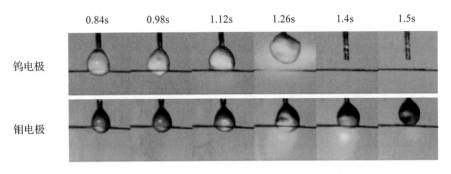

0.84s　　0.98s　　1.12s　　1.26s　　1.4s　　1.5s

钨电极

钼电极

(c)加载电压 230V

图 7-38　不同加载电压下 ADN 基推进剂液滴在不同电极材料下点火时的燃烧过程

　　不同电极材料下液滴点火延迟时间随加载电压的变化情况如图 7-39 所示,点火延迟时间随加载电压的升高而逐渐减小。假设电路为纯电阻电路,随着电压升高,在其他条件不变的情况下,根据纯电阻电路公式可知,电路中的初期输入功率是增加的,相同时间内电流热效应产生的热量增加,因此液滴得到的热量也会相应增加,液滴温度升高速率提高,液滴的蒸发和分解过程也加快,热量积累加快使得液滴更易被点燃,从而使得点火延迟时间逐渐缩短。

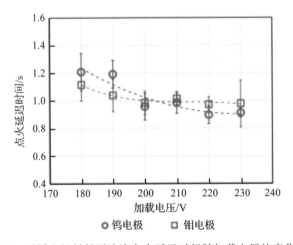

图 7-39　不同电极材料下液滴点火延迟时间随加载电压的变化情况

　　不同的电极材料对电压增加的敏感程度不同。当采用钨电极时,点火延迟时间在 230V 时相比于 180V 时降低了 0.3s,降幅为 25%;当采用钼电极时,点火延迟时间在 200V 时相比于 180V 时降低了 0.1s,降幅为 13%,而在 200~230V 电压范围内基本不变。金属钼在高温下可能会参与硝酸的反应。ADN基液体推进剂在分解过程中会生成氮氧化物,其遇水会生成硝酸。常温下钼丝不与稀硝酸反应,但是高温下钼丝可能会与生成的硝酸反应。另外,ADN分解过程中会产生氧化性气体,钼丝也可能在液体内部与分解产生的氧化性气体发生反应,从而消耗中间产物。我们在实验过程中也发现,钼丝经过多次较高电压点火后会被腐蚀,被腐蚀部分均为与液滴接触部分,液滴中心部分电极尤为明显,因此可以推断是钼丝在高温下与液滴内部产生的中间产物等发生了化学反应。实验进行过程中需要不断更换被腐蚀的电极,钼丝被腐蚀速度明显高于钨丝。

不同电极材料下燃烧持续时间随加载电压的变化情况如图7-40所示。当采用钨电极时,燃烧持续时间随加载电压的升高而减小,在230V时相比于180V时减小了0.5s,降幅为56%。这是因为提高加载电压增加了初始时刻输入系统的能量,液滴温度升高速率加快,推进剂分解速率加快,燃烧过程更加剧烈,从而使得点火持续期减小。而钼电极出现了相反的情况,这可能与钼丝在高温下参与反应有关。钼丝参与反应,消耗了液滴分解产生的具有氧化性的氮氧化物,从而使得后续燃烧过程更加不易进行。从化学平衡角度,可以认为这是减小了后续燃烧过程的反应物浓度。因此推测,钼丝与液滴分解得到中间产物的反应在一定程度上抑制了液滴的燃烧过程,从而使得燃烧持续时间加长。

液滴燃烧过程总反应时间随加载电压的变化情况如图7-41所示。当采用钨电极时,液滴燃烧过程总时间随加载电压升高而逐渐减小,在230V时相比于180V

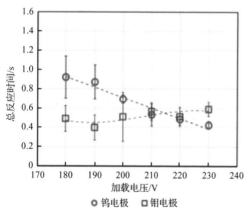

图 7-40　不同电极材料下燃烧持续时间随
　　　　加载电压的变化情况

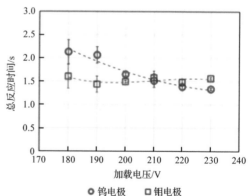

图 7-41　液滴燃烧过程总反应时间随加载电压
　　　　的变化情况

时减小了 0.8s,降幅为 38%。整个反应过程逐渐缩短,其后期液滴离开电极时燃烧反应所需要的能量完全由前期自身燃烧产生的能量提供。当加载电压增加时,前期反应较为剧烈,反应放热较多,这为后期液滴的自维持燃烧积累了较多的能量。当采用钼电极时,液滴燃烧过程总反应时间基本维持在 1.5s 附近,变化幅度明显小于采用钨电极的情况。从液滴在不同加载电压下的总反应时间来看,采用钼电极并没有明显提升液滴燃烧的速率,这可能与钼丝与液滴分解燃烧产生的中间产物发生反应有关,钼丝参与反应在一定程度上抑制了液滴的燃烧过程。从此结果来看,点火电极采用钨电极是优于钼电极的选择。

　　不同电极材料下电路中电流随时间的变化情况如图 7-42 所示。当采用钨电极时,电流在 190V 时大于采用钼电极的情况,而在 230V 时小于采用钼电极的情况。电流最大值发生在初始点火时刻,总体来看,点火初期电流较大,此时输入液滴的能量功率也较大。单一看采用钨电极时的电流情况,电流均值整体上在 190V 时最大,在 230V 时最小,随着电压升高而逐渐降低,而且在 230V 时,电流很快降回零点附近,时间基本上在 1.3s 附近。这说明此时电路已经断开。当采用钼电极时,不同电压下电流整体相差较小,电流降回零点附近时,时间基本上在 1.5s 附近。这说明此时电路断开,反应不再进行。由电流的变化过程推测,液滴的电阻在通电初始时刻变化最大,随着反应进行,其电阻逐渐增加,主要是液滴里面产生气体,增加了液滴自身电阻。电流的变化情况在一定程度上也反映了液滴内部电阻和输入功率的变化情况,由电流曲线可以估计出液滴在反应后期其电阻大致在 50000Ω 以上。

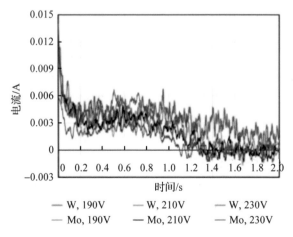

图 7-42　不同电极材料下电路中电流随时间的变化情况

7.2.8 流动状态下 ADN 基液体推进剂电点火特性的实验研究

我们设计开发了流动状态下 ADN 基液体推进剂电阻式点火实验平台,开展了流动状态下 ADN 基液体推进剂电点火特性的实验研究。实验系统通电后,电流对推进剂进行加热,推进剂在电流热效应的作用下被引燃。电阻式点火实验时 ADN 基液体推进剂的点火及燃烧过程如图 7-43 所示。

| T_0 | $T_0+0.017\mathrm{s}$ | $T_0+0.033\mathrm{s}$ | $T_0+0.05\mathrm{s}$ | $T_0+0.067\mathrm{s}$ |

图 7-43 电阻式点火实验时 ADN 基液体推进剂的点火及燃烧过程

我们设计开发了长槽型电阻式点火系统。当 ADN 基液体推进剂流过电极中间的流道时,推进剂在电流热效应作用下迅速被加热,从而实现推进剂的蒸发、分解和点燃。空气和氩气氛围下长槽型电阻式点火系统中 ADN 基液体推进剂点火燃烧分别如图 7-44 和图 7-45 所示。实验结果表明,使用长槽型电阻式点火系统时,在空气和氩气氛围下 ADN 基液体推进剂均能被点燃。

图 7-44 空气氛围下长槽型电阻式
点火系统中 ADN 基液体
推进剂点火燃烧

图 7-45 氩气氛围下长槽型电阻式
点火系统中 ADN 基液体
推进剂点火燃烧

为了提高点火可靠性,我们设计开发了电阻加热点火与高温热源辅助点火组合式点火系统以及电阻加热点火与高温电弧辅助点火组合式点火系统,并利用这两种组合式点火系统进行了流动状态下 ADN 基液体推进剂点火实验研究。

在电阻加热点火与高温热源辅助点火组合式点火系统中,ADN 基液体推进剂流经点火电极时,在电流的热效应下实现分解燃烧,部分未充分燃烧的分解产物流经高温热源点火区,被高温热源进一步引燃(图 7-46)。实验结果表明,电阻加热点火与高温热源辅助点火组合式点火系统能有效点燃 ADN 基液体推进剂。

在电阻加热点火与高温电弧辅助点火组合式点火系统中,ADN 基液体推进剂流经点火电极时迅速发生蒸发、分解,蒸发的甲醇和分解产生的氧化性气体之间发生燃烧反应并产生明亮的黄色火焰,少量未充分燃烧的分解产物被高温电弧进一步引燃(图 7-47)。实验结果表明,该系统同样能有效实现 ADN 基液体推进剂的分解和燃烧。

图 7-46　电阻加热点火与高温热源辅助点火组合式点火系统中推进剂点火燃烧

图 7-47　电阻加热点火与高温电弧辅助点火组合式点火系统中推进剂点火燃烧

7.3　电解式点火技术

7.3.1　工作原理

电解是指将电流通过电解质溶液或熔融态电解质,在阴极和阳极上引起氧化还原反应的过程。通电时,电解质中的阳离子移向阴极,吸收电子,发生还原反应,生成新物质;电解质中的阴离子移向阳极,放出电子,发生氧化反应,生成新物质。ADN 基液体推进剂和 HAN 基液体推进剂都是电解质溶液,电解质中的离子常处于无秩序的运动状态。通直流电后,离子做定向运动:阳离子向阴极移动,在阴极得到电子,从而被还原;阴离子向阳极移动,在阳极失去电子,从而被氧化。推进剂在被电解的过程中会释放热量,发生化学反应并达到燃烧的效果,所以电解技术为绿色液体推进剂的主动点火提供了一种新的途径。

7.3.2 绿色液体推进剂电解式点火技术研究进展

Rahman 等[9]在开放的实验室中对 ADN 基液体推进剂 FLP-103 进行了电解研究。结果表明,在室温下,以铜线为电极,通过加载 80V 的电压可以成功点燃推进剂。当 FLP-103 流量为 $40\mu L/min$ 时,获得的推力较小,但在所有测试工况中产生了最大的冲量。FLP-103 的电解如图 7-48 所示,可以明显看到在阴极(左边)有冒烟和气泡产生。

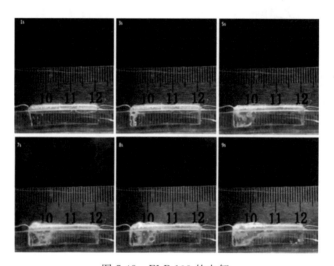

图 7-48 FLP-103 的电解

在 FLP-103 通电(80V,0.1A)后第 3 秒时,气泡明显产生在阴极处。通电后第 5 秒时,阴极已经完全被气泡包围。随着电解的进行,气泡不断增大,到第 9 秒时,几乎一半的分解室空间被气泡占据,而阳极的气泡增长非常缓慢。在对 HAN 基推进剂的电解研究中,也观察到了类似的现象。

Risha 等[6]提出了一种直流低压(2~30V)电解式点火方式,发现电解式点火比催化床点火耗能少,点火延迟时间短,适用于微小型发动机。Hua 等[10]研究了 HAN 基推进剂的电解及点火现象,通过实验验证了 HAN 基液体推进剂电解式点火的可行性(图 7-49)。他们研究了电流、电压以及推进剂温度与时间的函数关系。电解实验结果表明,HAN 基推进剂分解为 NH_2OH、HNO_3、N_2O、N_2、NO、NO_2、H_2O、H_2 和 O_2 等组分,然后这些组分引发一系列气相反应,并导致点火。结果表明,推进剂初始体积对点火延迟有显著影响,在给定电功率下,减小初始推进剂体积可以加快推进剂点火燃烧过程。

| 0s | 0.07s | 0.75s | 12.97s |

图 7-49　HAN 水溶液的电解实验

　　HAN 基推进剂的电解在许多微尺度设备中有潜在的应用,如微气体发生器、微反应器和微推进器等。Chai 等[11-13]利用实验手段对 HAN 基推进剂的电解特性进行了大量研究工作,以聚二甲基硅氧烷(PDMS)为材料,设计开发了微型点火系统(反应器如图 7-50 所示),研究了电极材料、电解功率、电极数量对 HAN 水溶液电解过程的影响。研究过程中,采用活性电极(Cu、Al 等)代替传统的惰性电极材料,发现活性电极可以促进 HAN 水溶液的电解过程,如铜材料的电极可以缩短分解延迟时间和加快溶液温度升高。HAN 水溶液添加燃料后,所需点火能量升高,且 HAN 基液体推进剂电解式点火过程的复杂性增强。陶瓷是良好的绝缘体且具有较低的导热系数,适合成为微反应器的结构材料。他们将其与银电极结

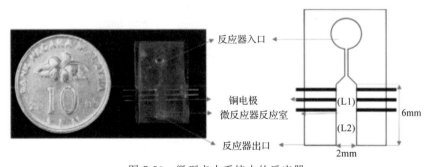

反应器入口
铜电极
微反应器反应室
反应出口
(L1)
(L2)
6mm
2mm

图 7-50　微型点火系统中的反应器

合，在微尺度上研究了推进剂的电解。推进剂在加载电压为 45V 时被成功点燃，产生 200mN 的推力，点火延迟时间为 223.5ms。

Chai 等采用透明的微反应器，借助高速摄像系统，直观地观察了 HAN 的电解现象，首次实现了微反应器中 HAN 分解过程的可视化，研究了 HAN 水溶液的微尺度电解，为未来开发可用于推进的燃气发生器、发电的微尺度反应器奠定了基础。研究发现，采用 3 对电极缩短了 HAN 水溶液的点火延迟时间和反应达到稳态所需的时间，较多的电极对为流入的 HAN 水溶液的分解提供了更多的活化位点。因此，当使用 3 对电极时，总反应速率提高了 225％，即使在低电压下，使用 3 对电极也会引起 HAN 水溶液的分解。通常情况下随着推进剂流量的增加，总反应速率上升。然而研究发现，随着 HAN 水溶液流量的增加，总反应速率下降，分解不完全，这意味着 HAN 水溶液需要足够时间与电极接触并进行电解。研究表明，HAN 基推进剂电解时的反应速率与外加电压成正比关系。图 7-51 为电压加载为 50V、电极对为 3 对时微反应器中的 HAN 分解过程。

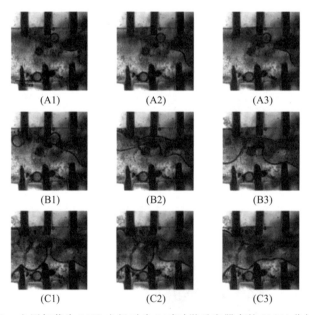

图 7-51 电压加载为 50V、电极对为 3 对时微反应器中的 HAN 分解过程

Chai 等[12]通过三种不同燃料组分制备的不同 HAN 基推进剂的电解实验，研究了不同燃料成分和电阻率对推进剂电解过程的影响，分析了推进剂电解时的温度分布。研究表明，添加到 HAN 水溶液中的燃料类型不同，推进剂分解过程有所

不同。只有一种燃料组分的 HAN 水溶液只有一个分解阶段,而有三种燃料组分的 HAN 基推进剂有三个反应阶段,且释放能量增加。HAN 基推进剂的电阻率与反应第一阶段的反应速率之间呈线性关系,这说明在反应过程中存在焦耳热的产生。反应的第二阶段,电阻率的影响可以忽略不计。HAN 基推进剂的电解实验装置如图 7-52 所示,HAN 基推进剂电解过程温度-时间曲线如图 7-53 所示。

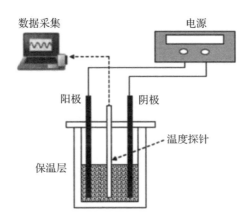

图 7-52　HAN 基推进剂的电解实验装置

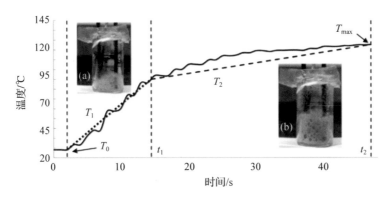

图 7-53　HAN 基推进剂电解过程温度-时间曲线

　　Kai 等[14]研究得出,电极材料的选择对 HAN 基推进剂的电解至关重要,电极材料的电导率是影响推进剂电解的一项重要因素。惰性电极在大多数电解中常用作电极材料,但在 HAN 水溶液的分解中并不是理想的电极材料,相反,像铜和铝这样的活性材料对推进剂的电解更有效。

7.4 电弧式点火技术

7.4.1 工作原理

电火花是电极间击穿放电时的强烈流柱,大量电火花汇集成电弧。电火花的温度高达数千度,不仅能直接引起可燃物燃烧,还能使物体熔化、飞溅,构成二次火源。电弧是一种气体放电现象,电流通过绝缘介质而产生瞬间火花。电弧是一种自持气体导电(电离气体中的电传导),其大多数载流子为一次电子发射所产生的电子。另外,电子或离子轰击发射表面又会引起二次电子发射。当间隙中离子浓度足够大时,间隙被电击穿而发生电弧。火花点火是电弧式点火中最常用的一种形式。火花点火,全称为"电火花点火"或"火花塞点火",是强制点火的一种方式。点火所需能量取决于可燃混合气体的物理化学性质、电极间距,并与混合气体温度、压力及流速有关。

电弧通常分为阴极区、阳极区和弧柱三个区域,如图 7-54 所示。

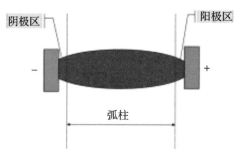

图 7-54　电弧结构示意图

①阴极和阴极区。电弧中的电流从微观上看是电子和正离子在电场作用下移动的结果,其中,电子的移动构成电流的主要部分。阴极的作用是发射大量电子,在电场的作用下趋向阳极方向,从而构成阴极区的电流。电弧的阴极区对电弧的发生和物理过程具有重要意义,形成电弧放电的大部分电子是在阴极区产生或由阴极本身发射的。电弧放电时,实际上并不是整个阴极全部参加放电,阴极表面的放电只集中在几个很小的区域,这些小区域称为阴极斑点,它们是非常集中、面积很小的光亮区域,其电流密度很大,是电弧放电中强大电子流的来源。阴

极发射电子的机制有热发射和场致发射两种。

②阳极和阳极区。阳极可分为被动型和主动型两种,在被动型中,阳极只起收集电子的作用。在主动型中,阳极不但收集电子,而且产生金属蒸气,因而也可以向弧柱提供带电粒子。

③弧柱。阴极表面电子发射只形成阴极区的电流,弧柱部分导电需要在弧柱区域也能出现大量自由电子,这就需要使弧柱区的气体原子游离。气体原子游离的方式通常有电场游离和热游离两种。在电弧中,热游离使得正离子与电子不断增多,同时也存在去游离的作用,使正离子和电子减少。去游离包括复合和扩散两种方式。弧柱的特性和物理过程对电弧起着重要作用。在开关电弧中,学者主要研究的就是弧柱的特性。

上述三个区域对电弧的作用因电弧情况的不同而不同。对于长度只有几毫米的电弧,电弧电压主要由阴极区压降和阳极区压降组成,其中的物理过程对电弧起主要作用。这种电弧称为短弧。而对于长度较大的电弧,弧柱则起主要作用,阴极、阳极的作用很小甚至可以忽略,这种电弧称为长弧。

利用火花塞两电极间的电弧放电原理,使可燃物点燃而迅速点火燃烧。电弧式点火是主动点火的一种方式,具有设备简单、响应快等特点,为绿色液体推进剂的主动点火提供了一种新的途径。

7.4.2　绿色液体推进剂电弧式点火技术研究进展

电弧式点火具有响应快的特点,在工程上具有良好的应用前景,国内外学者利用高温电弧对绿色液体推进剂进行了电弧式点火实验研究。国外有学者采用高压(1kV 以上)脉冲放电,研究了微量(毫升级)HAN 基液体推进剂的电点火性能,但发现相关装置存在能量损耗大、重复性差等缺点。考虑到微小型推进系统的特点,HAN 基液体推进剂可以采用低压电点火。有学者开发了一种低压(2～30V)电弧点火装置,并对悬浮 HAN 液滴进行了电点火实验。研究结果表明,电弧式点火比催化床点火耗少、延迟时间短,适用于微型发动机。

南京理工大学学者[7,15]为了提高液体推进剂的点火可靠性,设计开发了一种环形序列脉冲电点火装置(图 7-55)。此装置采用一种环形序列脉冲放电方式进行点火,即在环形电极与中心电极上分别加载高压,并且运用电机带动电极转动,在空间

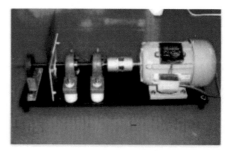

图 7-55　环形序列脉冲电点火装置

上呈现环形的击穿放电。由于其中一个电极在转轴的带动下做圆周运动,序列脉冲电火花在不同时刻便处于点火空间的不同位置,这就实现了序列脉冲电火花在圆周上的环形分布。

环形序列脉冲电火花空间分布如图 7-56 所示。研究发现,电极转速越高,观察到的电火花数越少,电火花的亮度增加。这表明电火花集中程度随着转速升高而增加,即单位时间内某一区域的点火能量密度增大,这有利于电火花在该区域驻留的极小时段内加热此处的液滴并将其成功点燃。同时,电火花集中程度增加也意味着在整个放电区域内点火能量分布的均匀性降低,点火区域减小[7]。

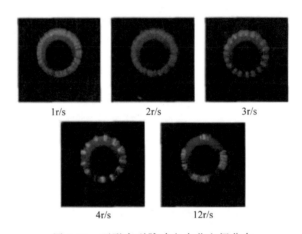

图 7-56 环形序列脉冲电火花空间分布

环形序列脉冲电点火装置可以较好地实现多点点火,有利于提高 LP1846 液雾点火可靠性。序列脉冲放电火花点燃液雾后,多点分离的火焰会逐渐合拢成一体,火焰整体呈空心锥结构。提升电极转速会增大点火区域的面积。提升放电电压会使放电火花的大小和温度增加,单位时间内火焰数显著增多,有利于点燃液滴群,提高燃烧的剧烈程度,同时也会加深放电电极的烧蚀程度[7]。

7.5 热点火技术

7.5.1 工作原理

热点火技术的基本原理是通过高温热源引燃推进剂,常用的点火方法为火炬点火和电热点火。

火炬点火,即雾化后的推进剂接触辅助火炬产生高温火焰,实现蒸发、分解并被点燃。这种点火方式需要额外布置储存可燃气体的储箱以及点燃可燃气的电火花系统,结构比较复杂。

电流通过导体时,导体会发热,这种由电流产生的热,叫作电热。在电阻阻值、电流相等的情况下,通电的时间越长,电流产生的热量就越多。利用电流加热的高温电热元件引燃推进剂的技术,即热点火技术。在热点火技术中,推进剂被电热元件加热到其分解温度后迅速分解并释放大量热量,分解产物发生化学反应后燃烧。热棒辅助点火是常用的一种电热点火方式。

7.5.2　绿色液体推进剂热点火技术研究进展

德国宇航中心的 Wilhelm 和 Negri 等[8,16]尝试了火炬点火和热棒辅助点火两种热点火方式来点燃 ADN 基液体推进剂。实验发现,火炬点火能够实现推进剂燃烧,但停止火炬的火焰后,ADN 基液体推进剂燃烧火焰很快消失,无法实现自维持燃烧。当采用热棒辅助点火方式时,推进剂能够被点燃,但加热棒需要预热,不能实现冷启动。

火炬点火器结构如图 7-57 所示,ADN 基推进剂从推进剂左侧的喷注系统喷入点火器内部,雾化后的推进剂通过火炬的火焰产生的高温实现蒸发、分解并被点燃[8]。

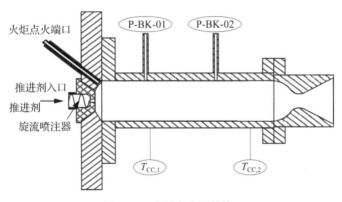

图 7-57　火炬点火器结构

推进剂的质量流量为 98g/s 和 30g/s 时火炬点火过程分别如图 7-58 和图7-59所示。随着时间推移,火炬点火存在 ADN 基推进剂大量蒸发并以液体形式喷出的现象,推进剂燃烧不完全,浪费严重,火炬的火焰撤离后,不能实现自维持燃烧。

图 7-58　推进剂质量流量为 98g/s 时火炬点火过程

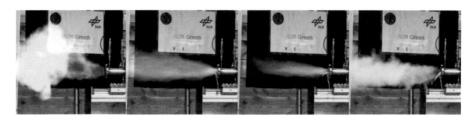

图 7-59　推进剂质量流量为 30g/s 时火炬点火过程

热棒辅助点火器结构如图 7-60 所示。点火时,点火器内部的热棒利用电能加热至高温,质量流量在 1~5g/s 范围内的 ADN 基推进剂从发动机上方流道进入发动机,与高温热棒接触后被引燃。

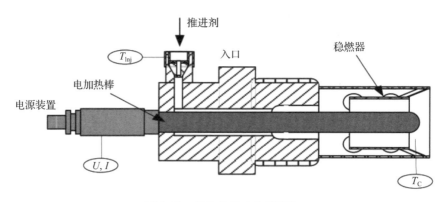

图 7-60　热棒辅助点火器结构

采用 FLP-106 型和 LMP-103S 型 ADN 基推进剂时热棒辅助点火过程分别如图 7-61 和图 7-62 所示。研究表明,热棒辅助点火方式能够实现 ADN 基推进剂的燃烧,但是热棒辅助点火过程中有大量烟雾产生,推进剂燃烧不完全。

图 7-61 采用 FLP-106 型 ADN 基液体推进剂时热棒辅助点火过程

图 7-62 采用 LMP-103S 型 ADN 基液体推进剂时热棒辅助点火过程

我们设计开发了热棒辅助点火实验装置,研究了常压条件下加热棒温度为400℃时 ADN 基液体推进剂燃烧过程(图 7-63)。研究发现,推进剂注射进入燃烧室并与热棒接触后,迅速发生蒸发和分解现象,产生大量的白色分解产物,分解产物在燃烧室内受热燃烧,燃烧火焰呈黄色。实验结果表明,利用热棒辅助点火方法可以实现 ADN 基液体推进剂燃烧。

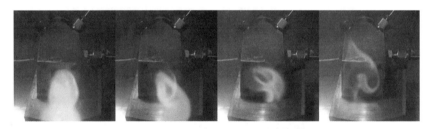

图 7-63 常压条件下加热棒温度为 400℃时 ADN 基液体推进剂燃烧过程

7.6 激光点火技术

7.6.1 工作原理

激光点火是指利用高能量激光点燃含能材料。激光点火技术的研究始于 20世纪 60 年代中期,其最初是在美国能源部进行研究的。当时的研究目的很明确:

用激光点火装置取代热电阻点火系统、雷管及引爆器,满足武器安全的需要。以激光点火技术为基础的点火系统具有明显的潜在技术优点:简单的点火序列;高可靠性和安全性;良好的长贮性能;灵活的点火源分布;较高的点火一致性。正是这些技术优点使激光点火技术得到高度重视。由于能量形式独特、抗电磁干扰能力强等高安全特点,激光点火在军事、航空、航天等领域具有重要的应用价值。

目前公认的激光点火种类如下。

①激光热点火。主要通过激光瞬间产生的高能热量,点燃引爆药。

②激光的化学反应点火。含能材料分子吸收特定频率的激光光子并发生离解,产生的高活性高速离子进一步引起化学链反应,实现点火。

③激光的冲击起爆作用。

④激光的电离与等离子体点火。

7.6.2 绿色液体推进剂激光点火技术研究进展

中国科学院力学研究所[17]为了研究 ADN 基推进剂激光点火特性,进行了大气压下 ADN 基推进剂单液滴激光点火实验(图 7-64)。推进剂液滴在点火过程中经历了蒸发、周期性膨胀收缩(伴有微爆现象)、热分解和燃烧过程,有破碎的小液滴飞溅出来并有大量刺激性气味的白色烟雾快速散出。实验中调节激光能量在100～300mJ 范围内变化,随着能量增大,沿光束作用路径的气泡数量明显增加,溅射现象愈发严重,飞溅出来的小液滴在几秒钟之内就会变成乳白色固体,这说明推进剂挥发性组分开始蒸发。产生的高密度等离子体迅速向外膨胀,产生激波,并在比色皿内表面来回反射,使得每个激光脉冲作用后均伴有巨大声响。实验中并未观测到明显的点火现象。

图 7-64　ADN 基推进剂单液滴激光点火实验

欧盟基于 RHEFORM 计划开展 ADN 基液体推进剂主动点火技术研究,2018 年 Negri 等[18]搭建了激光点火实验装置,尝试采用激光点火方法来点燃 ADN 基液体推进剂。针对激光点火方式,研究者在悬浮器中悬浮液滴,通过激光对液滴进行点火研究。研究表明,激光脉冲可以在推进剂周围的空气中产生火花,火花是由激光击穿的空气分子形成高温等离子体引起的,等离子体产生的冲击波可导致液滴变形,但不能引燃推进剂液滴。ADN 基推进剂激光点火过程如图 7-65 所示,点火过程中推进剂液滴并没有产生明显的火焰。

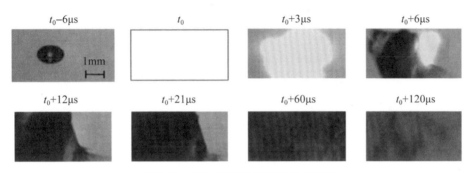

图 7-65 ADN 基推进剂激光点火过程

西安近代化学研究所[19]采用 CO_2 激光点火的方法研究了四种配方在不同激光功率密度作用下的激光点火特性。结果表明:GAP/ADN/nano-Al 推进剂的标准理论比冲、特征速度、燃烧温度均随 ADN 含量增加而增大,爆热则主要随铝粉含量的增加而增大;GAP/ADN/nano-Al 推进剂的点火延迟时间和点火能量总体上随着激光功率密度增加而呈现减小的趋势;配方中 ADN 含量较高时,GAP/ADN/nano-Al 推进剂具有较好的激光点火特性。不同 ADN 含量的推进剂的点火延迟时间均随激光功率密度的增加而呈现递减的趋势,ADN 含量增大时推进剂具有较低的点火延迟时间和点火能量。从整个点火燃烧过程来看,ADN 含量较高的推进剂具有相对优势的能量释放特性[19]。

含质量分数 8% 和 38% ADN 的 GAP/ADN/nano-Al 推进剂在不同激光功率密度条件下的点火过程分别如图 7-66 和图 7-67 所示。当 ADN 含量较低时,点火燃烧过程中铝粉在外界能量作用下点燃并向外喷射的轨迹明显,随后才有 ADN 燃烧时的团状火焰,该现象在激光功率密度较低时尤为明显。这可能是因为 ADN 含量相对较少,更多的纳米铝粉首先得到更多的能量,在推进剂表面加热后随生成气流被喷射出来。在此过程中,铝原子发生氧化反应而发光放热。当 ADN 含量较高时,点火燃烧过程较剧烈,在点火初期就可看到 ADN 点火燃烧时的明亮火焰,同时伴随有更多铝粉燃烧时的发光轨迹[19]。

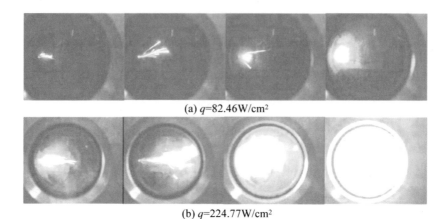

(a) q=82.46W/cm²

(b) q=224.77W/cm²

图 7-66 含质量分数 8% ADN 的 GAP/ADN/nano-Al 推进剂在不同激光功率
密度条件下的点火过程

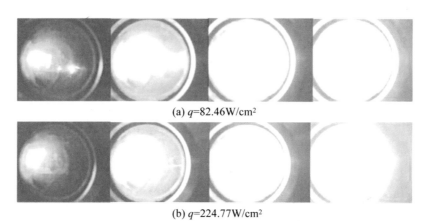

(a) q=82.46W/cm²

(b) q=224.77W/cm²

图 7-67 含质量分数 38% ADN 的 GAP/ADN/nano-Al 推进剂在不同激光
功率密度条件下的点火过程

参考文献

[1] Li L，Li G X，Li H M，et al. Effect of voltage and droplet size on electrical ignition
characteristics of ADN-based liquid propellant droplet[J]. Aerospace Science and Technology，
2019,93:105314.

［2］ Li H M，Li G X，Li L，et al. Experimental study on thermal ignition and combustion of droplet of ammonium dinitramide based liquid propellant in different oxidizing gas atmospheres[J]. Acta Astronautica,2020,169:40-49.

［3］ Li L，Li G X，Li H M，et al. Experimental study on electrical ignition characteristics of ammonium dinitramide based propellant under different environmental pressures［J］. Propellants，Explosives，Pyrotechnics,2020,45(7):1056-1065.

［4］ 李雷,李国岫,李洪萌,等.不同电极材料下 ADN 基液体推进剂电点火特性的实验研究[J].推进技术,2020,41(1):65-72.

［5］ Izato Y，Matsushita K，Shiota K，et al. The electrolysis of ammonium dinitramide in dimethyl sulfoxide[J]. Propellants，Explosives，Pyrotechnics,2020,45(1):1614-1620.

［6］ Risha G A，Yetter R A，Yang V. Electrolytic-induced decomposition and ignition of HAN-based liquid monopropellants［J］. International Journal of Energetic Materials and Chemical Propulsion,2007,6(5):575-588.

［7］ 刘焜.HAN 基液体推进剂喷雾及电点火特性的实验研究与数值模拟[D].南京:南京理工大学,2016.

［8］ Wihelm M，Negri M，Ciezki H，et al. Preliminary tests on thermal ignition of ADN-based liquid monopropellants[J]. Acta Astronautica,2018,158:388-396.

［9］ Rahman A，Chin J，Kabir F，et al. Characterization and thrust measurements from electrolytic decomposition of ammonium dinitramide（ADN）based liquid monopropellant FLP-103 in MEMS thrusters[J]. Chinese Journal of Chemical Engineering,2018,26(9):1992-2002.

［10］ Hua M，Khare P，Risha G，et al. Decomposition and ignition of HAN-based monopropellants by electrolysis[C]//47th AIAA Aerospace Sciences Meeting and Exhibit,Orlando，FL，U. S. ，2013.

［11］ Chai W S，Cheah K H，Koh K S，et al. Parametric studies of electrolytic decomposition of hydroxyl ammonium nitrate（HAN）energetic ionic liquid in microreactor using image processing technique[J]. Chemical Engineering Journal,2016,296:19-27.

［12］ Chai W S，Chin J，Cheah K H，et al. Calorimetric study on electrolytic decomposition of hydroxyl ammonium nitrate（HAN）ternary mixtures[J]. Acta Astronautica,2019,162:66-71.

［13］ Chai W S. Characterization and analysis on electrolytic decomposition of hydroxyl ammonium nitrate（HAN）ternary mixtures in micro reactors［D］. Nottingham，U. K. ：University of Nottingham,2017.

［14］ Kai S K，Chin J，Chik T F W，et al. Role of electrodes in ambient electrolytic decomposition of hydroxylammonium nitrate（HAN）solutions［J］. Propulsion and Power Research,2013,2(3):194-200.

［15］ Yu Y G，Wang Y Q，Zhou Y H，et al. Study on ignition characteristics of periodicity sequence pulse discharge spark[J]. Journal of Engineering Thermophysics,2010,31(2010):1793-1796.

［16］ Negri M，Wilhelm M，Ciezki H K. Thermal ignition of ADN-based propellants［J］.

Propellants，Explosives，Pyrotechnics，2019，44(9)：1096-1106.

[17] 王方仪,张少华,余西龙. ADN 基液体推进剂激光诱导等离子体的光谱研究[J].气体物理，2020,5(2)：38-46.

[18] Negri M，Wilhelm M，Hendrich C，et al. New technologies for ammonium dinitramide based monopropellant thrusters：The project RHEFORM[J]. Acta Astronautica,2018,143：105-117.

[19] 裴庆,郝海霞,赵凤起,等. GAP/ADN/nano-Al 膏体推进剂的能量特性与激光点火特性[J].化学推进剂与高分子材料,2015,13(4)：55-59.

第8章　绿色液体空间发动机工作过程数值仿真

8.1　引　言

实验研究在新型绿色液体空间发动机研制过程中起着关键作用。空间发动机点火需要模拟高空环境,需要在真空舱内进行,实验准备周期长、成本高,且受到实验条件制约较多,关键参数获取往往受到限制。计算流体力学分析可以成为新型空间发动机产品研发的重要手段。绿色液体空间发动机采用 ADN 基液体推进剂、HAN 基液体推进剂等新型推进剂,工作过程涉及推进剂雾化与蒸发、推进剂分解、气相中间产物燃烧等多特征过程。因此,有必要针对绿色液体空间发动机的工作过程,尤其是新型推进剂的反应动力学过程,开展建模工作,探究绿色液体空间发动机工作过程的物理机制。

本章基于国内外近年在绿色液体空间发动机方面的研究,重点介绍了绿色液体空间发动机工作过程数值仿真技术的研究进展。

8.2　绿色液体推进剂分解及燃烧反应机理研究

在绿色液体空间发动机工作过程中,推进剂分解及燃烧反应将化学能转换为热能,能量转换率决定着发动机的性能,绿色液体推进剂分解及燃烧反应机理在发动机启动及稳定工作过程中起着决定性作用。因此,绿色液体推进剂分解及燃烧反应机理研究是突破绿色液体空间发动机工作过程数值仿真技术必不可少的一环。自 ADN 基液体推进剂、HAN 基液体推进剂等新型推进剂被应用于航天推进方向以来,绿色液体推进剂分解及燃烧反应机理的研究便从未停止。

8.2.1　ADN 基液体推进剂分解及燃烧反应机理

ADN 基液体推进剂主要由 ADN、燃料和水组成,其分解燃烧过程十分复杂。整个过程可以分为 ADN 的分解反应、ADN 的分解产物与甲醇的燃烧反应两个阶段[1]。

Albert 等[2]采用 DSC 和 TG 方法,开展了 ADN 热分解反应动力学研究。在密封的体系中,测得 ADN 热分解反应的活化能为 29kcal/mol;而在敞开的体系中,测得 ADN 热分解反应的活化能为 40~43kcal/mol。结果表明,ADN 分解的气体产物在密封或加压条件下可以加速 ADN 的热分解。

Korobeinichev 等[3-5]进行了多次 ADN 分解及燃烧过程的数值模拟研究。当压力分别为 1atm、3atm 和 6atm 时,他们通过气相 ADN 分解和燃烧的实验研究,确定了气相 ADN 的表面温度、分解和燃烧速率、产物以及温度曲线。压力为 6atm 时的 ADN 组分和温度曲线如图 8-1 所示。当压力为 1atm 和 3atm 时,Korobeinichev 等发现 ADN 的分解和燃烧过程不存在可见火焰,他们测定的 ADN 最终产物摩尔分数如表 8-1 所示。压力为 1atm 时的 Edwards 平衡代码预测结果如表 8-2 所示,温度为 2057K。

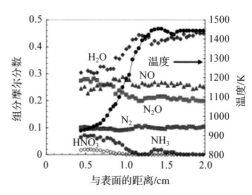

图 8-1　压力为 6atm 时的 ADN 组分和温度曲线

表 8-1　测定的 ADN 最终产物摩尔分数

压力	NH_3	H_2O	NO	N_2O	NO_2	HNO_3	N_2
1atm	0.18	0.17	0.01	0.16	0.38	0.07	0.03
3atm	0.08	0.27	0.23	0.23	0.07	0.035	0.08

表 8-2　预测的 ADN 最终产物摩尔分数

压力	NH_3	H_2O	NO	N_2O	NO_2	HNO_3	N_2	O_2
1atm	0	0.4	0.006	0	0	0	0.4	0.2

比较这两个表可以发现,当压力为 1atm 时,相比于 Korobeinichev 等的测定值,Edwards 平衡代码预测的 NH_3、N_2O、NO_2 和 HNO_3 摩尔分数降低为零,N_2 和 H_2O 摩尔分数增大很多,此外还增加了生成物 O_2。这是因为 Korobeinichev 等的

测定结果并没有达到平衡状态,某些气相反应没有发生。

Sinditskii 等[6]也测定了气相 ADN 分解过程的温度曲线。他们认为气相 ADN 分解和燃烧过程存在三个区域。硝酸铵(AN)的分解控制着凝聚相的反应,因此 AN 的分解温度便是第二个区域的初始温度。AN 分解以后,ADN 也会继续分解,从而确定了第二区域结束时的温度。他们认为在第二个区域内 ADN 较高的分解和燃烧效率使得液态 ADN 分散到气相中,所以将该区域命名为"气溶胶"区。

Brill 等[7]采用温度跃迁/傅里叶变换红外光谱对 ADN 的热分解进行研究。实验结果表明,在热分解初期,ADN 具有很强的放热效应,并快速分解。当 ADN 开始分解时,容易形成 NH_3 和 NO_2。他们认为,ADN 分解放热的主要来源是 NH_3 与 NO_2 反应。综合分析认为,ADN 的热分解起始产物为 NH_3 和 $HN(NO_2)_2$,其中,反应 NH_3 和 NO_2 为主导反应,控制 ADN 的热分解释放的热量。

Ermolin 等[8-9]提出了一种包含 218 步基元反应的 ADN 分解和燃烧的反应机理。该研究主要是针对 ADN 的汽化而展开的,进而确定液态 ADN 是直接汽化还是分解成 NH_3 和 DA。结果显示,当假定 ADN 分解成 NH_3 和 DA 时,理论计算结果与实验数据较为吻合。

Shmakov 等[10]在双温度流反应器中研究了 ADN 蒸气的热分解。实验结果证实了理论研究的 ADN 分解的两个阶段:第一阶段是 ADN 分子的蒸发,第二阶段是 ADN 分解成 NH_3 和 $HN(NO_2)_2$。他们测算了 ADN 蒸发和分解相关的阿伦尼乌斯参数,并利用此参数进行了动力学模拟,将模拟结果与实验结果进行了对比。

Eloirdi 等[11]对推进剂催化分解的批量反应器进行了设计和应用,提供了实验所用的反应器设计图,并对 H_2O_2、HAN-TEAN-H_2O 等推进剂进行了实验性研究。

段红珍等[12]用 TG 和 DTA 技术研究分散纳米钴离子对 ADN 热分解过程的影响,并获得了将钴作为催化剂时 ADN 的分解机理。

王晓红等[13]用同步热分析-红外质谱联用技术对 ADN 的分解过程和分解机理进行了研究。研究结果表明,ADN 热分解主要气体产物为 NO、N_2O、NH_3、N_2 和 H_2O。此外,他们得到了气体产物 N_2O、NO_2 和 NH_3 的动力学参数的活化能,并从微观角度提出 ADN 的热分解机理。

梁寒曙等[14]研究了催化剂对 ADN 热分解的影响,通过 DSC 和 TG 方法,使用纳米 Cu 粉作为催化剂,研究了 ADN 在催化作用下的热分解情况。研究结果表明,纳米 Cu 粉能较好地催化 ADN 的热分解,将 ADN 热分解温度峰值从 212.6℃降低到 126.3℃。在实验过程中,他们还发现 ADN 的热分解出现两个明显的分解过程,纳米 Cu 粉只对第一步分解过程起到催化作用。

我们提出了基于 ADN 的无毒推进剂分解燃烧的可能路径[15],该路径可以归纳为两个分支。第一个分支：作为一种络合物盐，ADN 的分解开始于解离成相应的碱性基团和酸：

$$NH_4N(NO_2)_2 \longrightarrow HN(NO_2)_2 + NH_3$$

其中，$HN(NO_2)_2$ 会进一步分解成为具有更小分子量的基团：

$$HN(NO_2)_2 \longrightarrow NO_2 + HNNO_2 \longrightarrow OH + N_2O$$

第二个分支：ADN 分解始于 NH_4NO_3 和 N_2O 的生成：

$$NH_4N(NO_2)_2 \longrightarrow NH_4NO_3 + N_2O$$

其中，NH_4NO_3 在较高的温度下分解成为具有更小分子量的基团：

$$NH_4NO_3 \longrightarrow HNO_3 + NH_3$$

经过 ADN 的分解，氧化性中间产物产生，这成为进一步燃烧反应发生的基础。

同时，我们基于吉布斯自由能最小化原理发展了一种新的可以预测 ADN 基发动机内部反应参数的计算方法[15]。计算结果如表 8-3 所示，其中算例 1 表示分解燃烧反应路径的第一个分支，算例 2 表示分解燃烧反应路径的第二个分支。对比文献[9]发现，算例 1 中，温度的计算结果偏高；算例 2 中，OH 和 NO 有所偏差。

表 8-3　不同压力下，理论计算得到的 ADN 热分解和燃烧反应的绝热火焰温度以及组分分布

p/Pa	T/K			O_2		
	文献值	算例 1	算例 2	文献值	算例 1	算例 2
1×10^5	2055	2252	2033	0.1950	0.1913	0.1955
6×10^5	2064	2266	2040	0.1955	0.1923	0.1960
10×10^5	2066	2270	2041	0.1956	0.1925	0.1960

p/Pa	H_2O			N_2		
	文献值	算例 1	算例 2	文献值	算例 1	算例 2
1×10^5	0.3961	0.3928	0.3971	0.3960	0.3937	0.3965
6×10^5	0.3975	0.3951	0.3981	0.3962	0.3940	0.3966
10×10^5	0.3978	0.3956	0.3983	0.3962	0.3940	0.3966

p/Pa	OH			NO		
	文献值	算例 1	算例 2	文献值	算例 1	算例 2
1×10^5	0.00546	0.01206	0.00479	0.00646	0.01009	0.00609
6×10^5	0.00366	0.00816	0.00316	0.00668	0.01043	0.00619
10×10^5	0.00324	0.00728	0.00280	0.00681	0.01050	0.00622

清华大学与北京控制工程研究所合作研究了 ADN/甲醇燃烧反应机理[16-17]，构建了一个包含 50 种组分、235 步反应的 ADN/甲醇气相燃烧详细反应模型，主要由 ADN 分解、甲醇燃烧以及碳-氮耦合小分子反应三个子模型组成。

中国科学院力学研究所与北京控制工程研究所开展了 ADN 基发动机内分解燃烧反应过程的相关研究[18-19]。基于先进中红外光谱诊断技术实时诊断 ADN 基推进剂分解、燃烧反应中的 CO 和 N_2O 等多种关键组分浓度以及燃气温度等关键参数。在稳态点火下，CO 和 N_2O 浓度的测量结果如图 8-2 所示。点火启动后，N_2O 浓度急剧上升，后又开始迅速下降，2s 以后基本达到平衡，可以明显地区分分解反应和燃烧反应。对于 CO 浓度而言，在点火初期，反应以推进剂分解为主，CO 浓度上升。随后，燃烧反应程度进一步加深，CO 浓度回落，最终达到平衡。通过对关键组分浓度的测量，进一步验证了我们提出的基于 ADN 的无毒推进剂分解燃烧反应路径[15]。

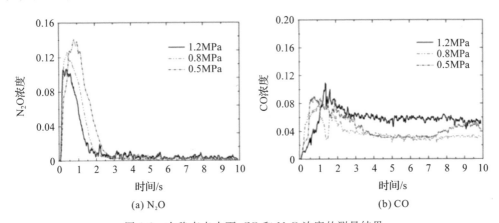

图 8-2　在稳态点火下，CO 和 N_2O 浓度的测量结果

中国科学院大连化学物理研究所研究了添加剂对 ADN 热分解行为的影响[20]。利用差示扫描量热法和热重分析法研究了 3-氨基-2-萘酚、尿素和乌洛托品三种添加剂对 ADN 热分解行为的影响。结果表明，三种添加剂均提高了 ADN 热分解起始温度、峰值温度和活化能，其中乌洛托品的效果最显著。

大连交通大学和中国科学院大连化学物理研究所合作研究了 ADN 在 Pd-Zn 体系中的催化分解[21]。结果表明，Pd-Zn/Al_2O_3 催化剂能够实现 ADN 的一步分解，微量 Zn 的加入能起到稳定和分散金属 Pd 的作用。当 Pd 和 Zn 的质量比为 10∶0.2 时，催化剂具有良好的催化活性和稳定性，并且 ADN 催化分解向生成较高 N_2 含量的方向进行。

对于氮氧化物与甲醇的反应,Fairlie 等[22]早在 1952 年就对 NO_2 与醇类的动力学反应做了实验研究。他们利用分光度比色法,将 NO_2 加入醇类溶液中进行反应。通过测量反应物的局部压力求解初始反应速率,发现所有实验的醇类(包括甲醇、乙醇以及多元醇)的反应速率取决于 NO_2 局部压力的二阶和醇类局部压力的一阶。他们认为 N_2O_4 是重要的中间产物。NO_2 与 NO_2 之间的平衡反应生成 N_2O_4,然后 N_2O_4 再与醇类反应,且这个反应的活化能在几千卡左右,相对来说比较小。这种机理很好地解释了实验情况,但是不能排除 $NO_2 + ROH =$ NO_2ROH 和 $NO_2ROH + NO_2 = HNO_3 + RONO$ 类型的机理。

Silverwood 等[23]通过实验方法,测量并计算了反应 $CH_3OH + 2NO_2 =$ $CH_3ONO + HNO_3$ 在 458℃以上的反应平衡常数。在这个温度以上,反应会变得很复杂。Silverwood 等还对此反应中亚硝酸甲酯和硝酸的反应做了进一步研究。

Koda 等[24]通过实验研究了气相中 NO_2 与甲醇的反应动力学。在室温下,用 N_2 稀释的 NO_2 与甲醇在气相中反应。观察到的现象是:$CH_3OH + 2NO_2 =$ $CH_3ONO + HNO_3$。反应速率取决于 NO_2 浓度的二阶,当甲醇浓度较低时,反应速率与甲醇浓度的一阶相关,但是逐渐与甲醇浓度的增加无关,这与先前的研究结果一致。

Akimoto 等[25]研究了暗区中 NO_2 和甲醇表面反应中 CH_3ONO 的形成,并得到了 CH_3OH 和 NO_2 的表面反应动力学机制,但是未给出详细描述。之后他们又研究了在光照条件下,NO_2 和甲醇的表面反应以及 CH_3ONO 的形成,得出光照对 CH_3ONO 和 HNO_3 的产生有促进作用,且表面反应二阶数率常数随光线强度线性增长。

清华大学的宋蔷等[26]通过实验方法,利用甲醇氧化烟气中的 NO,研究了反应时间、反应温度、甲醇用量比例以及烟气中 O_2、SO_2 和夹带的固体颗粒对 NO 氧化率的影响。结果表明,在一定条件下,烟气中存有的 NO 能被甲醇氧化,且反应温度和反应时间会共同影响其氧化速率。反应时间不同会导致有效的反应温度区域不同;然而,反应时间对其影响在 2s 后将变得非常微小。NO 的氧化率会随甲醇比例的增加而呈线性增长。

北京大学的 Xiao(肖超贤)等[27]通过实验和理论的方法,研究了 NO_2 催化下的甲醇深度氧化。结果表明,在 CH_3OH-O_2-NO_x 系统中,微量的 NO_x 会促进甲醇的氧化,NO_2 对甲醇的转化作用大于 NO。他们利用过渡态理论计算了 $CH_3OH + NO_2$ 的反应路径,最后结合 $CH_3OH + O_2$ 的反应分析了 CH_3OH-O_2-NO_x 系统的反应机理。

Dayma 等[28]通过实验和详细的动力学模拟,研究 NO/NO_2 对 CH_3OH 的氧化影响,同样也证明了 NO_x 对 CH_3OH 氧化有促进作用,且 NO_2 比 NO 的影响大。同时,阐述了详细的影响机制:NO 与 NO_2 间相互转换后产生 HO_2,而 OH 则是 NO 被 HO_2 氧化得到的。OH 是氧化 CH_3OH 的重要组分。尽管 $NO\text{-}NO_2$ 转换很快,但是相比于碳氢的影响就比较小了。

我们通过对 Korobeinichev 等[3] 提出的 ADN 分解机理进行生产速率分析和敏感性分析,给出了详细的反应路径图[29],如图 8-3 所示,箭头粗细表示通量的相对大小。结合生成速率分析和敏感性分析,参考图 8-3,提出了 ADN 催化分解的简化化学反应动力学模型,包含 14 个组分和 12 步基元反应。该简化模型以详细化学反应动力学模型为基础,通过反应速率和敏感性分析,得出对整个反应过程起到关键作用的基元反应。该简化模型虽然可以有效解决详细模型计算效率过低的问题,但是不可避免地存在一些误差。为了检验简化模型的有效性,对比分析了简化模型与详细模型计算得到的温度及主要组分的摩尔分数,如图 8-4 所示。

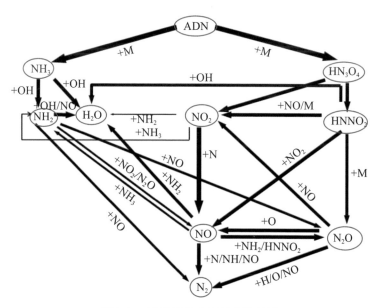

图 8-3　ADN 催化分解反应路径图

由图 8-4(a)可以看出,这两种模型的温度变化趋势基本一致。ADN 开始分解后,都有一个吸热降温的过程,温度急剧升高至最高值,然后缓慢降低至稳定状态。

ADN 作为唯一的反应物,其浓度变化也是我们考察该简化模型有效性的重要参数。由图 8-4(b)可以看出,ADN 分解速度极快,且最终分解完全。两条曲线吻合得极好。

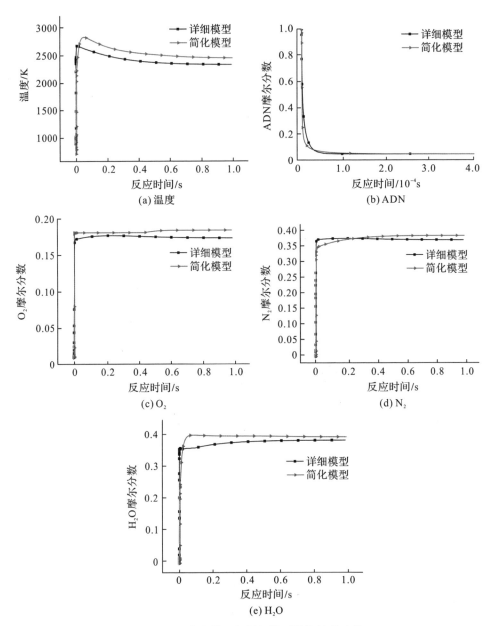

图 8-4　简化模型与详细模型计算结果比较

ADN 分解过程的中间产物及自由基种类很多,但是它们基本上都被完全消耗。为了进一步检验简化模型的可靠性,对比最终产物 O_2、N_2 和 H_2O 的摩尔分数,可以看出,简化模型和详细模型最终产物的计算结果基本一致,如图 8-4 所示。

ADN 基液体推进剂中含有燃料组分,常见组分为甲醇。因此,在构建 ADN 基液体推进剂反应动力学模型时,需要考虑甲醇的影响。ADN/甲醇推进剂燃烧过程主要包括 ADN 分解反应和甲醇的氧化还原反应。其中,甲醇的氧化还原反应主要是甲醇与 NO_2 的放热反应以及甲醇与 OH 的反应。

ADN 的最终分解产物是 N_2、O_2 和 H_2O。其中 O_2 作为氧化剂,可以与甲醇发生氧化还原反应,但是因为 ADN 分解过程中有 OH 的生成,而 OH 作为活性自由基所引发的脱氢反应更加容易发生并且可以放出更高的热量,所以这就成为甲醇消耗的最重要反应。甲醇氧化反应的化学模型已经比较完善。Norton 等[30]应用当时的最新热力学数据提出了甲醇的不同反应路径。Li 等[31]基于 Held 等[32]的详细机理,重新提出了一个甲醇氧化详细机理,包含 84 步基元反应。我们根据该模型发现,甲醇氧化主要包括两次脱氢和两次加氧的过程。依据该思路,总结概括出甲醇氧化过程:首先是第一次脱氢生成 CH_2OH,继而第一次加氧生成 CH_2O,接下来第二次脱氢为 HCO,然后第二次加氧生成 CO。

在 ADN/甲醇推进剂中,甲醇除了主要与 OH 反应外,还与 NO_2 反应生成甲酸、N_2 和 H_2O。生成的甲酸又会继续被 O_2 氧化为 CO_2 和 H_2O。通过整合 ADN 的分解反应和甲醇的氧化反应机理,我们最终得到 ADN/甲醇推进剂的燃烧反应动力学模型,包括 22 种组分和 20 步基元反应。

8.2.2　HAN 基液体推进剂分解及燃烧反应机理

HAN 基液体推进剂通常由硝酸羟胺、燃料和水等成分组成,其中硝酸羟胺富氧,在燃烧过程中起氧化剂作用,燃料在燃烧过程中提供能量,水用于调节推进剂黏度[33]。HAN 基液体推进剂在发动机内的化学反应可以分为两个阶段:首先推进剂内的硝酸羟胺分解为氧化性中间产物,然后氧化性中间产物与推进剂内的燃料进一步发生燃烧反应,释放出大量热量。

对于 HAN 基液体推进剂内硝酸羟胺的分解反应,众多学者通过硝酸羟胺水溶液开展了相关研究。

Lee 等[34]通过傅里叶红外检测手段,对 HAN 水溶液和固体 HAN 热分解产物进行了检测(图 8-5)。结果表明,HAN 水溶液的主要分解产物为 H_2O、N_2O、NO、NO_2 和 HNO_3。对于固体 HAN 而言,分解产物中 N_2O 占据了较大的比例。

同时,Lee 等通过对不同时刻的分解产物分析推测了 HAN 水溶液化学反应过程中经历的不同阶段:①质子转移,生成高活性中间产物 HONO 和 HNO;②高活性中间产物 HONO 和 HNO 分别与 HAN 以及其他产物发生反应,进一步消耗 HAN,生成大量的 N_2O 等氧化性产物;③分解产物发生凝聚相反应。

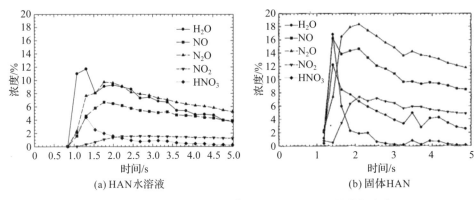

图 8-5　HAN 水溶液和固体 HAN 在 180℃下的分解产物

随后 Lee 等[35]进一步对 195℃、210℃和 225℃初始温度下 HAN 水溶液的分解产物进行了实验分析,并将实验测量数据作为 HAN 水溶液分解化学反应模型的输入数据,推导了 HAN 分解反应速率,推导得到的 HAN 水溶液反应模型如表 8-4 所示。

表 8-4　HAN 分解反应模型

反应	指前因子/s^{-1}	活化能/(kcal·mol^{-1})
$HAN+H_2O \longrightarrow NH_2OH+HNO_3+H_2O$	$1.7 \times 10^{10} \pm 9.3 \times 10^2$	15.1 ± 0.5
$NH_2OH+HNO_3 \longrightarrow HONO+HNO+H_2O$	$3.7 \times 10^4 \pm 8.9 \times 10^3$	6.6 ± 0.7
$NH_2OH+HONO \longrightarrow N_2O+2H_2O$	$7.8 \times 10^4 \pm 4.5 \times 10^3$	3.3 ± 0.2
$NH_2OH+HNO \longrightarrow N_2+2H_2O$	$1.5 \times 10^5 \pm 2.4 \times 10^2$	2.7 ± 0.1
$3HONO \longrightarrow 2NO+HNO_3+H_2O$	$1.5 \times 10^{13} \pm 5.3 \times 10^2$	9.1 ± 0.2
$2HNO \longrightarrow N_2O+H_2O$	$7.5 \times 10^{13} \pm 58$	17.1 ± 0.1
$HNO+HNO_3 \longrightarrow 2HONO$	$7.5 \times 10^8 \pm 0.3$	16.6 ± 0.1
$HONO+HNO_3 \longrightarrow 2NO_2+H_2O$	$0.3 \pm 1.8 \times 10^2$	0.7 ± 0.1

Kang 等[36]设计并测试了用于混合火箭点火系统的 HAN 基催化反应器,发现将 HAN 与碳氢燃料混合使用可以降低硝酸的浓度,但由于存在自催化反应的

风险,催化点火并不理想。Fifer 等[37]研究了 HAN 水溶液中氢键长度与浓度、温度和压力的关系,利用 O-H 同位素解偶联技术,得到了 HAN 水溶液中组分间空间分布随浓度(7~17mol/L)、温度(−120~60℃)、压力(0.1MPa~7100MPa)的定性和定量变化信息。

Zhang 等[38]对 HAN 水溶液热分解机理进行分子模拟与动力学模拟研究,基于量子力学计算,采用 SMD-ωB97XD 方法研究了 HAN 水溶液的热分解机理。该机制描述了多种动力学过程,包括羟胺硝化和亚硝化、HNO 二聚合以及 H 提取反应的 HONO 再生途径。在考虑组分扩散效应的情况下,利用过渡态理论估算了基元反应的速率常数。在 463~523K 的温度范围内,对 HAN 的组分演化进行了动力学模拟,模拟结果与流动反应器实验数据吻合较好。对于浓度更高的溶液,随着 NO_2 和 HONO 在后期出现,预测了 HAN 较强的自催化行为。

为了较为精确地对 HAN 基空间发动机工作过程进行仿真,我们基于 Lee 等[35]建立的 HAN 的分解反应机理以及甲醇与氮氧化物的反应机理[28,31-32],构建了 HAN 基推进剂在 HAN 基发动机内的化学反应机理[39],如表 8-5 所示。该机理包括 15 种组分和 11 步基元反应。

表 8-5　HAN 基推进剂化学反应机理

序号	反应式	序号	反应式
1	$HAN(g) + H_2O \Longrightarrow NH_2OH + HNO_3 + H_2O$	7	$N_2O + O \Longrightarrow N_2 + O_2$
2	$NH_2OH + HNO_3 \Longrightarrow HONO + HNO + H_2O$	8	$2CH_3OH + 2NO_2 \Longrightarrow 2HCOOH + N_2 + 2H_2O$
3	$NH_2OH + HONO \Longrightarrow N_2O + 2H_2O$	9	$HCOOH + M \Longrightarrow CO + H_2O + M$
4	$NH_2OH + HNO \Longrightarrow N_2 + 2H_2O$	10	$2CH_3OH + 3O_2 \Longrightarrow 2CO_2 + 4H_2O$
5	$HONO + HNO_3 \Longrightarrow 2NO_2 + H_2O$	11	$CO + O + M \Longrightarrow CO_2 + M$
6	$N_2O + M \Longrightarrow N_2 + O + M$		

8.3　绿色液体空间发动机工作过程的仿真研究

绿色液体空间发动机工作过程涉及复杂的物理化学过程,包括推进剂雾化蒸发、分解及燃烧反应等。为了进一步优化绿色液体空间发动机,有必要开展绿色液体空间发动机工作机制研究。然而绿色液体空间发动机的实验研究成本高、周期长,有必要配合相关仿真研究。本节以 HAN 基发动机和 ADN 基发动机为载体,重点介绍了绿色液体空间发动机工作过程的仿真研究进展。

8.3.1 ADN 基发动机分解及燃烧反应过程的仿真分析

对于 ADN 基发动机,我们通过耦合雾化模型、蒸发模型、催化床多孔介质传热传质模型、高温壁面辐射模型以及简化化学反应动力学模型建立了 ADN 基发动机内催化分解和燃烧过程的仿真模型[40],由此开展了 ADN 基发动机内催化分解和燃烧过程的仿真计算。

设置催化床预热温度为 470K,催化床孔隙率为 0.5。选取六面体网格进行划分(图 8-6),同时对近壁面边界层、外壁面和喷管喉口处进行局部网格加密。

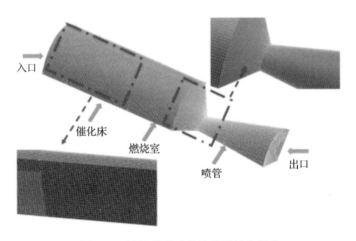

图 8-6　ADN 基发动机计算域网格划分

经过仿真计算,我们得到了 5N 级 ADN 基发动机内催化分解和燃烧过程的仿真计算结果。在稳定工作状态下,ADN 基发动机轴向截面的压力、温度、马赫数、反应物质量分数、重要中间产物质量分数等参数分布如图 8-7 所示。高压区主要出现在喉口之前,由于喉口的节流作用,喷管内的压力急剧下降;高温区出现在催化床后 2/3 以及燃烧室区域内,温度分布较为均匀;由于喷管的增速作用,喉口之后马赫数迅速上升;反应物 ADN 在距离催化床入口 1/4 区域时就已完全分解,其分解得到的 NH_3NO_4 在生成后受热分解,生成重要的氧化性中间产物 NO_2,同时 NH_3NO_4 的分解过程在整个发动机内持续进行,最终仍存在一定的剩余;ADN 分解得到的另外一种产物 N_2O 则在发动机中间区域迅速分解得到氧化性产物 O_2;气态甲醇在氧化性物质生成后,与它们进行燃烧反应,反应区域内的 HCOOH(CH_3OH

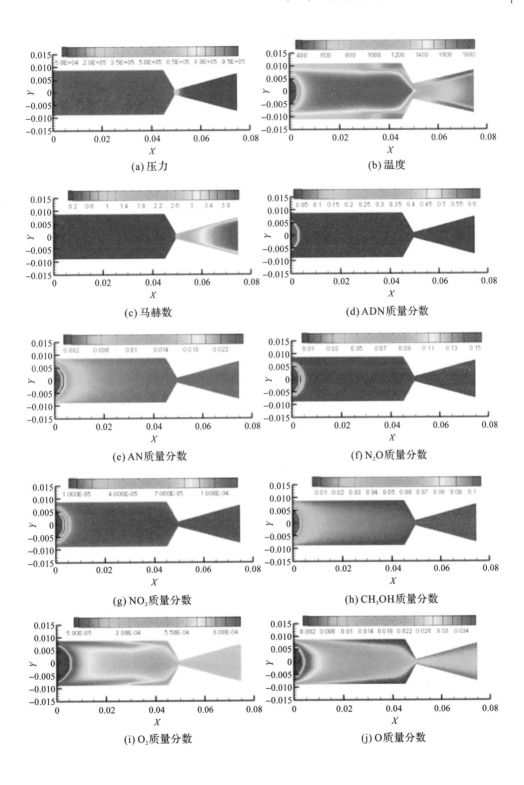

(a) 压力　　　　　　　　　　　　　　　　(b) 温度

(c) 马赫数　　　　　　　　　　　　　　(d) ADN 质量分数

(e) AN 质量分数　　　　　　　　　　　　(f) N_2O 质量分数

(g) NO_2 质量分数　　　　　　　　　　(h) CH_3OH 质量分数

(i) O_2 质量分数　　　　　　　　　　　(j) O 质量分数

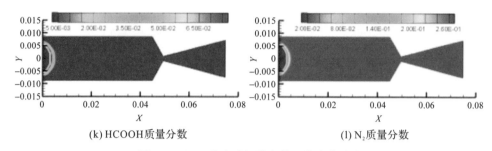

(k) HCOOH质量分数　　　　　　　　(l) N₂质量分数

图 8-7　ADN 基发动机轴向截面的参数分布

和 NO_2 燃烧反应生成)在进入催化床 1/2 区域时就已分解完全,而 O_2 在催化床后 1/2 区域以及燃烧室内出现低浓度区,这表明部分 $CH_3OH\text{-}O_2$ 和 $HCOOH\text{-}O_2$ 在此区域发生,主要反应物 CH_3OH 在燃烧室和喷管内仍有一定的剩余;最终产物 N_2、H_2O 和 CO_2 在发动机内大量生成。

8.3.2　HAN 基发动机工作过程的仿真分析

随着计算机的快速发展,通过计算流体力学对实际问题进行数值仿真求解的方法已经成为研究中十分重要的一环。我们开展了 HAN 基空间发动机工作过程的仿真研究[39]。因为发动机为轴对称几何结构,为了简化计算,取中心角度为 90° 的扇形体作为计算区域,取扇形截面的两侧对应的边界作为周期性边界。通过 ICEM 软件进行网格划分,选取六面体网格并对其进行划分(图 8-8),同时对近壁面边界层和喉口处进行局部网格加密。我们分别绘制不同网格数的网格,并进行网格无关性验证。随着网格尺度逐渐加密,发动机燃压趋于稳定。综合考虑计算精度和计算时间条件,选取网格平均尺度为 0.4mm 的网格进行计算。计算区域

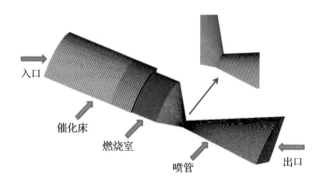

图 8-8　HAN 基发动机计算域网格划分

被划分为多孔介质区域和流体区,多孔介质区域应用了多孔介质模型,不同于流体区,该区域还描述了多孔介质对流体的阻碍作用。因此,将负载有催化剂颗粒的催化床定义为多孔介质计算区域,以模拟催化剂颗粒对流动过程的作用。另外,湍流模型选用标准 k-ε 模型,壁面模型采用标准壁面模型。为了描述 HAN 基推进剂在发动机内的雾化蒸发过程,采用了离散液滴模型。为了描述 HAN 基推进剂在发动机内的分解燃烧过程,应用了表 8-5 所示的 HAN 分解反应模型。

设置 HAN 基推进剂入口流量为 $69.7\mathrm{g/s}$,推进剂从四个口喷入,四个喷入口均匀分布在半径中点对应的圆上。设置外壁面为辐射边界,内壁面为无滑移边界,出口为压力出口边界。同时,设置 HAN 基发动机的工作环境为真空环境,催化床孔隙率为 0.5。

通过仿真分析可知,HAN 基发动机在 $0.18\mathrm{s}$ 左右达到稳定工作状态。在稳定工作状态下,HAN 基发动机轴向截面的压力、温度和速度分布如图 8-9 所示。HAN 基发动机内的高压区主要出现在喷管喉口之前,并且压力分布较为均匀,而流体经过发动机喉口处后出现了明显的压降。HAN 基发动机内的高温区出现在催化床后半段、燃烧室以及喷管收缩段。燃烧室和喷管收缩段的温度分布均匀,催化床的温度分布呈阶梯状,自入口开始温度逐渐上升。流体经过喷管喉口后,温度逐渐降低,也出现阶梯状。对于速度分布而言,由于拉瓦尔喷管的增速作用,喷管喉口之前速度较低,流体经过喷管喉口之后速度迅速上升,喷管出口处速度达到最大值。

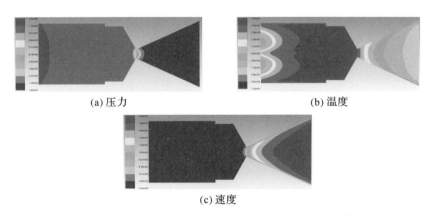

(a) 压力　　　　　　　　　(b) 温度

(c) 速度

图 8-9　HAN 基发动机轴向截面的压力、温度和速度分布

在稳定工作状态下,HAN 基发动机轴向截面的组分分布如图 8-10 所示。对于反应物而言,HAN 主要分布在发动机入口附近,而自入口开始,CH_3OH 质量分

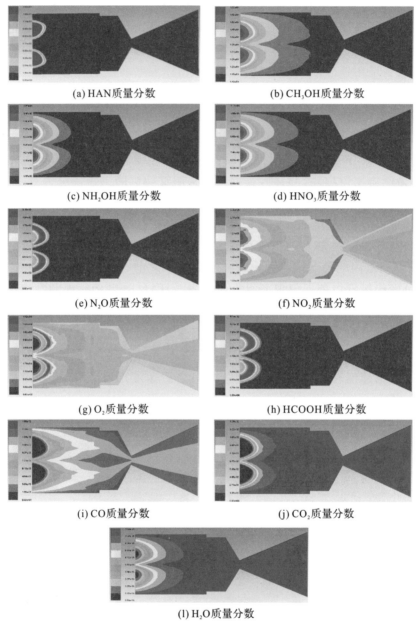

(a) HAN质量分数   (b) CH₃OH质量分数

(c) NH₂OH质量分数   (d) HNO₃质量分数

(e) N₂O质量分数   (f) NO₂质量分数

(g) O₂质量分数   (h) HCOOH质量分数

(i) CO质量分数   (j) CO₂质量分数

(l) H₂O质量分数

图 8-10 HAN 基发动机轴向截面的组分分布

数呈阶梯式下降。对于中间产物而言，NH_2OH 和 HNO_3 等一级分解产物主要出现在入口附近，且随着与入口的距离越来越大，质量分数逐渐降低，N_2O 和

HCOOH 也呈现相同的分布趋势,而 O_2 的质量分数先增加后减少。对于生成物而言, CO、CO_2 和 H_2O 的质量分数自入口开始逐渐增加。由此可以明确发动机内的整个化学反应过程:HAN 基推进剂喷入发动机后,HAN 在催化床内开始迅速分解生成 NH_2OH 和 HNO_3 等一级中间产物;随后,一级中间产物发生分解反应,生成 N_2O 和 NO_2 等重要的氧化性中间产物,其中 NO_2 会与 CH_3OH 产生化学反应,生成 HCOOH,HCOOH 进一步分解为 CO 和 H_2O,而 N_2O 通过再一次分解产生 O_2,从而与 CH_3OH 进行燃烧反应,生成 CO_2 和 H_2O。

结合发动机内温度分布情况分析可以发现,CH_3OH 在催化后床位置处突然减少,且 CO、CO_2 和 H_2O 等生成物的高浓度区域也分布在催化后床之后的区域,这说明燃烧反应主要发生在催化后床和燃烧室内,燃烧反应释放大量热量,所以发动机内高温区域主要分布在催化后床、燃烧室以及喷管收缩段。

8.4　绿色液体空间发动机优化设计的仿真研究

为了进一步推动绿色液体空间发动机的应用,发动机结构优化设计必不可少。然而通过实验研究来优化发动机的成本较大,因此有必要通过仿真计算为绿色液体空间发动机优化设计提供依据。

8.4.1　ADN 基发动机结构参数优化设计研究

我们应用正交设计方法,基于计算机仿真计算,对 ADN 基发动机的结构参数进行了优化,以 ADN 基发动机推力为性能评价指标,研究了结构参数对 ADN 基发动机性能的影响[41]。为便于发动机的安装与固定,设定燃烧室直径比催化床直径小 2mm,选取催化床长度、燃烧室长度和催化床直径三个参数进行优化。每个参数取五个水平,如表 8-6 所示。

表 8-6　优化参数及水平

水平序号	催化床长度/mm	燃烧室长度/mm	催化床直径/mm
1	15	3.25	6
2	17	5.25	8
3	19	7.25	10
4	21	9.25	12
5	23	11.25	14

通过正交设计,得到相应参数设置,对每组参数对应的发动机进行仿真计算,得到不同结构 ADN 基发动机的推力计算结果,如表 8-7 所示。由此得到,催化床长度为 21mm、燃烧室长度为 11.25mm、催化床直径为 10mm 时为最优参数组合,比

表 8-7　仿真计算方案

算例序号	催化床长度/mm	燃烧室长度/mm	催化床直径/mm	推力/mN
1	15	3.25	6	144
2	15	5.25	10	710.4
3	15	7.25	14	734.4
4	15	9.25	8	142.1
5	15	11.25	12	734.4
6	17	3.25	12	724.8
7	17	5.25	6	144
8	17	7.25	10	720
9	17	9.25	14	729.6
10	17	11.25	8	142.1
11	19	3.25	8	141.6
12	19	5.25	12	729.6
13	19	7.25	6	144
14	19	9.25	10	724.8
15	19	11.25	14	739.2
16	21	3.25	14	729.6
17	21	5.25	8	141.6
18	21	7.25	12	729.6
19	21	9.25	6	144
20	21	11.25	10	744
21	23	3.25	10	715.2
22	23	5.25	14	720
23	23	7.25	8	141.6
24	23	9.25	12	729.6
25	23	11.25	6	144

原机型(催化床长度为 19mm,燃烧室长度为 7.25mm,催化床直径为 10mm,推力为 713mN)的推力高 4.35%。优化后 ADN 基发动机燃烧室内的最高温度达 1730K,催化床和燃烧室内的压力分布较为均匀,最高值达 5.376MPa,比原机型燃烧室峰值压力高 2.5%。

优化前后 ADN 基发动机内的 ADN 和 CH_3OH 质量分数沿发动机轴线变化对比如图 8-11 所示。与原机型相比,ADN 基发动机轴线上,优化后 ADN 基发动机内的 ADN 质量分数分布完全相同,这说明优化后发动机的分解反应效率与原机型基本相同。到距离 ADN 基发动机入口 12mm 前,优化前后 ADN 基发动机内的 CH_3OH 质量分数分布比较一致,CH_3OH 的消耗速率几乎相同;到 12mm 后,优化后 ADN 基发动机内的 CH_3OH 质量分数逐渐低于原机型,最终剩余的 CH_3OH 质量分数也比原机型有所减小,这说明优化后甲醇的燃烧反应更加彻底,催化床和燃烧室长度的适当增加为 CH_3OH 充分氧化提供了足够的反应空间。

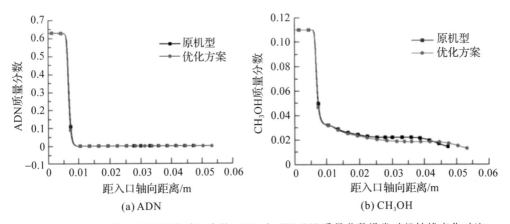

图 8-11　优化前后 ADN 基发动机内的 ADN 和 CH_3OH 质量分数沿发动机轴线变化对比

优化前后 ADN 基发动机内的 NO_2 和 O_2 质量分数沿发动机轴线变化对比如图 8-12 所示。可以看出,优化前后 ADN 基发动机内的 NO_2 质量分数变化规律基本相同,只是优化后 ADN 基发动机内的 NO_2 质量分数峰值低于原机型,这说明优化后 NO_2 的消耗速度高于原机型,氧化反应的效率有所提高。优化前后,O_2 开始生成的位置以及生成速率基本相同,质量分数峰值有所降低,这说明 O_2 消耗反应的启动比原机型更快,剩余的 O_2 质量分数高于原机型。

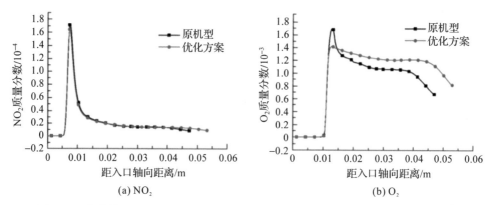

图 8-12 优化前后 ADN 基发动机内的 NO_2 和 O_2 质量分数沿发动机轴线变化对比

8.4.2 HAN 基发动机结构参数优化设计研究

我们采用响应面法对 HAN 基发动机的催化床长度、催化床直径和催化床孔隙率等关键结构参数进行了优化设计[39]。响应面法的基本思想如下：建立响应值与因子之间的近似函数关系表达式，通过仿真样本点求解各个因子的系数，建立响应值与因子之间近似的显式函数表达式，最终通过函数关系寻找最优因子组合[42]。为了求解仿真样本点，可以对具有不同结构参数的发动机进行仿真计算。如果对每个关键结构参数选取三个水平进行研究，那么需要求解 3^3 个算例。这种求解仿真样本点的方法具有明显的缺点：计算次数多、计算时间长、结果分析的工作量大。为此，采用 Box-Behnken 设计方法来设计仿真方案，最大限度地减少仿真计算的次数。

在保证其他结构参数一致的情况下，我们设计了以催化床孔隙率、催化床长度和催化床直径作为优化参数的仿真方案(表 8-8)。同时，须保证 HAN 基发动机的工况一致。

表 8-8 仿真计算方案

算例序号	催化床长度/mm	催化床直径/mm	催化床孔隙率
1	68	58	0.5
2	80	58	0.5
3	68	74	0.5
4	80	74	0.5
5	68	66	0.4

续表

算例序号	催化床长度/mm	催化床直径/mm	催化床孔隙率
6	80	66	0.4
7	68	66	0.6
8	80	66	0.6
9	74	58	0.4
10	74	74	0.4
11	74	58	0.6
12	74	74	0.6
13～17	74	66	0.5

注:算例 13～17 为重复计算。

由每个算例求解出不同结构参数的 HAN 基发动机推力,并以此为评价参数进行响应函数拟合,得到推力 y 关于催化床长度 x_1、催化床直径 x_2 和催化床孔隙率 x_3 的响应函数如下:

$$y=12.20052x_1-2.38917x_2-41.93958x_3$$
$$-0.026823x_1x_2-1.38333x_1x_3+2.74687x_2x_3$$
$$-0.064792x_1^2+0.021094x_2^2+2.25x_3^2-218.19188$$

根据二次多项式响应函数,绘制各参数对发动机推力的三维响应曲面图,如图 8-13 所示。结合图 8-13(a)～(c)分析可知,催化床孔隙率对发动机推力的影响较催化床长度和催化床直径的影响更为显著。随着催化床孔隙率的增加,流体在催化床区域内受到的阻力更小,所以发动机的推力有所提升。另外,随着催化床直径的增加,催化床内负载的催化剂颗粒更多,流体在催化床区域受到催化剂颗粒阻碍的影响更大,所以发动机的推力随催化床孔隙率的变化更大。

随着催化床孔隙率的增加,发动机的推力随催化床直径变化的规律有所不同。当催化床孔隙率较小时,发动机的推力随着催化床直径的增加而降低;当催化床孔隙率较大时,发动机的推力随着催化床直径的增加而增加。这是因为当催化床孔隙率较小时,催化床内的催化剂颗粒分布较密集,对流体流动的阻碍作用明显,所以随着催化床直径的增加,催化床颗粒的负载增加,流体流动受到的阻力更大,发动机的性能有所下降;而当催化床孔隙率较大时,催化床内的催化剂颗粒分布疏散,对流体流动的阻碍作用不再显著,所以随着催化床直径的增加,催化床区域的反应空间更大,更利于化学反应的发生,发动机的性能有所上升。

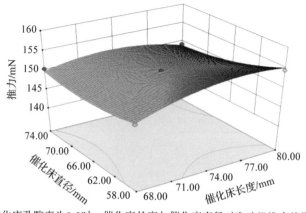

(a) 催化床孔隙率为0.5时，催化床长度与催化床直径对发动机推力的影响

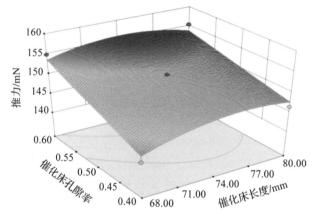

(b) 催化床直径为66mm时，催化床长度与催化床孔隙率对发动机推力的影响

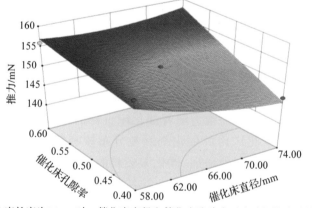

(c) 催化床长度为74mm时，催化床直径和催化床孔隙率对发动机推力的影响

图 8-13　各因素对发动机推力的三维响应曲面图

催化床长度对发动机推力的影响最小,随着催化床长度的增加,发动机的推力先上升后降低。

由此,根据构造的二次多项式响应函数,在催化床长度为 68～80mm、催化床直径为 58～74mm、催化床孔隙率为 0.4～0.6 的取值区域内寻找最优结构参数,如表 8-9 所示。

表 8-9　结构参数优化方案

催化床长度/mm	催化床直径/mm	催化床孔隙率
72.43	74	0.6

为了进一步分析优化机型的优越性,我们对优化机型的工作过程进行仿真计算,并与原机型仿真结果进行对比分析。在稳定工作状态下,优化前后 HAN 基发动机内的压力、温度和速度沿发动机轴线变化对比如图 8-14 所示。优化后 HAN

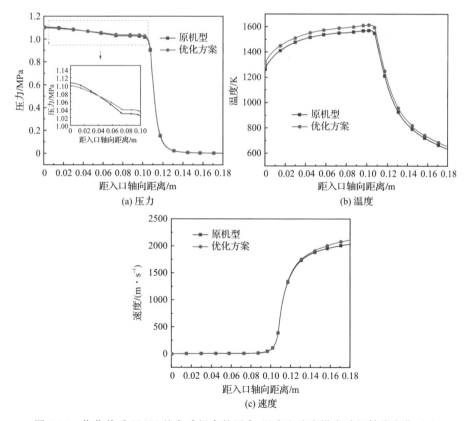

图 8-14　优化前后 HAN 基发动机内的压力、温度和速度沿发动机轴线变化对比

基发动机内的温度和速度相比于原机型有较为明显的上升,优化后 HAN 基发动机燃烧室内的压力相比于原机型略有提高。对于原机型而言,发动机燃烧室内的压力为 1.029MPa,温度为 1556.75K,发动机出口处速度为 2033.75m/s。经过优化后,HAN 基发动机燃烧室内的压力为 1.04MPa,相比于原机型提升了1.07%;HAN 基发动机燃烧室内的温度为 1597.89K,相比于原机型提升了 2.6%;HAN 基发动机出口处速度为 2109.3m/s,相比于原机型提升了 3.7%。

优化前后 HAN 基发动机轴向截面的压力、温度和速度分布如图 8-15 所示。可以发现,经过优化,HAN 基发动机内的压力分布变化不大,HAN 基发动机内的高温区域变大,HAN 基发动机喷管扩张段的高速区域变大。这说明优化后 HAN 基发动机内有更多热能产生,且喷管扩张段产生的动能更多。所以,经过优化,HAN 基发动机产生的推力更大,性能更加优越。进一步分析可知,HAN 基发动机内的热能主要由化学反应放热产生。因此,可以推测优化后 HAN 基发动机内的放热化学反应更加充分,释放了更多热量。

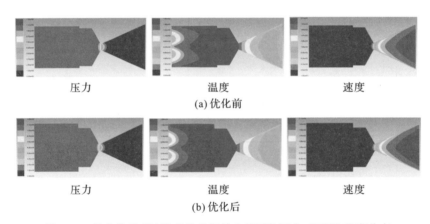

图 8-15   优化前后 HAN 基发动机轴向截面的压力、温度和速度分布

优化前后 HAN 基发动机轴向截面的组分分布如图 8-16 所示。相较于原机型,优化后 HAN 基发动机内的 HAN 高浓度区域有所减小,这表明在稳定工作状态下,HAN 基推进剂喷入发动机后,有更多的 HAN 发生了一级分解反应。观察由 HAN 分解生成的氧化性中间产物 N_2O 和 NO_2 的分布情况可知,优化后 HAN 基发动机内的 N_2O 和 NO_2 更少,这表明在优化后的 HAN 基发动机内,氧化性中间产物消耗得更多。结合 HAN 基发动机内 CH_3OH 的分布情况分析可知,优化后 HAN 基发动机内的 CH_3OH 更少(特别是在燃烧室区域),CH_3OH 与氧化性中间产物之间的反应更加充分。相比于原机型,优化后 HAN 基发动机内的主要

放热反应更加充分,释放的热量更多,从而产生更多的推力,HAN 基发动机的性能得到优化。

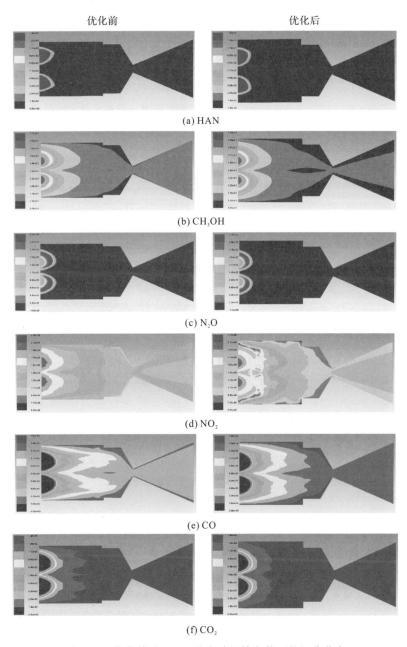

(a) HAN

(b) CH₃OH

(c) N₂O

(d) NO₂

(e) CO

(f) CO₂

图 8-16　优化前后 HAN 基发动机轴向截面的组分分布

进一步观察 HAN 基发动机内的主要生成物分布情况,可以发现,相较于原机型,优化后 HAN 基发动机内的 CO 和 CO_2 更多。这进一步说明了优化后 HAN 基发动机内的化学反应更加充分。

综上,此次 HAN 基发动机性能的优化,主要是通过改变 HAN 基发动机的结构,使 HAN 基发动机内的化学反应更加充分来实现的。

参考文献

［1］刘星.基于量子化学理论的 ADN/甲醇推进剂中燃料甲醇与氮氧化物化学反应机理研究［D］. 北京:北京交通大学,2017.

［2］Albert S T. Thermal analysis of ammonium dinitramide（ADN）［J］. Thermochimica Acta,2000, 357-358:177-193.

［3］Korobeinichev O P, Bolshova T A, Paletsky A A. Modeling the chemical reactions of ammonium dinitramide（ADN）in a flame［J］. Combustion and Flame,2001,126(1-2):1516-1523.

［4］Korobeinichev O P, Kuibida L V, Paletsky A A, et al. Development and application of molecular beam mass-spectrometry to the study of ADN combustion chemistry［C］//36th AIAA Aerospace Sciences Meeting and Exhibit,Reno,NV,U. S.,1998.

［5］Korobeinichev O P, Kuibida L V, Paletsky A A, et al. Molecular-beam mass-spectrometry to ammonium dinitramide combustion chemistry studies［J］. Journal of Propulsion and Power,1998, 14(6):991-1000.

［6］Sinditskii V P, Egorshev V Y, Levshenkov A I, et al. Combustion of ammonium dinitramide. Part 2: Combustion mechanism［J］. Journal of Propulsion and Power,2006,22(4):777-785.

［7］Brill T B, Brush P J, Patil D G. Thermal decomposition of energetic materials 58. Chemistry of ammonium nitrate and ammonium dinitramide near the burning surface temperature［J］. Combustion and Flame,1993,92(1-2):178-186.

［8］Ermolin N E. Interim（Annual）Report on the Study of the Chemical Structure of ADN Flame ［R］. 1996.

［9］Ermolin N E. Heat-release mechanism in ammonium dinitramide flame［J］. Combustion, Explosion and Shock Waves,2007,43(5):549-561.

［10］Shmakov A G, Korobeinichev O P, Bol'shova T A. Thermal decomposition of ammonium dinitramide vapor in a two-temperature flow reactor［J］. Combustion, Explosion and Shock Waves,2002,38:284-294.

［11］Eloirdi R, Rossignol S, Kappenstein C, et al. Design and use of a batch reactor for catalytic decomposition of propellants［J］. Journal of Propulsion and Power,2003,19(2):213-219.

［12］段红珍,蔺向阳,刘冠鹏,等.单分散钴纳米粒子的制备及其对二硝酰胺铵（ADN）的热分解作用［J］.固体火箭技术,2008,31(3):255-257.

［13］王晓红,张皋,赵凤起,等.DSC/TG-FTIR-MS 联用技术研究 ADN 热分解动力学和机理［J］.固

体火箭技术,2010,33(5):554-559.

[14] 梁寒曙,刘冠鹏.纳米金属 Cu 对 ADN 热分解的影响[J].材料导报,2014,28(12):42-45.

[15] 姚兆普,王梦,陈君.基于 ADN 的无毒推进剂热分解及燃烧反应的路径研究[J].空间控制技术与应用,2013,39(5):53-57.

[16] 霍佳龙,游小清,景李玥,等.二硝胺酰胺(ADN)/甲醇燃烧反应机理研究[C]//中国化学会第 29 届学术年会摘要集,北京,2014:108.

[17] 景李玥.ADN 甲醇水溶液的燃烧特性及其应用[D].北京:清华大学,2017.

[18] 曾徽,李飞,余西龙,等.ADN 基推力器中红外吸收光谱燃烧诊断[J].实验流体力学,2017,31(1):47-53.

[19] 张伟,沈岩,余西龙,等.ADN 基发动机燃烧室 CO 组分实验测量[J].推进技术,2015,36(5):650-655.

[20] 张箭,王庭鹏,郭腾龙,等.添加剂对二硝酰胺铵热分解行为的影响[J].火炸药学报,2019,42(1):37-40,47.

[21] 鹿小林,丛伟民,侯宝林,等.ADN 在 Pd-Zn 体系中的催化分解研究[J].化学工程,2017,45(7):61-64,73.

[22] Fairlie Jr A M, Carberry J J, Treacy J C. A study of the kinetics of the reaction between nitrogen dioxide and alcohols[J]. Journal of the American Chemical Society,1953,75(15):3786-3789.

[23] Silverwood R, Thomas J H. Reaction between methanol and nitrogen dioxide. Part 1. —Low-temperature reaction and the thermodynamic constants of methyl nitrite[J]. Transactions of the Faraday Society, 1967,63:2476-2479.

[24] Koda S, Yoshikawa K, Okada J, et al. Reaction kinetics of nitrogen dioxide with methanol in the gas phase[J]. Environmental Science and Technology,1985,19(3):262-264.

[25] Akimoto H, Takagi H. Formation of methyl nitrite in the surface reaction of nitrogen dioxide with methanol. 2. Photoenhancement[J]. Environmental Science and Technology,1986,20(4):393-397.

[26] 宋蔷,何百磊,杨小勇,等.利用甲醇氧化烟气中 NO 的实验研究[J].工程热物理学报,2003,24(1):145-148.

[27] Xiao C X, Yan N, Zou M, et al. NO_2-catalyzed deep oxidation of methanol: Experimental and theoretical studies[J]. Journal of Molecular Catalysis A Chemical,2006,252(1-2):202-211.

[28] Dayma G, Ali K H, Dagaut P. Experimental and detailed kinetic modeling study of the high pressure oxidation of methanol sensitized by nitric oxide and nitrogen dioxide[J]. Proceedings of the Combustion Institute,2007,31(1):411-418.

[29] 李华乐.ADN/甲醇推进剂燃烧反应动力学模型及推力器燃烧过程仿真的研究[D].北京:北京交通大学,2014.

[30] Norton T S, Dryer F L. Some new observations on methanol oxidation chemistry[J]. Combustion Science and Technology,1989,63(1):107-129.

[31] Li J，Zhao Z，Kazakov A，et al. A comprehensive kinetic mechanism for CO，CH$_2$O，and CH$_3$OH combustion[J]. International Journal of Chemical Kinetics，2007，39(3)：109-136.

[32] Held T J，Dryer F L. A comprehensive mechanism for methanol oxidation[J]. International Journal of Chemical Kinetics，1998，30(11)：805-830.

[33] 任晓光.硝酸羟胺基推进剂的催化分解研究[D].大连：大连轻工业学院，2006.

[34] Lee H，Thynell S，Lee H，et al. Confined rapid thermolysis/FTIR spectroscopy of hydroxylammonium nitrate[C]//33rd Joint Propulsion Conference and Exhibit，Seattle，WA，U. S. ，1997：3232.

[35] Lee H S，Litzinger T A. Chemical kinetic study of HAN decomposition[J]. Combustion and Flame，2003，135(1-2)：151-169.

[36] Kang S，Kwon S. Difficulties of catalytic reactor for hydroxylammonium nitrate hybrid rocket [J].Journal of Spacecraft and Rockets，2015，52(5)：1508-1510.

[37] Fifer R A. Hydrogen bond lengths in aqueous hydroxylammonium nitrate as a function of concentration，temperature and pressure[J]. Microchimica Acta，1988，95(1-6)：385-389.

[38] Zhang K，Thynell S T. Thermal decomposition mechanism of aqueous hydroxylammonium nitrate（HAN）：Molecular simulation and kinetic modeling[J]. The Journal of Physical Chemistry A，2018，122(41)：8086-8100.

[39] 郭堂松.HAN 基单组元推力器结构参数优化设计的仿真研究[D].北京：北京交通大学，2021.

[40] 张涛.ADN 基推进剂雾化特性试验及 ADN 基推力器工作过程的仿真研究[D].北京：北京交通大学，2017.

[41] 张涛,李国岫,虞育松,等.基于 1N 级 ADN 推力器结构参数优化的仿真研究[J].载人航天，2015,21(3):309-314.

[42] 田铖.基于响应面法的结构优化设计研究[D].上海：上海海洋大学，2016.

索 引